도전! 임베디드 OS 만들기

Learning Embedded OS

도전! 임베디드 OS 만들기 : 코딩하며 배우는 운영체제 원리

초판 1쇄 발행 2009년 4월 1일 **5쇄 발행** 2016년 5월 31일 **지은이** 이만우 **펴낸이** 한기성 **펴낸곳** 인사이트 **편집** 김승호 **제작·관리** 박미경 **출력** 소다미디어 **용지** 월드페이퍼 **인쇄** 현문인쇄 **제본** 자현제책 **등록번호** 제10-2313호 **등록일자** 2002년 2월 19일 **주소** 서울시 마포구 잔다리로 119 석우빌딩 3층 **전화** 02-322-5143 **팩스** 02-3143-5579 **블로그** http://www.insightbook.co.kr **이메일** insight@insightbook.co.kr **ISBN** 978-89-91268-57-9 책값은 뒤표지에 있습니다. 잘못 만들어진 책은 바꾸어 드립니다. 이 책의 정오표는 http://www.insightbook.co.kr/15901에서 확인하실 수 있습니다. 이 도서의 국립중앙도서관 출판예정도서목록(CIP)은 서지정보유통지원시스템 홈페이지(http://seoji.nl.go.kr)와 국가자료공동목록시스템(http://www.nl.go.kr/kolisnet)에서 이용하실 수 있습니다.(CIP제어번호: CIP2009000936)

Copyright © 2009 이만우, 인사이트

이 책 내용의 일부 또는 전부를 재사용하려면 반드시 저작권자와 인사이트 출판사 양측의 서면에 의한 동의를 얻어야 합니다.

Learning Embedded OS

도전!
임베디드 OS
만들기

이만우 지음

차례

추천의 글 ·· xiii
지은이의 글 ·· xv

1장 임베디드 운영체제 — 1

1.1 운영체제 · 1
1.1.1 프로세스 관리 ··· 2
1.1.2 저장장치 관리 ··· 2
1.1.3 네트워킹 ·· 2
1.1.3 사용자 관리 ·· 3
1.1.5 디바이스 드라이버 ·· 3

1.2 임베디드 운영체제 · 4
1.3 나빌눅스 · 5
1.4 실습 : 임베디드 개발 환경 구성 · 6
1.4.1 목표 플랫폼 정하기 ······································ 8
1.4.2 리눅스에서 크로스 컴파일 환경 설정 ················ 9
1.4.3 윈도에서 임베디드 개발 환경 구성 ·················· 10

1.5 정리 · 11

2장 부팅하기 — 13

2.1 개발보드 선정하기 · 13
2.1.1 EZ-X5 보드 ·· 13

2.2 이지보드에 나빌눅스 이미지를 올리는 방법 · 15
2.3 에뮬레이터 환경 구성 · 19
2.3.1 qemu ·· 19
2.3.2 u-boot 설치 ·· 20

2.4 실습 : 이지보드에서 hello world를 출력하자 · 21
2.4.1 이지부트의 소스코드 재활용 ···························· 22
2.4.2 커널 이미지 부팅하기 ···································· 27
2.4.3 링커 스크립트 수정 ······································· 28

2.5 실습 : 에뮬레이터에서 hello world를 출력하자 · 32
2.5.1 UART 주소 수정 ··· 33

　　　　2.5.2 에뮬레이터에서 부팅하기 ·················· 38
　　　　2.5.3 uImage 만들기 ······························· 39
　　　　2.5.4 램 디스크 이미지 만들기 ················ 40
　　　　2.5.5 플래시 이미지 만들어 부팅하기 ······ 40
　　2.6 실습 : 윈도 환경에서 에뮬레이터 실행시키기 ················ 42
　　　　2.6.1 시그윈에서 플래시 이미지 만들기 ······ 42
　　　　2.6.2 윈도용 에뮬레이터 실행 ··················· 44
　　2.7 정리 ··· 46

3장 LED 켜기 —————————————— 47
　　3.1 부트로더 코드 재활용 ······························· 47
　　3.2 실습 : 1초마다 LED를 켜 보자 ················ 48
　　　　3.2.1 이지부트에서 LED 관련 코드 분석 ······ 49
　　　　3.2.2 나빌눅스에 LED 점멸 코드 추가 ········ 53
　　3.3 정리 ··· 55

4장 exception vector table 구성하기 —————— 57
　　4.1 ARM의 exception과 프로세서 동작 모드 ······ 57
　　4.2 ARM의 exception vector table ················· 61
　　4.3 실습 : 이지부트를 수정하여 exception 핸들링 하기 ······ 64
　　4.4 실습 : u-boot를 수정하여 exception 핸들링 하기 ········ 74
　　4.5 정리 ··· 77

5장 Software Interrupt Handler 구현하기 —————— 79
　　5.1 스택을 이용한 ISR과 태스크 간의 컨텍스트 스위칭 ······ 79
　　　　5.1.1 ISR ·· 79
　　　　5.1.2 태스크-ISR 간 컨텍스트 스위칭 ········ 80
　　5.2 ARM 프로세서의 레지스터 ······················ 82
　　　　5.2.1 스택 포인터 ································· 83
　　　　5.2.2 링크 레지스터 ······························· 83
　　　　5.2.3 spsr ·· 83

5.3 실습 : Software Interrupt Hanlding ·· 84
    5.3.1 실제 프로그램은 레지스터들을 어떻게 사용하는가 ············ 84
    5.3.2 태스크-ISR 간 컨텍스트 스위칭 코드 구현 ························· 86
    5.3.3 main 함수의 수정 ·· 89
    5.3.4 시스템 콜 번호의 추출 ·· 90
5.4 정리 ··· 92

6장 IRQ 핸들러 구현 : OS 타이머 사용하기 ——— 93

6.1 PXA255의 인터럽트 컨트롤러 계층 ··· 93
    6.1.1 OS 타이머 ··· 93
    6.1.2 인터럽트 컨트롤러 계층 ··· 94
    6.1.3 ICMR ·· 95
    6.1.4 ICLR ··· 96
    6.1.5 ICCR ·· 96
    6.1.6 ICFP, ICIP ··· 97
    6.1.7 ICPR ·· 98
    6.1.8 인터럽트의 종류 ··· 98
6.2 msleep( ) 함수 분석 ·· 100
6.3 PXA255의 OS 타이머 레지스터 계층 ··· 102
    6.3.1 OSMR ·· 102
    6.3.2 OSCR ··· 103
    6.3.3 OIER ·· 103
    6.3.4 OSSR ··· 104
6.4 실습 : IRQ 핸들러 구현 - OS 타이머 ··· 104
    6.4.1 OS 타이머 초기화 함수 작성 ·· 104
    6.4.2 OS 타이머 시작 함수 작성 ·· 105
    6.4.3 커널 main 함수 수정 ·· 106
    6.4.4 IRQ 핸들러 함수 수정 ··· 107
    6.4.5 전체 작업 코드 ··· 107
    6.4.6 태스크-ISR 간 컨텍스트 스위칭 코드 작성 ······················· 109
    6.4.7 ARM9 아키텍처의 파이프라인 ··· 110
    6.4.8 exception 핸들러에서 복귀 주소의 결정 ··························· 111
    6.4.9 OS 타이머가 발생되는 순서 ··· 113
    6.4.10 빌드와 테스트 ·· 114
6.5 정리 ··· 116

7장 메모리 맵 구성 ——————————————— 117

- 7.1 나빌눅스의 메모리 맵 ·· 117
- 7.2 실습 : 나빌눅스 커널의 스택 주소 초기화 ·· 121
- 7.3 실습 : 스택 초기화 주소 확인하기 ·· 123
- 7.4 정리 ·· 127

8장 메모리 관리자 구현하기 ——————————————— 129

- 8.1 임베디드 운영체제에서의 사용자 태스크 ·· 129
  - 8.1.1 태스크 ·· 129
  - 8.1.2 메모리 관리자 ·· 130
- 8.2 실습 : 메모리 관리자 정의 ·· 131
  - 8.2.1 자유 메모리 블록 정의 ·· 131
  - 8.2.2 메모리 관리자 함수 정의 ·· 131
- 8.3 실습 : 메모리 관리자 함수 구현 ·· 133
  - 8.3.1 메모리 관리자 커널 전역 변수 선언 ·· 135
  - 8.3.2 메모리 분할 크기 설정 ·· 135
  - 8.3.3 mem_init() 함수 설명 ·· 135
  - 8.3.4 mem_alloc() 함수 설명 ·· 136
  - 8.3.5 navilnux.h 파일 수정 ·· 136
  - 8.3.6 Makefile 수정 ·· 137
- 8.4 정리 ·· 138

9장 태스크 관리자 구현하기 ——————————————— 139

- 9.1 태스크 컨트롤 블록 ·· 139
  - 9.1.1 태스크 컨텍스트 정보 ·· 140
- 9.2 사용자 태스크 ·· 141
  - 9.2.1 사용자 태스크의 등록과 로딩 ·· 142
- 9.3 실습 : 태스크 관리자 정의 ·· 143
  - 9.3.1 태스크 컨트롤 블록 정의 ·· 143
  - 9.3.2 사용자 태스크의 컨텍스트 자료형 크기 ·· 144
  - 9.3.3 태스크 관리자 구조체 정의 ·· 145
- 9.4 실습 : 태스크 관리자 함수 구현 ·· 147
  - 9.4.1 태스크 관리자 커널 전역 변수 선언 ·· 148
  - 9.4.2 cpsr의 초기 값 설정 ·· 148
  - 9.4.3 task_init() 함수 ·· 149
  - 9.4.4 task_create() 함수 ·· 150

9.5 실습: 사용자 태스크의 추가 ·· 150
   9.5.1 사용자 태스크 함수의 추가 ······································ 151
   9.5.2 navilnux.h 파일 수정 ··· 153
   9.5.3 navilnux.c 파일 수정 - navilnux_init() 함수 추가 ············ 154
   9.5.4 main() 함수 수정 ·· 156
   9.5.5 Makefile 수정 ·· 157
9.6 정리 ·· 158

10장 컨텍스트 스위칭 구현하기 —————————— 159

10.1 컨텍스트 스위칭과 스케줄러 ·· 159
   10.1.1 멀티태스킹 ·· 159
   10.1.2 컨텍스트 스위칭 ·· 160
   10.1.3 스케줄러 ··· 160
10.2 실습: 컨텍스트 스위칭 구현 ··· 161
   10.2.1 IRQ 핸들러 수정 ·· 161
   10.2.2 태스크 컨텍스트 백업 ·· 162
   10.2.3 IRQ 핸들러 함수에 진입 ······································· 165
   10.2.4 태스크 컨텍스트 복구 ·· 165
10.3 스케줄러 구현 ··· 169
   10.3.1 다른 운영체제의 스케줄링 정책 ····························· 169
   10.3.2 가장 기본적인 스케줄러 ······································· 170
   10.3.3 라운드로빈 스케줄러 구현 ···································· 170
   10.3.4 스케줄러 초기화 코드 작성 ···································· 172
   10.3.5 커널 main() 함수 수정 ·· 173
   10.3.6 OS 타이머 핸들러 수정 ·· 174
   10.3.7 navilnux.c 전체 내용 다시 보기 ····························· 175
   10.3.8 사용자 태스크 수정 ··· 177
   10.3.9 빌드와 테스트 ··· 178
10.4 실습: 사용자 스택 할당 검증 ·· 179
10.5 정리 ··· 182

11장 외부 인터럽트 —————————————————— 183

11.1 PXA255의 GPIO 레지스터 계층 ···································· 183
   11.1.1 대표적인 외부 인터럽트: 입력 장치 ······················· 183
   11.1.2 GPIO ··· 184
   11.1.3 PXA255 칩의 GPIO 인터럽트 처리 ······················· 184
   11.1.4 Edge Detect ·· 186

11.1.5 PXA255 칩에서 GPIO를 설정하는 레지스터들 ………… 187
　　　11.1.6 GPDR ………………………………………………… 189
　　　11.1.7 GFER과 GRER ……………………………………… 189
　　　11.1.8 GEDR ………………………………………………… 190
　　　11.1.9 GAFR ………………………………………………… 191
　　　11.1.10 버튼 회로 연결 ……………………………………… 192
　11.2 GPIO 인터럽트 처리 ……………………………………… 193
　　　11.2.1 GPIO 초기화 코드 작성 …………………………… 194
　　　11.2.2 초기화 함수 추가 …………………………………… 194
　　　11.2.3 인터럽트 처리 코드 추가 …………………………… 195
　　　11.2.4 수정된 전체 코드 …………………………………… 196
　　　11.2.5 테스트 ………………………………………………… 198
　11.3 정리 ……………………………………………………… 199

12장 시스템 콜 구현하기 ──────────────── 201

　12.1 리눅스의 시스템 콜 ……………………………………… 201
　　　12.1.1 fork() 시스템 콜 …………………………………… 202
　12.2 실습 : 시스템 콜 계층 추가 ……………………………… 203
　　　12.2.1 시스템 콜 커널 함수 작성 ………………………… 204
　　　12.2.2 시스템 콜 초기화 함수 호출 ……………………… 205
　　　12.2.3 시스템 콜 관련 헤더 파일 작성 …………………… 206
　　　12.2.4 사용자 태스크 함수 수정 ………………………… 207
　　　12.2.5 시스템 콜 래퍼 함수 작성 ………………………… 207
　　　12.2.6 Software Interrupt의 ISR 수정 …………………… 208
　　　12.2.7 Makefile 수정 ……………………………………… 212
　12.3 실습 : 시스템 콜 추가 절차 ……………………………… 216
　12.4 정리 ……………………………………………………… 220

13장 태스크 간 통신 구현하기 ──────────── 221

　13.1 IPC(Inter-Process Communication) …………………… 221
　　　13.1.1 파이프 ………………………………………………… 221
　　　13.1.2 FIFO …………………………………………………… 222
　　　13.1.3 메시지 큐 ……………………………………………… 222
　　　13.1.4 공유 메모리 …………………………………………… 223
　　　13.1.5 임베디드 운영체제의 ITC …………………………… 224
　13.2 컨텍스트 스위칭 시스템 콜 만들기 ……………………… 224
　　　13.2.1 블로킹 상태 …………………………………………… 224

13.2.2 사용자 태스크에서 호출 가능한 컨텍스트 스위칭 시스템 콜 구현 ··· 225
13.2.3 스케줄러 시스템 콜 추가 ··· 226
13.2.4 entry.S 파일 수정 ··· 227
13.2.5 사용자 태스크에서 스케줄러 호출 테스트 ····························· 231
13.3 실습 : 메시지 관리자 정의 ··· 233
13.3.1 navilnux_msg.h 파일 작성 ·· 233
13.3.2 자유 메시지 블록 ··· 234
13.3.3 메시지 관리자 ··· 234
13.3.4 메시지 관리자 제어 함수들 ·· 234
13.4 실습 : 메시지 관리자 함수 구현 ··· 234
13.4.1 msg_itc_send(), msg_itc_get() 함수 구현 ··························· 235
13.4.2 navilnux.h 수정 ·· 237
13.4.3 navilnux_init() 함수 수정 ··· 237
13.5 실습 : 시스템 콜 계층에 ITC 함수 등록 ·· 238
13.5.1 시스템 콜 번호 추가 ·· 238
13.5.2 시스템 콜 함수 프로토타입 선언 ·· 239
13.5.3 시스템 콜 함수 본체 작성 ·· 239
13.5.4 시스템 콜 래퍼 함수 프로토타입 선언 ···································· 240
13.5.5 시스템 콜 어셈블리어 래퍼 함수 작성 ···································· 241
13.5.6 시스템 콜 C 래퍼 함수 프로토타입 선언 ································ 242
13.5.7 시스템 콜 C 래퍼 함수 본체 작성 ·· 242
13.5.8 ITC 테스트 ·· 244
13.6 정리 ·· 246

14장 동기화 구현하기 ——————————————————— 249

14.1 세마포어 ·· 250
14.1.1 세마포어 구현하기 ·· 252
14.1.2 메시지 관리자 코드 수정 ··· 252
14.1.3 세마포어 함수 구현 ··· 254
14.1.4 새로운 시스템 콜 번호를 세마포어에 할당 ····························· 256
14.1.5 시스템 콜 함수의 프로토타입 선언 ·· 256
14.1.6 시스템 콜 함수 작성 ·· 257
14.1.7 시스템 콜 래퍼 함수의 프로토타입 선언 ································ 258
14.1.8 시스템 콜 어셈블리어 래퍼 함수 작성 ···································· 259
14.1.9 시스템 콜 C 언어 래퍼 함수 작성 ·· 260
14.1.10 사용자 태스크에서 세마포어 사용 테스트 ···························· 261

14.2 뮤텍스 ··· 265
    14.2.1 바이너리 세마포어와 뮤텍스의 차이 ··· 266
    14.2.2 실습 : 뮤텍스 구현하기 ··· 267
    14.2.3 메시지 관리자 수정 ·· 267
    14.2.4 뮤텍스 함수 구현 ·· 269
    14.2.5 뮤텍스에 시스템 콜 번호 할당 ··· 271
    14.2.6 시스템 콜 함수 작성 ·· 272
    14.2.7 시스템 콜 래퍼 함수 작성 ··· 273
    14.2.8 사용자 태스크에서 뮤텍스 테스트 ··· 275
14.3 실습 : 시간 지연 함수 구현하기 ··· 278
    14.3.1 커널 카운터 추가 ··· 278
    14.3.2 sleep() 함수 구현 ··· 281
    14.3.3 태스크 컨트롤 블록 수정 ·· 282
    14.3.4 sleep() 함수 작성 ··· 283
    14.3.5 수정된 sleep() 함수를 이용한 뮤텍스 테스트 ································· 288
14.4 정리 ··· 289

15장 메모리 동적 할당 구현하기 ——— 291

15.1 메모리 동적 할당 설계 ··· 291
    15.1.1 동적 할당에 사용할 메모리 영역 ·· 291
    15.1.2 구현의 범위 ··· 291
    15.1.3 메모리 풀 ··· 292
15.2 실습 : 메모리 동적 할당 구현 ··· 294
    15.2.1 메모리 관리자 수정 ·· 294
    15.2.2 동적 할당 전략 ·· 296
    15.2.3 free() 함수 구현 ··· 297
    15.2.4 malloc() 함수 구현 ··· 298
    15.2.5 시스템 콜에 등록 ··· 299
    15.2.6 메모리 동적 할당 테스트 ·· 301
15.3 정리 ··· 304

16장 디바이스 드라이버 구현하기 ——— 305

16.1 디바이스 드라이버 ··· 305
    16.1.1 리눅스 캐릭터 디바이스 드라이버 계층을 차용 ····························· 305
16.2 실습 : 디바이스 드라이버 관리자 정의 ··· 307
    16.2.1 fops 구조체 ·· 308
    16.2.2 자유 디바이스 드라이버 블록 ··· 308

16.3 실습: 디바이스 드라이버 관리자 구현 ·· 309
　　16.3.1 drv_init() 함수 ··· 310
　　16.3.2 drv_register_drv() 함수 ·· 310
　　16.3.3 시스템 콜에 등록 ·· 310
16.4 실습: 디바이스 드라이버 추가하기 ·· 316
　　16.4.1 LED와 스위치를 디바이스 드라이버로 제어 ······················· 316
　　16.4.2 IRQ 핸들러 벡터를 커널에 추가 ·································· 316
　　16.4.3 read(), write() 함수 구현 ·· 318
　　16.4.4 IRQ 핸들러 함수 ··· 319
　　16.4.5 mydrv_open() 함수 ·· 320
　　16.4.6 mydrv_close() 함수 ··· 320
　　16.4.7 mydrv_read() 함수 ·· 321
　　16.4.8 mydrv_write() 함수 ··· 321
　　16.4.9 사용자 디바이스 드라이버를 커널에 등록 ························ 321
　　16.4.10 사용자 디바이스 드라이버를 테스트 ···························· 324
16.5 정리 ·· 327

17장 마치며 ─────────────────── 329

17.1 프로젝트 종료 ·· 329
17.2 나빌눅스의 파일 구성 ·· 330
　　17.2.1 entry.S, navilnux.c, navilnux.h ································ 331
　　17.2.2 navilnux_memory.c, navilnux_memory.h ······················· 331
　　17.2.3 navilnux_task.c, navilnux_task.h ······························ 331
　　17.2.4 navilnux_user.c, navilnux_user.h ······························ 332
　　17.2.5 navilnux_sys.c, navilnux_sys.h, syscalltbl.h, navilnux_lib.S,
　　　　　　navilnux_clib.c, navilnux_lib.h ································ 332
　　17.2.6 navilnux_msg.c, navilnux_msg.h ······························ 332
　　17.2.7 navilnux_drv.c, navilnux_drv.h, mydrv.c ······················ 332
17.3 나빌눅스의 계층 ··· 333
17.4 맺음말 ··· 336
　　17.4.1 운영체제의 개념, 이론 그리고 구현 ······························ 336
　　17.4.2 임베디드 개발 환경에 대한 경험 ·································· 336
　　17.4.3 ARM 아키텍처에 대한 대략적 이해 ······························ 337
　　17.4.4 마치며 ··· 337

찾아보기 338
약어표 342

추천의 글

컴퓨터 프로그래밍은 끊임없는 추상화의 과정이다. 단순한 인터페이스로 구현을 감추는 추상화 기술은 컴퓨터 프로그래밍에서 미덕인 동시에 꼭 필요한 것이다. 운영체제, 데이터베이스, 컴파일러는 컴퓨터가 생겨난 이후 지난 40년간 발전을 거듭한 매우 복잡한 프로그램이다. 이런 프로그램은 대부분 고도로 추상화되어 있으므로 프로그래머가 이들을 사용하기 위해서 소프트웨어의 내부 구조나 구현을 이해할 필요는 거의 없다.

특히 운영체제는 컴퓨터 하드웨어 위에서 동작하는 프로그램 중 가장 복잡한 편에 속한다. 그리고 운영체제 위에서 동작하는 모든 소프트웨어는 운영체제가 제공하는 기능을 사용해야만 한다. 물론 운영체제의 내부 구현을 모른 채 운영체제가 제공하는 API 문서만 보고도 훌륭한 프로그램을 충분히 만들 수는 있다. 그렇다고 운영체제가 어떻게 구현되어 있고 어떻게 동작하는지 전혀 알 필요가 없는 것일까? 그렇지 않다. 운영체제의 원리를 이해하고 구현해보는 것은 운영체제를 공부하는 수준에서 그치지 않고 다른 여러 시스템 프로그램을 개발하는 데도 많은 도움을 준다.

대부분 컴퓨터 관련 대학의 교육과정에는 운영체제 과목이 포함되어 있다. 많은 것을 배울 수 있고 꼭 필요한 좋은 과목이지만 다른 과목에 비해 쉽다고 말할 수는 없다. 게다가 강의를 하는 교수가 수업의 난이도를 잘못 조절하면 엄청나게 어려워지기 때문에, 학생들이 운영체제 개발에 흥미를 가지기도 전에 지레 포기해 버리고 마는 사태가 발생하기도 한다.

이 책은 아주 작고 간단한 운영체제를 직접 개발하는 과정을 순서대로 설명하여, 운영체제라는 것을 크고 복잡하고 어렵고 범접할 수 없는 존재라고 인식했던 사람들에게 일종의 가이드라인을 제시한다. 그리고 불필요한 운영체제 이론 설명은 이론서에 맡기면서 담백하게 개발만을 위주로 설명한다.

사람들이 운영체제라고 하면 PC에서 동작하는 운영체제만 생각하는데 이 책에서는 임베디드 ARM 프로세서 기반에서 운영체제를 개발하는 과정을 설명한다. 시대의 흐름이 유비쿼터스와 모바일 중심으로 흘러가는 시점에 임베디드 환경에서 동작하는 운영체제를 개발해보는 것은 충분한 가치와 의미가 있다고 본다. 게다가 ARM 아키텍처 기반에서 운영체제를 개발했기 때문에 전세계 임베디드 프로세서 시장을 거의 독점하고 있는 ARM에 대한 전반적인 이해를 함께 얻을 수 있다.

학부 과정에서 운영체제 이론을 공부하였지만 그것이 구체적으로 어떻게 구현되는지 궁금한 학생들, 기업에서 임베디드 프로젝트를 진행하면서 시스템 전반을 관리하는 펌웨어를 개발해야 하는 개발자, 아니면 순수하게 운영체제가 어떻게 구현되는지 궁금한 사람들에게 이 책이 아주 훌륭한 대답을 해 줄 수 있으리라 생각한다.

숭실대학교 컴퓨터학부 교수 김명호

지은이의 글

직접 경험할 수 있는 운영체제 이론

전산학 혹은 컴퓨터공학을 학교에서 공부하는 사람이라면, 거의 대부분 학부 교과과정 중에 운영체제 이론을 공부하게 된다. 혹자는 운영체제 이론 과목이 실무에서 잘 쓰이지 않고 실제로 구현해 볼 수도 없는 이론뿐인 과목이라고 말하기도 한다. 하지만 내 생각은 다르다. 전산학 혹은 컴퓨터공학을 전공하여 개발자가 되려할 때, 어떤 분야든 그 실력의 기반은 시스템 프로그래밍일 수밖에 없다. 그리고 시스템 프로그래밍의 꽃은 누가 뭐래도 운영체제 개발이다.

독자들은 이 책을 통해 운영체제를 만들어 가면서 그동안 이론으로만 공부했던 개념들이 리눅스나 윈도 같은 대형 상용 운영체제에서 어떤 방식으로 구현될지 유추할 수 있을 것이다. 또 상용 운영체제의 구현과 우리의 구현 방식이 완전히 같지는 않더라도 분명 유사한 방식임을 깨닫게 될 것이다.

쉽게 이해할 수 있는 코드

이 책은 운영체제 이론을 어느 정도 알고 있는 개발자에게 자신이 알고 있는 내용이 어떻게 구현되는지 알려준다. 운영체제 이론을 모르는 개발자에게는 운영체제가 이런저런 기능의 조합으로 이뤄져 있음을 알려준다. 이 책은 운영체제 이론서에 나오는 많은 이론 중 대표적이고 많이 사용되는 이론들을 최대한 구현하려고 노력했다. 또한 코드가 어렵고 난해하면 독자들이 코드를 해석하지 못하고 설명만 대충 읽고 넘어갈 수도 있기 때문에, 개별 기능을 구현한 코드는 최대한 간결하며 이해하기 쉽게 작성하였다. 그리고 코드를 굳이 따라하지 않고 코드 자체를 읽기만 해도 이해할 수 있게 작성하였다. 단언컨대 이 책에 나오는 많은 코드, 특히 C 언어로 작성된 코드는 이제 막 C 언어를 공부하기 시작하여 문법과 포인터의 개념만 이해하는 독자라도 충분히 해석할 만한 수준일 것이다.

과도한 아키텍처 설명은 이제 그만

운영체제를 만들려면 물론 프로그래밍 능력이 뛰어나야 한다. 하지만 상용으로 판매할 목적이 아니거나 그 동작에 신뢰성을 보장할 필요 없이, 개념을 구현하며 공부하려는 목적의 운영체제라면 프로그래밍 능력보다는 운영체제가 작동할 시스템을 이해하는 것이 더 중요하다. 더 정확하게 말하면 운영체제가 작동할 대상 프로세서의 아키텍처를 이해해야 한다. 그런데 어떤 프로세서든 그 프로세서의 아키텍처를 이해한다는 것은 결코 쉬운 일이 아니고 짧은 기간에 이룰 수도 없다. 만약 운영체제 개발 과정을 설명하기 위해서 책의 전반부에 아키텍처 이론만을 집중적으로 설명한다면 대부분의 독자들은 얼마 버티지 못하고 책 읽기를 포기하게 될 것이다. 따라서 이 책에서는 딱딱한 이론 설명을 피하려고 노력했다. 일단 쉽게 따라할 수 있는 코드가 나온 후, 해당 코드를 작성하기 위해 알아야 할 아키텍처와 운영체제 이론을 설명하는 식으로 진행했다. 일단 코드를 만들어 보고 이 코드를 왜 이렇게 작성할 수밖에 없는지 설명하기 때문에, 독자들이 코드를 훨씬 잘 이해할 수 있고 더불어 아키텍처와 운영체제 이론도 학습할 수 있으리라 생각한다.

ARM 아키텍처

사람들은 운영체제를 만든다고 하면 당연히 PC에서 작동하는 운영체제를 생각한다. 하지만 이 책에서는 조금 다른 개념의 운영체제를 만들어 보았다. 각종 포터블 기기가 대중화 되고 사람들이 최소한 하나 이상의 임베디드 장비(휴대전화, MP3 플레이어, 디지털 카메라 등)를 가지고 다니는 현 시점에, 우리가 주목해야 할 플랫폼은 PC가 아니라 임베디드 장비일지도 모른다. 임베디드 프로세서는 그 성능이 비약적으로 발전하여 이제 임베디드 장비에도 펌웨어 수준의 단순한 제어 프로그램이 아닌 운영체제 수준의 복잡하고 다양한 기능을 가진 프로그램이 탑재될 수 있게 되었다. 실제로 우리가 가지고 다니는 휴대전화나 PMP 등의 장비에도 대부분, 검증된 임베디드 운영체제들이 탑재되어 있다. 임베디드 운영체제는 약한 컴퓨팅 파워와 적은 메모리, 한정된 입력 장치 같은 다소 척박한 환경에서 작동해야 하기 때문에 운영체제 자체도 소형일 수밖에 없고 구현 자체도 간결하다. 또한 임베디드 개발자라면 일반적인 PC 개발자에 비해 플랫폼을 더 많이 이해해야 한다.

즉, 임베디드에서 개발하려면 플랫폼을 이해해야 하고 코드는 간결할 수밖에 없는 것이다. 이 두 측면은 우리가 운영체제를 개발하려는 조건과 일치한다. 그래서 이 책에서는 임베디드 운영체제를 구현한다.

그런데 임베디드 개발에서는 임베디드 프로세서의 종류가 다양하고, 그만큼 아키텍처의 종류도 매우 많다. 이 중 임베디드 프로세서 시장에서 가장 많이 사용하는 아키텍처는 ARM 아키텍처다. ARM은 성능이 좋을뿐만 아니라 가격도 저렴하고 독자들이 구하기도 쉬울 것이기 때문에 ARM 아키텍처를 선택했다.

이 책의 구성

이 책은 아무것도 없는 개발보드 혹은 에뮬레이터의 터미널 화면에 hello world를 출력하면서 시작한다. 그리고 각 장을 지나면서 멀티태스킹, 메모리 관리, 태스크 간 통신, 동기화, 디바이스 드라이버 등의 기능을 추가한다. 총 17개 장으로 구성되어 있는데, 각 장마다 개별적인 기능을 하나씩 구현하는 방식으로 진행할 것이다. 따라서 이 책을 끝까지 읽는다면 필자가 의도하고 설계한 임베디드 운영체제 전체를 독자들도 만들게 될 것이다. 이 책을 끝까지 정독하고 이 책의 코드를 끝까지 따라가 준다면 더없이 고마운 일이겠지만, 꼭 끝까지 읽지는 않더라도 어느 정도 기능을 구현한 임베디드 운영체제를 만들고 이해할 수는 있을 것이다.

운영체제를 왜 만들어야 하는가

이 책을 쓰기 훨씬 전, 이 책에서 구현한 나빌눅스를 처음 기획하고 있을 때부터 나는 많은 사람과 이야기를 했었다. 왜 운영체제를 만들려고 하는가? 이야기를 나눈 업계 전문가, 함께 프로젝트를 진행했던 사람들, 소프트웨어 멤버십 동료들의 의견은 거의 같았다. 상당수, 아니 거의 모든 개발자들은 운영체제 개발에 일종의 동경심을 품고 있다. 그들이 만든 프로그램이 동작하고 있는 플랫폼에 대한 궁금증과 자신이 직접 그 플랫폼을 만들어 보고 싶다는 바람의 반영일 수도 있다.

아키텍처나 시스템 프로그래밍을 더 깊이 이해하고 싶어서 운영체제를 만든다는 사람도 있었다. 하지만 절대 다수의 개발자들은 운영체제 개발을 수단으로 삼기보다 목적으로 본다. 즉 컴퓨터에서 그래픽이나 사운드를 제어하고 싶어서 간단한 테트리스를 만든다거나, 네트워크 프로그래밍을 공부하려고 간단한 채팅 프로그램을 만드는 정도로 운영체제를 생각하지 않는다는 것이다. 그들은 '언젠가는 꼭 하려는 것이기에' 운영체제를 만들어 보고 싶다고 했다.

아키텍처나 시스템 프로그래밍을 공부하는 수단으로 운영체제를 개발하는 것은 커터 칼로 종이 자르는 법을 알기 위해 검도를 배우는 꼴이다. 꼭 운영체제가 아니더라도 아키텍처나 시스템 프로그래밍을 공부하는 더 쉬운 방법은 얼마든지 있다. 운영체제를 만들다 보니 아키텍처와 시스템 프로그래밍을 더 많이 이해하게 되는 것이지 그 반대는 아니다.

운영체제를 왜 만들어야 하는가라고 내게 묻는다면 '당신의 꿈을 이루어 보라'라고 대답할 것이다.

이 책에서 얻을 수 있는 것

이 책을 통해 독자는 최소한 세 가지를 얻을 수 있을 것이다. 첫째는 이 책의 목적 그대로 운영체제에 대한 개념과 이론 그리고 그 이론을 구현하는 일종의 테크닉이다. 둘째는 임베디드 개발 환경에 대한 경험이다. 나는 이 책이 임베디드 개발자에게 입문서의 역할을 할 수 있으리라 생각한다. 책 전반의 모든 설명이 곧 임베디드 개발 과정에 대한 설명이기 때문이다. 셋째는 ARM 아키텍처에 대한 대략적인 지식이다. 이 책에서 구현하는 운영체제가 ARM 아키텍처 기반의 운영체제기 때문에 필연적으로 ARM 아키텍처를 설명할 수밖에 없었다. 이후에 ARM 아키텍처에 대한 책을 공부할 때 이 책에서 얻은 지식이 아마 많은 도움이 될 것이다.

이제 독자에게 전하고 싶은 말은 모두 끝났다. 지금부터는 독자의 몫이다. 이 책을 열심히 읽고 이해해서, 뛰어난 임베디드 운영체제 개발자들이 많이 탄생하길 바란다. 즐겁고 가벼운 마음으로 운영체제 개발을 시작해 보자.

감사의 말

이 책을 쓰기까지 많은 분들의 도움이 있었다. 이 책에서 구현하고 있는 나빌누스의 프로토타입을 개발할 때 같이 작업했던 삼성 소프트웨어 멤버십의 김용호, 이동현, 이승환, 그리고 책으로 작업하기 전 KLDP에 강좌를 올릴 때 읽어주시고 오류를 수정해 주신 많은 KLDP의 회원분들, 원고 작업을 마무리하고 원고의 오류를 찾아 주었던 삼성 소프트웨어 멤버십의 남종욱 님, 학교 후배 희원이, 준영이, 리뷰 의견을 주신 권은진, 김상형, 선경렬, 정원석 님, 이 책의 초고를 써 놓고 출판사를 찾을 때 도움을 주신 박지인 님. 마지막으로 허술한 솜씨의 글을 교정하고 편집하시느라 너무 고생하신 인사이트 출판사의 김승호 님. 모든 분들께 진심어린 감사의 마음을 전하고 싶다.

1장

Learning Embedded OS

임베디드 운영체제

1.1 운영체제

운영체제에 대한 정의는 운영체제의 종류만큼 다양하지만 그 내용은 모두 비슷하다. 일반적으로 운영체제란 하드웨어를 관리하고, 응용 프로그램과 하드웨어 사이에서 인터페이스 역할을 하며 시스템의 동작을 제어하는 시스템 소프트웨어라고 정의된다. 운영체제는 시스템의 자원과 동작을 관리하는 소프트웨어다. 그래서 시스템의 역할 구분에 따라 운영체제의 역할을 크게 몇 가지로 구분할 수도 있다. 이 구분 역시 운영체제 개론서에 따라 다르지만 비슷한 면도 있다. 이 책에서는 아래와 같이 구분하겠다. 물론 더 자세하게 나누면 아주 많은 항목이 나열될 테고, 포용하는 범위를 크게 구분한다면 항목들이 더 줄어들 것이다.

프로세스 관리
- 스레드, 프로세스
- 스케줄링
- 동기화
- IPC

저장장치 관리
- 메모리 관리
- 가상 메모리
- 파일 시스템

네트워킹
├ TCP/IP
└ 기타 여러 프로토콜

사용자 관리
├ 계정 관리
└ 접근권한 관리

디바이스 드라이버
├ 순차접근 장치
├ 임의접근 장치
└ 네트워크 장치

1.1.1 프로세스 관리

프로세스 관리란 운영체제에서 작동하는 응용 프로그램을 관리하는 기능이다. 어떤 의미에서는 프로세서(CPU)를 관리하는 것이라고도 볼 수 있다. 현재 프로세서를 점유해야 할 프로세스를 결정하고 실제로 프로세서를 프로세스에 할당하며, 프로세스 간 공유 자원 접근과 통신 등을 관리한다.

1.1.2 저장장치 관리

저장장치 관리란 1차 저장장치인 시스템의 메인 메모리와 2차 저장장치인 하드디스크 등을 관리하는 기능이다.

메인 메모리 관리는 프로세스에게 할당하는 메모리 영역의 할당과 해제, 각 메모리 영역 간의 침범 방지, 메인 메모리를 효율적으로 활용하기 위한 가상 메모리 기능 등을 포함한다.

하드디스크나 NAND 플래시 메모리 같은 2차 저장장치에는 파일 형식의 데이터가 저장되고, 이 파일 데이터를 관리하기 위한 파일 시스템을 운영체제에서 관리한다. 현재 FAT, NTFS, EXT2, EXT3, JFS, XFS 등 수많은 파일 시스템들이 개발되어 사용되고 있으며, 이와 같은 파일 시스템들을 관리하는 것도 운영체제의 역할이다.

1.1.3 네트워킹

요즘 세상에 컴퓨터로 네트워킹을 할 수 없다면 컴퓨터의 활용도는 반 이하로 급

감할 것이다. TCP/IP 기반의 인터넷에 연결하든 다른 특별한 형태의 네트워크에 연결하든 응용 프로그램이 네트워크를 사용하려면 운영체제에서 네트워크 프로토콜을 지원해야 한다. 범용으로 쓰이는 여러 상용 운영체제는 다양하고 많은 네트워크 프로토콜을 지원한다. 운영체제는 사용자와 컴퓨터 하드웨어 사이에 위치하여 하드웨어를 운영·관리하고, 명령어를 제어하여 운영 시스템(OS)은 응용 프로그램 및 하드웨어를 소프트웨어적으로 제어 및 감독·관리 한다.

1.1.4 사용자 관리

컴퓨터 하면 보통 PC를 생각하기 때문에 한 사람만 사용한다고 가정할 수도 있다. 하지만 여러 사람이 사용하는 컴퓨터도 있기 때문에, 운영체제는 한 컴퓨터를 여러 사람이 사용하는 환경도 지원해야 한다. PC라 하더라도 가족들이 각자의 계정을 사용한다면 한 컴퓨터를 여러 명이 사용하는 것이다. 그렇다면 운영체제에는 각 계정(사용자)을 관리할 수 있는 기능이 필요하다. 그리고 각 사용자 별로 사생활을 보호하기 위해 개인 파일에 대해서는 다른 사용자가 접근할 수 없게 해야 하고, 사용자마다 파일 혹은 시스템 자원에 대한 접근 권한을 서로 다르게 지정해 줄 필요도 있다. 이런 기능들을 지원하는 것이 사용자 관리 기능이다.

1.1.5 디바이스 드라이버

운영체제는 시스템의 자원 즉, 하드웨어를 관리한다. 시스템에는 여러 하드웨어들이 붙어 있다. 이들을 운영체제에서 인식하고 관리하게 만들며, 응용 프로그램이 하드웨어들을 사용할 수 있게 하려면, 운영체제 안에서 하드웨어를 추상화 해주는 계층이 필요하다. 이 계층을 디바이스 드라이버라고 한다. 하드웨어의 종류가 많은 만큼 운영체제 내부의 디바이스 드라이버도 많다. 운영체제에는 이 많은 디바이스 드라이버들을 관리하는 기능을 담아야 한다.

위에서 설명한 것 외에도 운영체제는 아주 많은 복잡한 일을 하면서도 최대한 신뢰성을 보장해야 하며, 성능도 좋아야 한다. 그렇기 때문에 운영체제를 개발한다는 것은 매우 어렵고 힘든 일이다.

운영체제를 만드는 것이 이토록 어렵고 힘들어 보이지만, 실제로 운영체제 이론은 보통의 전산학 혹은 컴퓨터공학 학부 과정의 3학년 정도에서 배운다. 이 말은 곧, 운영체제의 이론 자체는 학부 과정, 그것도 3학년 정도면 이해할 수 있다는 말이다. 그리고 꼭 전공자가 아니더라도 어느 정도 개발 경험이나 지식이 있는 사람이라면 운영체제 이론을 이해할 수 있다.

이론을 이해한다면 만들 수 있다. 다만 많은 경험이 필요한 예외 처리나 성능 향상을 위한 여러 테크닉이 부족할 뿐이다. 최대한의 신뢰성과 최대한의 성능보다는 어느 정도의 신뢰성과 어느 정도의 성능을 목표로 하고, 이해했던 운영체제 이론을 구현하는 것을 목표로 둔다면 누구나 운영체제를 개발할 수 있는 것이다.

1.2 임베디드 운영체제

임베디드 컴퓨팅 장비라는 말이 있다. 역시나 여러 가지로 정의할 수 있는데 여기서는 자기 자신의 고유하고 한정된 기능을 지속적으로 수행하는 독립된 장비 정도로 정의하겠다. 즉 PC처럼 설치하는 프로그램에 따라서 여러 가지 기능을 수행하는 컴퓨터가 아니라, 제조사에서 만들 때 그 기능을 한정하여 특정 기능만을 계속 수행하는 장비라는 말이다. 예를 들어 MP3 플레이어는 MP3 파일의 목록을 LCD로 보여주고, MP3 파일을 재생해서 출력장치(이어폰, 스피커)로 음악을 들려주고, 사용자의 요청을 버튼으로 입력받는다. 그 외에 다른 기능이 더 있는 MP3 플레이어도 있겠지만 어쨌든 제조사에서 앞에서 나열한 기능만을 탑재하여 출시한다면, 이 MP3 플레이어는 다른 기능을 수행할 수 없고 제조사에서 구현한 기능만 수행하게 된다. 휴대전화 역시 위피 등으로 프로그램을 받아 기능을 확장할 수 있긴 하지만, 본질적으로 휴대전화 제조사가 설치해 둔 소프트웨어만을 사용하여 작동한다. MP3 플레이어나 휴대전화 등 작은 장치만 예를 들다 보니 임베디드 장비라고 하면 휴대용 기기만 생각하기 쉬운데, 크게 보면 자동차나 항공기, 대형선박 등에 탑재된 제어 장비들도 임베디드 장비에 포함된다.

소형의 포터블 기기든 대형의 자동차, 항공기, 선박에 들어가는 임베디드 시스템이든 시간이 갈수록 성능이 좋아지고 있다. 좀더 정확히 말하면 임베디드 프로세서의 성능이 점점 좋아지고 있다. 그리고 그에 맞추어 임베디드 장비를 소비하는 소비자의 요구사항도 갈수록 복잡하고 다양해졌다. 예전에는 단일 태스크의 인터럽트 기반 펌웨어만으로도 사용자의 요구사항을 충족시킬 수 있었던 것에 비해, 요즘은 음악을 들으면서 문자 메시지를 전송하고 싶다거나 동영상을 감상하면서도 전화나 문자를 받고 싶다는 등 요구사항은 복합적이면서 복잡해지는 양상이다. 더불어 휴대전화로 동영상을 보고 싶다거나 MP3 플레이어로 E-Book을 보고 싶다는 등 장비 간의 영역을 넘나드는 요구사항의 증가로 임베디드 애플리케이션 개발자 역시 펌웨어 수준에서는 감당하기 어려운 개발 요구사항을 수용해야 한다. 그래서 개발의 편의를 위해서라도 응용 프로그램이 작동하기 위한 공통적인 소프트웨어 플랫폼의 필요성이 대두되었다. 공통적인 소프트웨어 플랫폼이란 바로 운영체제를 말한다. 메인 프레임급 대형 컴퓨터나 PC 등의 범용 컴퓨터 뿐만 아니라, 임베디드 컴퓨팅 환경에서도 운영체제의 지원이 필요해진 것이다.

1.3 나빌눅스

이 책에서는 나빌눅스라는 임베디드 운영체제를 구현하는 과정을 처음부터 따라가면서, 임베디드 운영체제를 개발하는 방법을 설명한다. 나빌눅스라는 이름은 내 인터넷 닉네임인 '나빌레라'에서 따온 이름이다. 리누스 토발즈가 자신의 이름을 따서 리눅스라고 이름 붙였듯이 나도 닉네임을 따서 나빌눅스라고 이름붙였다.

나빌눅스는 아주 작은 임베디드 운영체제다. 하지만 운영체제를 구성하는 요소들은 최대한 포함시키려고 노력했다. 그리고 각 기능을 최대한 간결하게 구현하고, 이해하기 쉬운 코드를 작성하려고 노력했다. 신뢰성의 보장이나 높은 성능보다는 어떤 방식으로 운영체제가 개발되고 운영체제의 각 기능이 어떤 식으로 구현되는지를 설명하는 데 더 큰 목적을 두었기 때문에, 최대한 프로그래밍 기교를 부리지 않고 기초적이고 기본적인 문법과 프로그래밍 기술만을 사용했다. 그래서 나빌눅스의 C 언어 코드는 이제 갓 C 언어를 공부하고 포인터의 개념만 어느 정도 이해한 개발자 혹은 학생이라면 무난히 이해할 수 있으리라 확신한다. 운영체제를 개발하면서 불가피하게 나올 수밖에 없는 어셈블리 명령어들은 최대한 쉬운 명령어를 반복적으로 사용하려고 노력했다.

또한 운영체제의 각 기능을 구현하는 알고리즘 역시 일부러 복잡한 알고리즘을 사용하지 않았다. 모든 코드와 알고리즘은 직관적으로 이해할 수 있는 것만을 사용했다. 그리고, 나빌눅스의 각 자료 구조들은 그 형태가 같다. 그러므로 어떤 자료 구조를 보고 이해가 되지 않더라도 책을 계속 읽다보면 같은 형태가 반복되기 때문에 앞쪽에 구현된 자료 구조를 이해할 수 있을 것이다.

나빌눅스는 아래와 같이 구성되었다.

메모리 관리자
- 메모리 정적 할당
- 메모리 동적 할당

태스크 관리자
- 태스크 생성
- 태스크 간 전환(컨텍스트 스위칭)
- 스케줄러

메시지 관리자
- 태스크 간 통신
- 상호배제(뮤텍스)
- 세마포어

디바이스 드라이버 관리자
- 순차접근 장치

커널 서비스
- OS timer
- 시스템 콜
- IRQ 핸들러

이 책에서는 위의 기능들을 나빌눅스에 구현하는 모든 과정을 설명할 것이다.

1.4 실습 : 임베디드 개발 환경 구성

일반적으로 임베디드 장비는 PC에 비해서 컴퓨팅 파워가 떨어진다. 따라서 임베디드 펌웨어 개발자든 임베디드 애플리케이션 개발자든 주로 PC에서 프로그램을 컴파일하고 빌드한 바이너리 이미지 파일 혹은 실행 파일을 네트워크나 시리얼 포트 등을 통해 임베디드 장비에 올려서(다운로드한다고 표현하기도 한다) 실제 임베디드 장비에서 실행하고 테스트 해보는 방식으로 개발한다. 아니면 에뮬레이터를 사용해서 임베디드 장비 없이 에뮬레이터 상에서 제대로 돌아가는 것을 확인한 후에야 임베디드 장비에 올려서 실행을 테스트 하기도 한다.

또한 최종으로 시장에 판매될 임베디드 장비보다는 개발이 더 편하고 여러 주변 장치가 붙어 있는 개발보드를 많이 사용한다. 만들려는 프로그램이 개발보드에서 작동하게 한 다음 최종 보드에 올려서 테스트 해보고 거기서도 잘 작동하면 프로그램을 탑재해서 제품을 출시하는 방식이다. 그래서 꼭 정확하다고는 할 수 없지만 일반적인 테스팅 환경의 순서는 에뮬레이터 → 개발보드 → 최종 하드웨어라고 할 수 있다.

어쨌든 개발 PC에서는 프로그램이 작동할 시스템에 맞추어 컴파일을 해 줄 개발 환경을 구성해야 한다. 이 과정을 '목표 플랫폼에 맞추어 크로스 컴파일 환경을 구축'한다고 말한다. 이 말은 개발 PC에서 컴파일을 하긴 하지만 컴파일되어 나온 결과물은 개발 PC에서 실행되는 실행 이미지가 아니라 목표 플랫폼에서 실행되는 실행 이미지가 되게끔 환경을 설정한다는 말이다.

그림 1-1 크로스 컴파일 환경

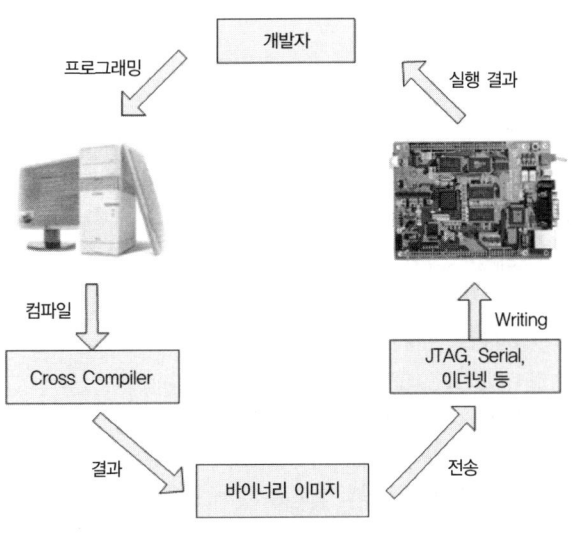

1.4.1 목표 플랫폼 정하기

크로스 컴파일 환경을 구성하기 전에 목표 플랫폼으로 무엇을 사용할 지 결정해야 한다. 목표 플랫폼이 결정된 다음에야 해당 플랫폼에 맞춰서 크로스 컴파일 환경을 구성할 수 있다.

나빌눅스는 임베디드 운영체제다. 임베디드 장비에서 쓰이는 임베디드 프로세서는 임베디드 장비의 종류와 목적만큼이나 다양하다. 작게는 4비트 프로세서부터 PC의 CPU에 필적하는 성능을 내는 32비트 프로세서에 이르기까지 아주 다양하다. 흔히 8비트에서는 AVR, PIC 등이, 32비트에서는 ARM, MIPS, 80386 등이 임베디드 장비에 쓰인다. 그중 단연 독보적인 존재는 ARM이다. ARM은 ARM을 개발한 회사에서 직접 칩을 생산하지 않고, 아키텍처와 버스 규격을 정하고 프로세스 코어(core)에 해당하는 모듈을 전 세계 반도체 메이커에 판매한다. 우리나라의 삼성전자에서도 ARM 아키텍처를 사용하는 S3C2440, S3C2410 등의 마이크로 컨트롤러를 생산하며, 인텔에서도 PXA255, PXA270 등 ARM 아키텍처를 사용한 마이크로 컨트롤러를 생산하였다. 현재 인텔은 PXA2xx 제품군의 사업 부문을 마벨(Marvell)사에 매각하여 ARM 호환칩을 직접 생산하진 않는다. 삼성전자나 인텔 외에도 세계적으로 TI(Texas Instruments), 퀄컴(Qualcomm), ST마이크로일렉트로닉

마이크로 프로세서 유닛, 중앙 처리 장치, 마이크로 컨트롤러 유닛

컴퓨터의 중앙 처리 장치(CPU, Central Processing Unit)를 하나의 단일 IC(Integrated Circuit) 칩에 집적시켜 만든 반도체 소자를 마이크로 프로세서 유닛(MPU, Micro Processing Unit)이라고 한다. CPU의 여러 형태 중 소자가 하나인 종류가 MPU이며, 모든 MPU는 CPU지만 모든 CPU가 MPU인 것은 아니다.

마이크로 컨트롤러 유닛(MCU, Micro Controller Unit)은 CPU 기능은 물론이고 일정한 용량의 메모리, 입출력 제어 인터페이스, 주변장치 컨트롤러 회로까지 칩 하나에 내장된 반도체다. 즉 MCU는 PC의 메인보드 전체를 칩 하나에 집적시켜 놓은 것이라고 볼 수 있다. 그래서 기능이 많은 MCU의 경우, 칩에 전원을 연결하고 입출력 장치를 연결하기만 하면 그것 자체로 일종의 작은 컴퓨터가 되기도 한다.

ARM 코어를 사용한 PXA255 칩은 CPU와 메모리 컨트롤러, DMA 컨트롤러에 USB 컨트롤러까지 포함하고 있는 MCU다.

스(STMicroelectronics), 프리스케일(Freescale) 등 대형 반도체 기업들이 ARM 호환 칩들을 생산하고 있다.

ARM은 이렇게 플랫폼 공개 정책을 취해서 MCU는 달라도 코어는 ARM을 사용하게 함으로써, 임베디드 프로세서 시장에서 가장 많이 사용하는 아키텍처가 되었다. 가장 많이 사용하는 만큼 구하기도 쉽다. 또한 가격도 싸다. 그렇다고 성능이 떨어지는 것도 아니다. 이렇게, 나빌눅스의 목표 플랫폼으로 ARM을 선택해선 안 될 이유보다는 선택해야만 하는 이유가 더 많다. 그래서 나빌눅스의 목표 플랫폼은 ARM으로 결정했다.

1.4.2 리눅스에서 크로스 컴파일 환경 설정

목표 플랫폼을 ARM으로 결정했으니 크로스 컴파일 환경도 ARM에 맞추면 된다. 컴파일러는 PC와 마찬가지로 gcc를 사용한다. gcc는 오픈소스 컴파일러이고 누구나 코드를 수정할 수 있기 때문에, ARM 아키텍처에서 작동하는 바이너리로 컴파일 해주는 gcc도 이미 나와 있다. 성능도 좋고 사용 방법도 PC에서 사용하는 gcc와 완전히 같다는 장점이 있다. 그리고 오픈소스인 만큼 인터넷에서 구하기도 쉽다. 검색 엔진에 arm linux gcc 정도의 검색어만 입력하면 검색 결과 첫 페이지에서 ARM용 gcc 컴파일러 패키지를 다운로드 할 수 있는 링크를 찾을 수 있다.

이 책의 소스코드 사이트(http://insightbook.springnote.com/pages/2780064)나 아래의 주소에서 arm-linux-gcc-3.3.2.tar.bz2 파일을 다운로드한다.

```
http://www.handhelds.org/download/projects/toolchain
```

적당한 디렉터리에 다운로드한 다음 이 디렉터리에서 root 유저 권한으로 아래와 같은 명령어를 입력한다.

```
# cp ./arm-linux-gcc-3.3.2.tar.bz2 /
# cd /
# tar xvjf arm-linux-gcc-3.3.2.tar.bz2
```

위와 같이 실행하면 /usr/local/arm/3.3.2 디렉터리 밑으로 크로스 컴파일에 필요한 실행 파일과 헤더 파일, 라이브러리 파일, 부가 파일들이 설치된다. 이제 선호하는 에디터 프로그램을 사용해서 홈 디렉터리의 .profile 파일에 아래 한 줄을 추가한다.

```
PATH=/usr/local/arm/3.3.2/bin:/usr/local/arm/3.3.2/sbin:"${PATH}"
```

.profile 파일을 수정하고 저장한 다음, source ~/.profile 명령을 입력하거나, 터미널을 재시작하거나, 아예 시스템을 재부팅하면 크로스 컴파일 환경 구성이 끝난다.

1.4.3 윈도에서 임베디드 개발 환경 구성

윈도에 개발 환경을 구성하기보다는 vmware에 리눅스를 설치한 다음 리눅스 환경에서 작업할 것을 권장한다. 그럼에도 굳이 윈도 환경에서 개발하려는 독자들을 위해 개발 환경을 구성하는 방법을 설명하겠다. 윈도에서 arm-gcc를 이용해 임베디드 개발 환경을 구성하는 가장 일반적인 방법은 시그윈(cygwin)을 이용하는 방법이다.

시그윈 설치

먼저 시그윈을 설치해야 한다. 인터넷에서 아래의 주소를 통해 setup.exe 파일을 받은 다음 설치하고 업데이트를 한다.

http://www.cygwin.com/setup.exe

setup.exe 파일을 실행해서 시그윈을 설치할 때 추가로 다음의 패키지를 선택해서 설치해야 한다. 모두 Devel 카테고리에 속해 있다. 그리고 추가로 Editors 카테고리에서 마음에 드는 에디터 프로그램도 설치하기 바란다.

gcc
make
mtd

시그윈용 arm-gcc 설치

이 책의 소스코드 사이트나 아래의 주소에서 시그윈용으로 빌드된 arm-gcc를 다운로드한다(파일이 조금 크다).

http://downloads.sourceforge.net/micronav/arm-cygwin-gcc-3.3.2.tar.gz

파일을 다운받았으면 시그윈을 설치했을 때의 시그윈 루트(root) 디렉터리에 arm-cygwin-gcc-3.3.2.tar.gz 파일을 복사한다. 별다른 설정을 하지 않고 기본 값으로 시그윈을 설치했다면 c:\cygwin 디렉터리가 시그윈의 루트 디렉터리다.

이제 시그윈을 실행한 다음 아래와 같이 명령을 입력한다.

```
# cp /arm-cygwin-gcc-3.3.2.tar.gz /usr/local
# cd /usr/local
# tar xvfz arm-cygwin-gcc-3.3.2.tar.gz
```

위와 같이 실행하면 /usr/local/arm/3.3.2 디렉터리 밑으로 크로스 컴파일에 필요한 실행 파일과 헤더 파일, 라이브러리 파일, 부가 파일들이 설치된다. 이제 선호하는 에디터 프로그램을 사용해서 시그윈의 /etc 디렉터리에 있는 profile 파일의 PATH 부분을 수정한다.

/etc/profile

```
PATH=/usr/local/arm/3.3.2/bin:/usr/local/arm/3.3.2/sbin:/usr/local/bin:/usr/bin:/bin:/usr/X11R6/bin:$PATH
export PATH
```

그리고 시그윈을 다시 실행하면 윈도용 크로스 컴파일 개발 환경 구성이 끝난다.

1.5 정리

이번 장에서는 운영체제란 무엇인지에 대한 간략한 소개와 나빌눅스가 목표로 하는 임베디드 운영체제에 대한 간단한 소개 그리고 나빌눅스의 개발 방향과 개발 콘셉트에 대해 소개했다. 임베디드 운영체제를 개발하기 위해서는 당연히 임베디드 개발 환경을 구성해야 하고, 그러기 위해 크로스 컴파일 환경을 설명하고, 리눅스와 윈도에서 ARM 아키텍처를 목표 플랫폼으로 하는 크로스 컴파일 환경을 구성하는 방법을 살펴보았다.

다음 장에서는 실제 나빌눅스를 개발할 개발보드를 선정하고, 에뮬레이터를 사용할 경우에는 어떻게 환경을 설정해야 하는지 살펴본다. 그리고 부트로더와 부팅에 대한 개념을 알아보고 나빌눅스를 개발하기 위한 첫 번째 프로그램을 만들어 보겠다.

2장

Learning Embedded OS

부팅하기

2.1 개발보드 선정하기

임베디드 운영체제를 만들기로 했으니, 임베디드 운영체제가 작동할 임베디드 개발보드를 선정해야 한다. ARM 아키텍처를 채택한 MCU를 메인 프로세서로 탑재하고 있는 개발보드 중에서 쉽게 구할 수 있고 가격이 싼 보드를 구하다가, 필자가 선택한 개발보드는 FA리눅스사(www.falinux.com)에서 개발하고 판매하는 EZ-X5 보드다.[1]

2.1.1 EZ-X5 보드

EZ-X5 보드는 ARM920 계열의 PXA255 칩을 메인 프로세서로 탑재하고 있으며 SDRAM 64메가바이트와 NAND 플래시 64메가바이트를 보드에 장착하고, 그 외에도 이더넷 컨트롤러, USB 컨트롤러 등 많은 주변장치를 달고 있다. 주변장치가 많은 만큼 여러 가지로 응용할 수 있다. 또한 개발보드치고 상대적으로 가격이 저렴한 편이고, 학생들에게 많이 팔린 상태여서 중고를 구하기도 쉽다. 그리고 가장 마음에 드는 점은 개발사에서 4백 쪽에 달하는 설명서를 제공한다는 점이다(개발사 홈페이지[2]에서 pdf 파일을 다운로드할 수 있다). 뿐만 아니라 EZ-X5 보드에서 작동시킬 수 있는 유틸리티 프로그램을 홈페이지를 통해서 모두 제공하고 부트로더

---

[1] 개발보드를 구할 수 없다면 에뮬레이터를 설치하여 실습할 수도 있다. 리눅스 사용자라면 2.3절, 윈도 사용자라면 2.6절을 참고하라.

[2] http://forum.falinux.com/zbxe/?mid=EZX5

그림 2-1 EZ-X5 보드 (출처: http://falinux.com)

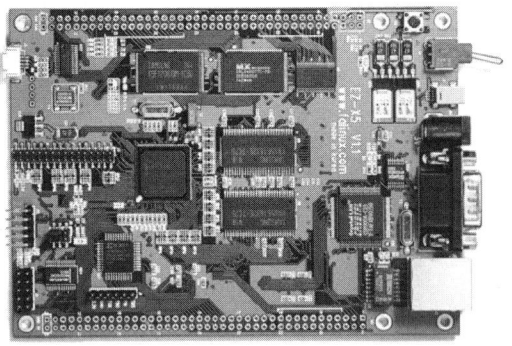

그림 2-2 EZ-X5 보드 블록 구성도 (출처: http://falinux.com)

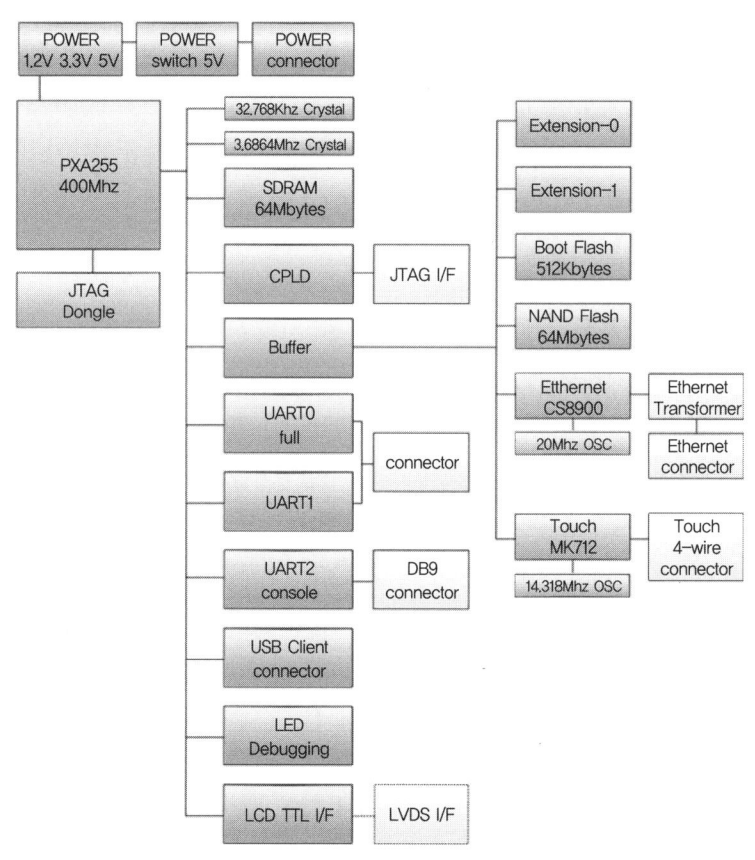

와 리눅스 커널 같은 경우에는 소스코드까지 모두 제공한다. 따라서 EZ-X5 보드를 선택하는 것은 여러모로 최선의 선택이라 생각한다.

EZ-X5 보드(이하 이지보드)에는 기본적으로 제조사에서 EZBOOT(이하 이지부트)라는 부트로더를 탑재해 두었다. 그러므로 보드를 구하자마자 매뉴얼에 나온 대로 시리얼 케이블을 연결하고 전원을 넣으면 시리얼 터미널을 통해서 무언가 출력되는 것을 볼 수 있다. 터미널을 통해 이지부트가 출력하는 메시지를 제대로 볼 수 있다면 보드 자체는 별 문제가 없는 것이다.

2.2 이지보드에 나빌눅스 이미지를 올리는 방법

우선 리눅스에서 시리얼이 제대로 잡혀있는지 확인한다.

```
$ setserial -a /dev/ttyS0
/dev/ttyS0, Line 0, UART: 16550A, Port: 0x03f8, IRQ: 4
        Baud_base: 115200, close_delay: 50, divisor: 0
        closing_wait: 3000
        Flags: spd_normal skip_test
```

위와 같이 메시지가 나오면 시리얼 포트를 사용할 수 있는 상태다.

이제 터미널 연결을 위해 minicom을 사용한다. 설정을 하기 위해서는 minicom

---

minicom

minicom이란 윈도의 하이퍼터미널과 같은 리눅스/유닉스용 터미널 통신 프로그램이다. 파일의 업로드, 다운로드, 다이얼링 등 통신에 필요한 중요 기능은 거의 다 포함되어 있다. 일반적인 리눅스 배포판에는 거의 기본으로 포함되어 있고, 기본으로 포함되어 있지 않더라도 배포판의 패키지 관리자를 통해 손쉽게 설치할 수 있다.

minicom은 Miquel van Smoorenburg라는 사람이 만들었다. 처음에는 MS-DOS의 유명한 터미널 프로그램인 Telix를 따라서 만들었다고 하는데, 지금은 minicom이 더 유명하다. minicom은 텍스트 기반 터미널 프로그램이면서도 사용자 인터페이스로 팝업과 메뉴를 사용하여 GUI가 일반적이지 않았던 당시에는 파격적인 UI 디자인으로 평가받기도 했다.

PC 통신이 유행하던 시절에는 윈도의 이야기나 새롬데이터맨 같은 프로그램처럼 리눅스/유닉스 계열 운영체제에서 PC 통신에 접속하던 용도로도 사용되었다. 요즘은 임베디드 개발 프로젝트에서 시리얼 터미널 접속용으로 많이 사용한다.

그림 2-3 minicom 설정 화면

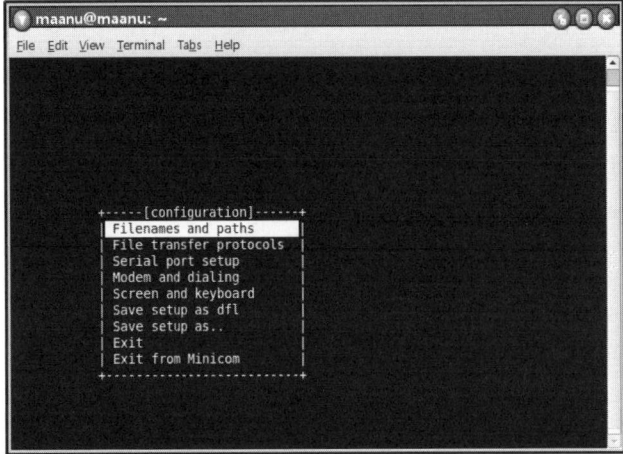

을 실행할 때 -s 옵션을 준다.

```
$ minicom -s
```

위 명령을 실행하면 화면에 그림 2-3과 같은 내용이 나온다.

메뉴에서 Serial port setup을 선택하고 Enter↲를 누르면 시리얼 관련 내용을 수정할 수 있다. 설정 값을 아래 내용으로 맞춘다.

- Boudrate : 115200 bps
- Data Size : 8
- Parity : None
- Stop bits : 1
- Hardware flow control : No
- Software flow control : No

설정을 마치고 나갈 때는 반드시 Save setup as dfl를 선택해야만 설정 내용이 저장된다(그림 2-4).

다시 minicom을 실행한 다음 이지보드의 전원을 켜면 그림 2-5와 같은 메시지가 화면에 출력된다.

Quickly Autoboot [ENTER] / Goto BOOT-MENU press [space bar] 메시지가 출력

그림 2-4 minicom에서 시리얼 설정

되었을 때 Space 를 누르면 이지부트의 프롬프트가 나온다. EZBOOT〉 프롬프트 상태에서 zfk와 Enter↲ 를 입력해 보자.

    Quickly Autoboot [ENTER] / Goto BOOT-MENU press [space bar].

EZBOOT>zfk
?B01000000659652

그림 2-5 이지부트가 부팅된 화면

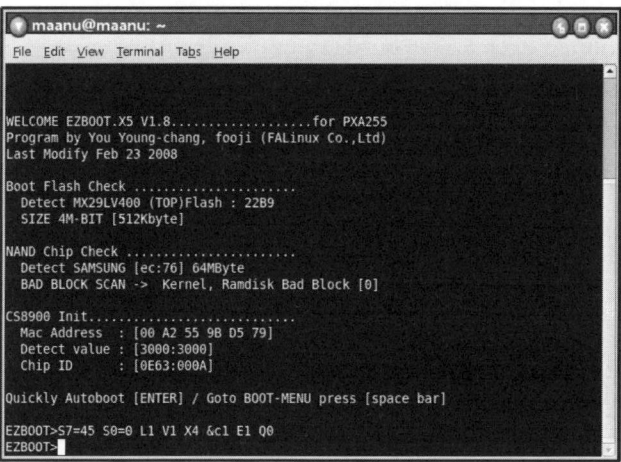

그림 2-6 minicom에서 프로토콜을 선택하는 화면

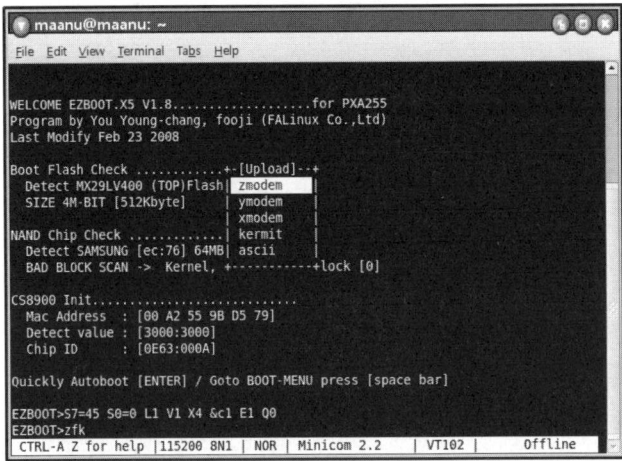

명령의 응답으로 알 수 없는 값이 출력되면 zmodem으로 다운로드할 준비가 되었다는 뜻이다. 이 상태에서 Ctrl+A를 누르고 뗀 다음 S를 누르자. 그러면 그림 2-6과 같은 메뉴가 minicom의 중앙에 나타난다.

Upload 메뉴에서 zmodem을 선택하면 디렉터리 선택 창이 나온다. Space를

그림 2-7 이지부트로 커널 이미지 전송완료

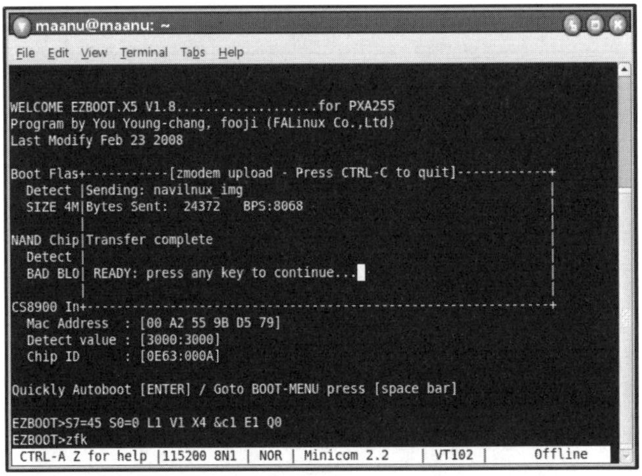

두 번 누르면 디렉터리를 이동하고 한 번 누르면 파일을 선택한다. Space 를 눌러서 커널 이미지 파일을 선택한 후 Enter┘를 눌러서 전송한다.

그림 2-7과 같은 메시지가 보이면 커널 이미지를 전송하는데 성공한 것이다.

2.3 에뮬레이터 환경 구성하기

아무리 이지보드가 저렴하고 구하기 쉽다고 해도, 십 만원이 넘는다. 쉽게 쓸 수 없는 돈이긴 하다. 그래서 대안으로 개발보드를 에뮬레이트해서 실습할 수 있는 방법을 소개한다.

2.3.1 qemu

이 책에서 선택한 개발보드인 EZ-X5 보드를 직접 에뮬레이트 해주는 프로그램은 불행히도 구할 수 없다. 실제로는 누군가 만들어서 사용하는지 모르겠지만 공개된 프로그램으로는 존재하지 않는다. 그래서 이 책에서는 다른 공개된 프로세서 에뮬레이터인 qemu(http://fabrice.bellard.free.fr/qemu/)를 사용하려고 한다.

qemu는 x86 시스템을 에뮬레이트 해주는 에뮬레이터다. 그러나 ARM, MIPS, m68k, alpha 칩 등 다양한 프로세서에 대한 에뮬레이팅 환경도 추가로 제공한다. 특히 나빌눅스가 플랫폼으로 채택한 PXA255 칩을 에뮬레이트 해주는 에뮬레이터로는 거의 유일한 선택이다.

qemu의 최신 버전(0.9.1)에서는 이지보드와 같은 PXA255 칩을 사용하는 gumstix (http://www.gumstix.com/) 보드가 에뮬레이트 되어 내장되었다. 나빌눅스를 에뮬레이터 환경에서 작동할 때는 바로 이 내장된 gumstix 보드에 나빌눅스를 이식하여 테스트할 것이다.

qemu를 설치하는 것은 비교적 간단하다. 아래 주소나,

http://fabrice.bellard.free.fr/qemu/download.html

이 책의 웹 페이지에서 qemu-0.9.1 파일을 다운받아, 소스를 적당한 디렉터리에 풀고 다음과 같은 순서대로 명령을 입력한다.

```
$ ./configure
$ make
$ sudo make install
```

qemu는 gcc 4.x 버전에서 컴파일하면 오류가 발생하므로 주의해야 한다. 따라서 gcc 3.x 버전을 미리 설치해 두어야 한다. 설치 방법은 리눅스 배포판별로 천차만별이니 각 배포판에 맞는 방식으로 한다.[3]

설치를 끝내면 /usr/local/bin 디렉터리에 'qemu'로 시작하는 실행 파일들이 생성된다. 이 중 우리가 사용할 실행 파일은 qemu-system-arm 파일이다. 이 파일은 ARM 프로세서를 에뮬레이트 해주는 프로그램이다.

2.3.2 u-boot 설치

다음은 gumstix에서 사용하는 부트로더인 u-boot를 설치하자. u-boot(http://www.denx.de/wiki/UBoot)는 오픈소스 부트로더이며, 배포 버전에서 지원하는 보드도 많을 뿐더러 여러 개발보드 개발사들이 판매하는 개발보드의 기본형 부트로더로 많이 사용되는 부트로더다.

이 책의 웹 페이지에서 gumstix_uboot 압축 파일을 다운받아 적당한 디렉터리에 압축을 풀자. 그리고 아래와 같이 명령을 입력한다.

```
$ make distclean
$ make gumstix_config
$ make all
```

그림 2-8 qemu에서 동작하는 u-boot의 출력화면

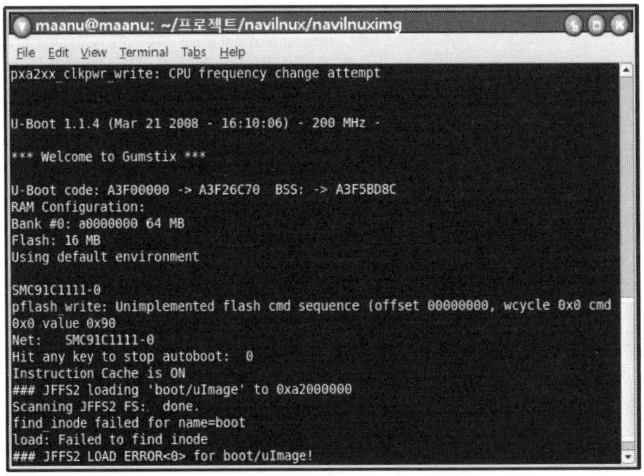

---

[3] 이 책의 스프링노트 페이지를 참고하라. http://insightbook.springnote.com/pages/2780064

앞 장에서 크로스 컴파일 개발 환경을 설정했기 때문에 별문제 없이 컴파일이 진행된다. 컴파일이 끝나면 u-boot.bin과 u-boot 파일이 생성된다. u-boot.bin 파일이 보드에 올라갈 바이너리 이미지 파일이다.

이제 qemu에 있는 gumstix 에뮬레이터에서 u-boot가 잘 작동하는지 시험해 보자. u-boot.bin이 있는 디렉터리에서 다음과 같이 명령을 입력한다.

$ /usr/local/bin/qemu-system-arm -M connex -pflash u-boot.bin -nographic

u-boot가 제대로 작동한다면 그림 2-8과 같은 내용이 터미널에 나타난다.

여기까지 되었다면 기본적으로 에뮬레이터를 사용할 준비는 다 끝난 것이다. 이후에 qemu를 사용해서 나빌눅스를 동작시키기 위한 몇 가지 작업이 더 설명될 것이다.

2.4 실습 : 이지보드에서 hello world를 출력하자

임베디드 운영체제를 만드는 작업은 OS 자체를 만드는 과정도 중요하지만, 실상 부트로더를 만드는 작업이 어쩌면 가장 어렵고, 절반에 가까운 시간을 잡아먹는다. 또, 부트로더를 만드는 작업은 타깃 플랫폼에 거의 완전히 종속되어, 하드웨어에 대한 지식이 많이 필요하다. 즉, 어렵다. 그래서 필자는 부트로더를 만들지 않기로 결정했다. 개발보드로 결정한 이지보드에는 이지부트라는 부트로더가 기본으로 제공된다. 부트로더는 그냥 이것을 사용하기로 한다. 이렇게만 해도 개발 난이도가 절반으로 줄어든다.

이지부트는 이지보드에 리눅스 커널과 램 디스크 이미지를 올려서 부팅시키려는 목적으로 만들어졌다. 그러므로 이지부트에는 리눅스 커널과 램 디스크 이미지를 NAND 플래시에 기록하는 기능이 있다. 또, 부트 초기화 작업을 마친 후에는 RAM 영역에 커널 이미지와 램 디스크 이미지를 올려주고 커널의 시작 위치로 PC 레지스터를 점핑해준다.

우리가 만드는 임베디드 운영체제는 이지부트를 상대로 마치 리눅스 커널인양 행동하면 된다. 리눅스 커널인양 NAND 플래시에 기록되고, 리눅스 커널이 올라가야 할 위치에 올라가서 이지부트가 PC 레지스터를 옮길 때 우리가 만든 운영체제의 시작 위치로 옮기게 하는 것이다. 사실 좀더 정확히 말하면 이지부트가 최종으로 점핑하는 PC 레지스터 주소는 정해져 있는데, 바로 그 위치에 우리가 만들 운영체제 커널의 엔트리 포인트가 위치하게 될 것이다. 이것에 대해서는 나중에 설명한다.

2.4.1 이지부트의 소스코드 재활용

무언가를 개발할 때 가장 빨리 개발하는 방법은 기존에 이미 만들어져 있던 것 중 내가 만들려는 프로그램과 가장 가까운 것을 찾아서, 내 필요에 맞게 고치거나 그대로 쓰는 것이다. 이 장에서 하는 실습도 마찬가지다. 여기서는 본격적으로 나빌눅스를 만들기 전, 단지 hello world만 터미널에 출력하는 기본 이미지를 만드는 것이다. 이지보드를 켜서 이지부트가 로딩되는 과정을 봐서 알겠지만 이지부트는 터미널에 메시지를 출력한다. 그렇다면 이지부트 소스 안에는 터미널에 메시지를 출력하는 코드가 들어 있을 것이다. 우리는 이 코드를 그대로 사용한다.

아래의 주소에서 이지부트의 소스를 다운로드 하거나 이 책의 웹 페이지에서 이지부트의 소스코드를 복사한다.

http://forum.falinux.com/_zdownload/data/ezboot.x5.v18.tar.gz

압축을 풀어 보면 아래와 같이 Makefile과 다섯 개의 디렉터리가 보인다.

```
Makefile    eztiny    image    include    main    start
```

image 디렉터리에는 이지부트의 최종 이미지 파일이 들어간다. include 디렉터리에는 말 그대로 이지부트 소스가 사용하는 헤더 파일들이 들어있다. main 디렉터리에는 C 언어로 작성된 코드들이 들어있고, start 디렉터리에는 어셈블리어로 작성된 보드 초기화 관련 코드들이 들어있다.

운영체제를 제작하는 데 왜 굳이 어셈블리어를 사용해야 할까? 왜냐하면 운영체제를 만드는 작업은 CPU를 직접 다루는 작업이기 때문이다. 하지만 C 언어에서는 CPU의 레지스터에 직접 접근할 수 있는 방법이 없다. register 키워드를 사용하여 어셈블리어와 비슷하게 사용할 수도 있겠지만, 개발자가 의도하는 대로 명확하게 CPU 레지스터를 지정할 순 없다. 또, 어셈블리어를 사용하면 C 언어보다 훨씬 간단하고 직관적으로 코드를 작성할 수 있다. 그래서 운영체제 같이 하드웨어를 직접다루는 프로그램은 주로 어셈블리어를 사용해서 핵심적인 코드를 작성한다.

이지부트는 일단 start 디렉터리에 있는 어셈블리 코드들이 컴파일되어 한 부분을 이루고, main 디렉터리에 있는 C 코드들이 컴파일되어 한 부분을 이룬다. 메모리의 0x00000000 번지에 들어가는 코드는 start에 있으므로 보드에 전원이 들어오면 start에 있는 코드들이 순서대로 실행된다. 그러고 나면 main 디렉터리에 있는 main( ) 함수로 프로그램 카운터(PC)가 점핑한다. 이 부분에 초점을 맞춰야 한다. main( )으로 점핑하는 것. 우리가 만들 나빌눅스에도 main( ) 함수는 존재하고, 이 지부트의 부팅이 끝나면 나빌눅스에 있는 main( )의 주소가 프로그램 카운터에 들어가게 해야 한다.

> **프로그램 카운터(Program Counter, PC)**
>
> 1장에도 PC라는 용어가 나오고 2장에도 PC라는 용어가 나오는데, 1장에 나오는 PC는 우리가 흔히 알고 있는 개인용 컴퓨터(Personal Computer)이고, 2장에 나오는 PC는 프로그램 카운터(Program Counter)다.
> 컴퓨터에서 실행되는 모든 프로그램은 연속적인 기계어로 구성되어 있다. 그리고 그 기계어는 메모리의 특정 주소에 로딩되어 있다. CPU는 현재 실행 중인 기계어가 어느 메모리 번지에 존재하는지 알고 있어야 한다. 그래서 PC라는 레지스터를 두어서, 현재 실행 중인 기계어 명령이 존재하는 메모리 번지를 항상 가리키고 있다.
> C 언어 코드에서 goto 명령 등으로 실행 흐름을 옮긴다는 말은, CPU 입장에서는 PC의 메모리 번지가 순차적으로 증가하지 않고 다른 쪽에 있는 메모리 번지가 PC에 입력되어 실행 흐름이 변한다는 의미다. 이것은 while이나 for, if 명령에서도 마찬가지로, 메모리 번지가 순차적으로 증가하지 않고 제어문에 따라서 다른 위치의 메모리 번지가 PC에 들어가게 되어, 다른 쪽 메모리에 있는 명령을 수행하게 되는 것이다. 이것을 가리켜 '명령어를 점프한다'라고 표현하기도 한다. 함수 호출도 같은 개념으로 생각할 수 있다.
>
> ```
> void funcA(int n){         // 함수의 주소 0x0A000000
>     ...
> }
>         :
>         :
> int main(){
>     int a = 1;             // 선언문의 주소 0x0A008000
>     funcA(a);              // 호출문의 주소 0x0A008004
> }
> ```
>
> 위와 같은 코드가 있고 각 문장의 주소가 주석과 같다고 가정할 때, 변수 a를 선언하는 시점에서 PC의 값은 0xA008000이다. 해당 명령을 실행하고 나면 PC는 자동으로 4바이트 증가하여 0x0A008004를 가리킨다. 그러면 0x0A008004 번지에는 funcA( )를 호출하는 명령이 있으므로 funcA( )를 호출하러 간다. 이때 PC는 그대로 4바이트가 증가하여 0x0A008008이 되는 것이 아니라, funcA( )의 시작 주소인 0x0A000000이 된다. 그러면 CPU는 0x0A000000부터 명령어를 읽으면서 계속 수행한다. 당장은 이해가 안 되더라도 이 책을 계속 읽어 가면 이해할 수 있을 것이다.

그림 2-9 나빌눅스의 시작 위치로 이동

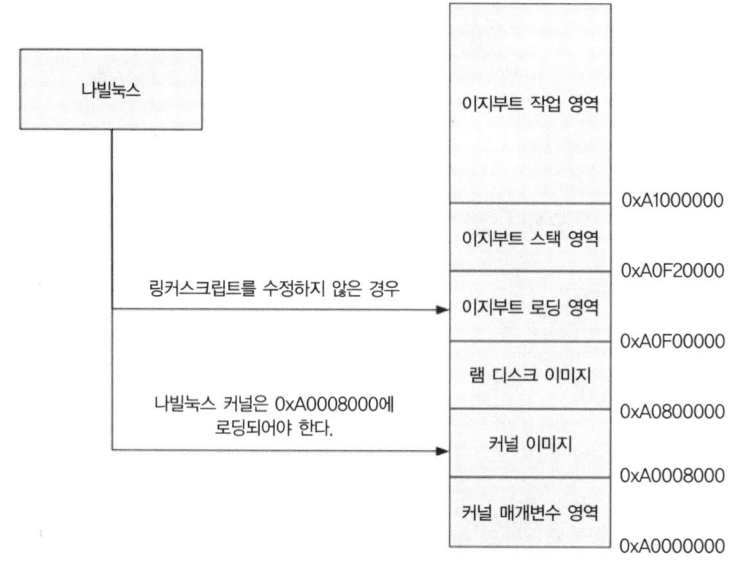

이지부트의 main 디렉터리를 보면 C 언어로 작성된 소스 파일들이 보인다.

```
Makefile        entry.S         info_cmd.c      printf.c        vscanf.c
Makefile.bak    flash_29lvx.c   lib1funcs.S     ram_cmd.c       vsprintf.c
arp_cmd.c       flash_cmd.c     main-ld-script  serial.c        zmodem.c
config.c        go_cmd.c        main.c          string.c        zmodem_cmd.c
cs8900.c        gpio.c          nand.c          tftp_cmd.c
defaultlibs     help.c          net.c           time.c
```

우리는 이 파일들을 재활용할 것이다. 적당한 디렉터리에 navilnux라는 디렉터리를 만들자. 필자는 홈 디렉터리에 만들었다. 그리고 include 디렉터리를 통째로 복사하자. 필요 없는 파일은 이후에 걸러낼 것이다.

```
$ mkdir ~/navilnux
$ cp main/ ~/navilnux/chap2 -r
$ cp include/ ~/navilnux/chap2/ -r
```

우선 serial.c 파일을 수정한다. serial.c 파일을 열면,

```
#include <pxa255.h>
#include <config.h>
#include <serial.h>
#include <time.h>
#include <stdio.h>
```

```
#include <gpio.h>

#define __REG(x)                    (x)

extern TConfig Cfg;

//... 중략 ...

void SerialInit( eBauds baudrate )
{
//... 중략 ...
}
```

소스 파일의 시작 부분이 위 코드와 같다. 여기서 아래 두 문장을 삭제한다.

```
#include <config.h>
extern TConfig Cfg;
```

config.h 파일은 이지부트의 설정을 담고 있는 헤더 파일이기 때문에 나빌눅스에서는 필요 없다. 그래서 config.h와 관련된 코드를 삭제한다. 그리고 void SerialInit(eBauds baudrate) 함수를 통째로 지워 버린다. 역시 config.h와 관련된 함수인데, 지워도 나빌눅스를 작성해 가는 데는 지장이 없다.

이어서 main.c 파일의 이름을 navilnux.c로 바꾸자. 모든 내용을 과감하게 지우고 아래와 같이 입력한다.

`chap2/navilnux.c`

```c
#include <pxa255.h>
#include <time.h>
#include <gpio.h>
#include <stdio.h>
#include <string.h>

int main(void)
{
    while(1){
        printf("hello world\n");
        msleep(1000);
    }
}
```

컴파일이 성공하고 제대로 작동한다면 1초 간격으로 화면에 hello world를 출력할 것이다. 아래의 파일만 남기고 C 소스 파일을 모두 지운다.

```
entry.S     lib1funcs.S     navilnux.c    serial.c    time.c
gpio.c      main-ld-script  printf.c      string.c    vsprintf.c
```

include 디렉터리도 마찬가지로 아래의 헤더 파일만 남기고 나머지를 모두 지운다.

```
gpio.h      pxa255.h    serial.h    stdarg.h
stdio.h     string.h    time.h
```

그리고 Makefile을 다시 만든다. Makefile의 내용은 원래 있던 Makefile과 크게 다르지 않다. 다만 make의 매크로를 삭제하고 최대한 단순한 Makefile을 만들기 위해 내용이 좀더 장황해졌을 뿐이다.

chap2/Makefile

```
CC = arm-linux-gcc
LD = arm-linux-ld
OC = arm-linux-objcopy

CFLAGS    = -nostdinc -I. -I./include
CFLAGS   += -Wall -Wstrict-prototypes -Wno-trigraphs -O2
CFLAGS   += -fno-strict-aliasing -fno-common -pipe -mapcs-32
CFLAGS   += -mcpu=xscale -mshort-load-bytes -msoft-float -fno-builtin

LDFLAGS   = -static -nostdlib -nostartfiles -nodefaultlibs -p -X -T ./main-ld-script

OCFLAGS = -O binary -R .note -R .comment -S
all: navilnux.c
    $(CC) -c $(CFLAGS) -o entry.o entry.S
    $(CC) -c $(CFLAGS) -o gpio.o gpio.c
    $(CC) -c $(CFLAGS) -o time.o time.c
    $(CC) -c $(CFLAGS) -o vsprintf.o vsprintf.c
    $(CC) -c $(CFLAGS) -o printf.o printf.c
    $(CC) -c $(CFLAGS) -o string.o string.c
    $(CC) -c $(CFLAGS) -o serial.o serial.c
    $(CC) -c $(CFLAGS) -o lib1funcs.o lib1funcs.S
    $(CC) -c $(CFLAGS) -o navilnux.o navilnux.c
    $(LD) $(LDFLAGS) -o navilnux_elf entry.o gpio.o time.o vsprintf.o printf.o string.o serial.o lib1funcs.o navilnux.o
    $(OC) $(OCFLAGS) navilnux_elf navilnux_img

clean:
    rm *.o
    rm navilnux_elf
    rm navilnux_img
```

여기까지 소스코드 정리와 Makefile 만들기를 끝냈으면 가벼운 마음으로 make를 실행해 보자. 별 문제없이 컴파일이 끝나고 navilnux_img 파일이 생성될 것이다. 이렇게 해서 운영체제 만들기의 첫 걸음을 떼었고 더불어 임베디드 개발 환경에서 크로스 컴파일을 수행하여 타깃 플랫폼용 바이너리 이미지를 만들었다. 별로 한 것도 없이 소스코드만 조금 바꾸고 파일 몇 개만 복사했는데도 작은 운영체제를 만들어낸 것이다(비록 hello world를 출력할 뿐이지만).

2.4.2 커널 이미지 부팅하기

생성된 navilnux_img 파일을 이지보드에 다운로드한다. 이지보드에 나빌눅스 이미지를 올리는 간단한 순서는 다음과 같다. 올리는 방법은 2.2절에서 설명했다.

- minicom 설정
- 이지보드 전원 켬
- 부팅화면에서 스페이스 키 누름
- zfk 입력
- zmodem으로 navilnux_img 다운로드
- reset 스위치를 누르거나 보드를 껐다가 다시 켜거나, rst 명령을 내림
- 재부팅후 부팅을 기다리거나 엔터 키를 누름
- 결과 확인

위와 같은 순서로 작업하면 된다. hello world가 나올 것을 기대하고 재부팅을 해보자. 하지만, 기대했던 hello world가 나오지 않는다. 시키는 대로 코딩하고 컴파일을 끝내고 이미지 파일까지 다 만들어서 보드에 다운로드 했는데 왜 안 나오는 것일까!

그림 2-10 나빌눅스 커널이 위치해야 할 주소

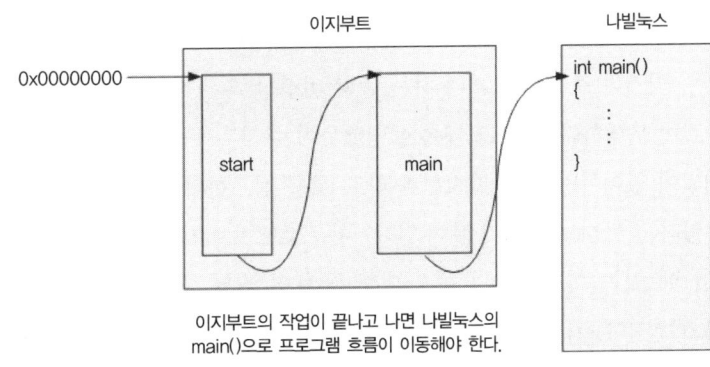

그림 2-11 이지부트 메모리 맵

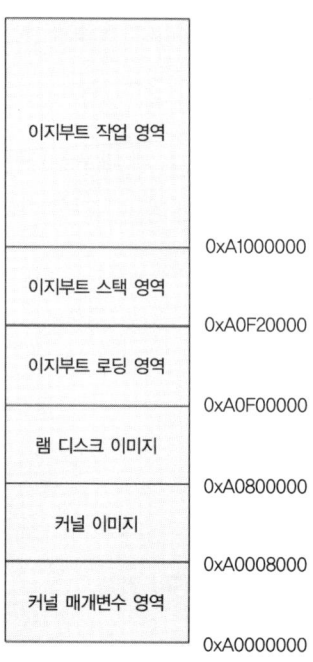

2.4.3 링커 스크립트 수정

문제는 바로 링커 옵션에 설정된 실행 이미지의 로딩 위치 때문이다. 이지보드는 정적 링크를 하기 때문에 링커 스크립트에서 이미지의 로딩 주소를 직접 지정해 주어야 한다. 우리는 이지부트의 링커 스크립트를 한 줄도 수정하지 않고 그대로 사용했기 때문에, navilnux의 커널 이미지는 이지부트의 로딩 영역으로 로딩된다. 칩 내부에서 어떤 일이 벌어지는지는 알 수 없으나 아마 메모리 영역이 중첩되거나 덮어쓰기 되거나 충돌이 나거나 하는 등의 비정상 혹은 의도하지 않은 동작이 일어나는 것이 분명하다. 그리고 계속 설명했듯이 이지부트는 부팅이 끝나고 나면 리눅스 커널이 있어야만 하는 지정된 위치로 PC를 점프한다. 하지만 그 자리에는 아무것도 없다(정확히는 쓰레기 값이 있다). 아무것도 보이지 않는 것이 당연하다.

그림 2-11에 있는 이지부트의 메모리 맵을 보면 커널 이미지의 시작 주소가 0xA0008000 번지다. 커널 이미지는 0xA0008000 번지에 로딩되어야 하고, 이지부트는 맡은 임무를 끝낸 후 0xA0008000 번지로 PC를 이동시키고 종료하는 것으로

추정된다. 실제로 그런지 이지부트의 소스코드 일부를 직접 보자. 다음 소스코드는 이지부트의 main.c 함수다.

ezboot/main/main.c

```
  case 0x0000 :
    printf( "Quickly Autoboot [ENTER] / " );
    if( Cfg.BootMenuKey == ' ' )  printf( "Goto BOOT-MENU press [space bar]");
    else      printf( "Goto BOOT-MENU press [%c]", Cfg.BootMenuKey );

    if ( getc_timed( Cfg.BootMenuKey, Cfg.AutoBootWaitTime*1000 ) )
    {
        printf( "\n");
        CopyImage();
        GoKernel( 1, NULL );
    }
    break;
```

위와 같은 코드 조각이 보일 것이다. Enter↵를 누르면 그냥 부팅이라고 하는 printf( ) 메시지(Quickly Autobook [ENTER] 부분)로 추정하건데 Enter↵를 누르면 위 코드가 수행되는 것 같다. 쭉 훑어 봤을 때 의심이 가는 부분은 바로 GoKernel( ) 함수다. 이름부터 무엇을 하는 함수인지 노골적으로 알려주고 있다. GoKernel( ) 함수의 코드는 go_cmd.c에 있다.

ezboot/main/go_cmd.c

```
int    GoKernelSingle( void )
{
    char buff[] = { 0,0,0,0 };
    void (*theKernel)(int zero, int arch);

    char kcmd[2048];
    int  len;

    memset( kcmd, 0, 2048 );
    len = GetKCmdStr( kcmd );

    printf( "Starting kernel [MARCH %d]...\n", Cfg.Kernel_ArchNumber );
    memcpy( (char *) DEFAULT_RAM_KERNEL_ZERO_PAGE, kcmd, 2048 );
    theKernel = (void (*)(int, int))DEFAULT_RAM_KERNEL_START;
    theKernel( ( long ) 0 , (long) Cfg.Kernel_ArchNumber );

    return 0;
}

int    GoKernel(int argc, char **argv)
{
```

```
    if ( Cfg.Watchdog )
    {
        SetWatchdog( Cfg.Watchdog*1000 );
    }

    GoKernelSingle();
    return 0;
}
```

GoKernel( ) 함수로 들어간 후에는 GoKernelSingle( ) 함수로 가게 되고, GoKernelSingle( ) 함수에서는 DEFAULT_RAM_KERNEL_START 번지의 함수 포인터로 넘어간다. 즉, DEFAULT_RAM_KERNEL_START 번지를 PC에 넣어준다. DEFAULT_RAM_KERNEL_START는 include 디렉터리의 mem_map.h에 정의되어 있다.

`ezboot/include/mem_map.h`
```
#define DEFAULT_RAM_KERNEL_START        0xA0008000
```

정확하게 우리가 예상했던 0xA0008000 번지의 값이 나온다. 그러므로 0xA0008000에 리눅스 커널의 엔트리 포인트가 들어가야 하고, 이지부트는 수행이 끝나면 무조건 0xA0008000으로 점프한다는 것을 알 수 있다. 그럼 이제 남은 일은 navilnux_img가 로딩될 때 0xA0008000에 위치하게 하는 것이다. Makefile을 유심히 본 독자라면 알 수 있을 것이다. 링커 옵션으로 들어간 main-ld-script 파일을 고치면 된다.

`chap2/main-ld-script`
```
OUTPUT_FORMAT("elf32-littlearm", "elf32-littlearm", "elf32-littlearm")
OUTPUT_ARCH(arm)
ENTRY(_ram_entry)
SECTIONS
{
    . = 0xA0008000;

    . = ALIGN(4);
    .text : { *(.text) }

    . = ALIGN(4);
    .rodata : { *(.rodata) }

    . = ALIGN(4);
    .data : { *(.data) }
```

```
        . = ALIGN(4);
        .got : { *(.got) }

        . = ALIGN(4);
        .bss : { *(.bss) }
}
```

위와 같이 시작 주소를 0xA0008000으로 바꿔 준다. 이제 다시 make를 실행해서 이미지 파일을 만들고 다운로드 하여 재부팅하자.

```
WELCOME EZBOOT.X5 V1.8...................for PXA255
Program by You Young-chang, fooji (FALinux Co.,Ltd)
Last Modify Feb 23 2008

Boot Flash Check .....................
  Detect MX29LV400 (TOP)Flash : 22B9
  SIZE 4M-BIT [512Kbyte]

NAND Chip Check .....................
  Detect SAMSUNG [ec:76] 64MByte
  BAD BLOCK SCAN ->  Kernel, Ramdisk Bad Block [0]

CS8900 Init..........................
  Mac Address   : [00 A2 55 9B D5 79]
  Detect value  : [3000:3000]
  Chip ID       : [0E63:000A]


Quickly Autoboot [ENTER] / Goto BOOT-MENU press [space bar].....
Copy Kernel Image .....
Copy Ramdisk Image .....
Starting kernel [MARCH 303]...
hello world
hello world
hello world
hello world
hello world
hello world
hello world
```

터미널 화면에 hello world 메시지가 1초 간격으로 출력되는 것을 볼 수 있다. 이렇게 해서 우리는 운영체제를 만들기 위한 첫 걸음마를 떼었다. 운영체제라는 것도 결국 하나의 프로그램일 뿐이다. 우리의 프로젝트도 시작은 hello world에서부터 하겠지만, 시간이 가면서 계속 기능이 추가되어 번듯한 운영체제로 거듭날 것이다.

2.5 실습 : 에뮬레이터에서 hello world를 출력하자

에뮬레이터에서 리눅스를 흉내 내어 부팅하는 작업은 실제 보드에 비해서 약간 더 할 일이 많다. 또한 기본 소스는 이지보드를 기반으로 하여 작성되었지만, 에뮬레이터에서 돌아가는 소스는 에뮬레이터의 gumstix를 기반으로 하기 때문에 코드의 내용이 조금 바뀐다. 지금부터 그 과정을 따라가 보자.

여기서도 이지보드에서 작동하는 앞 장의 소스코드를 거의 그대로 사용한다. 에뮬레이터에서 작동시키기 위해서는 딱 한 줄만 바꾸면 된다. 시리얼 포트를 통해서 UART 메시지를 출력하는 부분이다. 커널 소스의 printf( ) 함수와 직접 관련 있는 부분이기 때문에 반드시 수정해야 하는 부분이기도 하다.

UART

UART(universal asynchronous receiver/transmitter serial ports)는 컴퓨터 간에 통신 기능을 제공하는 여러 가지 기법중 하나다. 이름을 읽어보면 알겠지만 비동기화된 직렬 통신 방법이다. 비동기라는 말은 데이터를 주고받는 양쪽 컴퓨터가 데이터를 보내고 받았는지 체크하지 않고, 보내는 쪽은 무조건 보내기만 하고 받는 쪽은 오는 족족 받기만 한다는 말이다. 직렬 통신이라는 말은 데이터가 여러 개의 신호선으로 가는 것이 아니라 한 줄로 전송된다는 말이다.

PXA255 칩은 네 개의 UART를 제공한다. 각각의 이름은 아래와 같다.

```
FFUART(Full Function UART)
BTUART(Bluetooth UART)
STUART(Standard UART)
HWUART(Hardware UART)
```

각 UART는 모두 내부에 FIFO를 가지고 있다. 그래서 UART를 설정할 때 FIFO를 사용할지 여부를 결정한다. FIFO를 사용하면 전송할 데이터는 64비트 크기의 Transmit FIFO에 저장되고, 도착한 데이터는 역시 64비트 크기의 Receive FIFO에 저장된다. FIFO를 사용하지 않으면 전송하거나 도착하는 데이터는 곧바로 신호선으로 전달된다.
또한 각 UART는 보드레이트(Baud rate)를 프로그래머가 설정할 수 있다. UART를 이용해서 컴퓨터 간 통신을 하려면 두 컴퓨터의 UART가 보드레이트를 동일하게 맞출 수 있어야 한다. 만약 이 값이 하드웨어적으로 고정되어 있다면 최악의 경우 두 컴퓨터 간에 통신을 못하는 경우가 생길 수도 있다.

Full Function UART

FFUART는 230.4 kbps까지 보드레이트를 설정할 수 있다. 이 값은 일반적으로 사용하는 모뎀 정도의 속도다. 임베디드 개발 환경에서 터미널을 이용해 텍스트 메시지를 확인하는 경우에 이 정도 속도는 충분히 빠르다. 그래서 STUART와 함께 많이 사용하는 UART 모드다.

Bluetooth UART

BTUART는 최대 921.6 kbps까지 보드레이트를 지원한다. 그리고 블루투스 모듈에 연결 가능하다. 이 모드에서는 UART 표준 스펙에 정의된 흐름 제어 핀을 모두 제공하지는 않는다. 다만 블루투스 연결을 위해 만들어 놓은 모드다.

Standard UART

STUART 역시 230.4 kbps의 보드레이트를 지원한다. FFUART와 다른 점은 STUART에는 UART 표준 스펙에서 정의해 놓은 모뎀 제어 기능이 없다는 점이다. 하지만 짧은 거리의 많지 않은 데이터 전송에는 문제가 없기 때문에 역시 많이 사용하는 UART 모드다.

Hardware UART

HWUART는 앞서 설명한 세 개의 UART와 레지스트리 설정 방법이 다르다. HWUART는 UART 표준 스펙에서 정의되어 있는 하드웨어 흐름 제어를 모두 지원하기 때문이다. 따라서 중요한 데이터를 완벽하게 전송하고자 할 때 사용하는 UART 모드다. 하지만 일반적으로 디버깅 콘솔용으로 UART를 사용할 때는 많이 사용하지 않는다.

2.5.1 UART 주소 수정

PXA255 칩은 Full function UART와 Bluetooth UART 그리고 Standard UART를 지원한다. 이 중에서도 이지부트는 Standard UART를 초기화하기 때문에 이지부트로 로딩하는 커널 이미지도 Standard UART를 사용해야 한다. 반면 u-boot는 Full Function UART를 초기화하기 때문에 u-boot로 로딩하는 커널 이미지는 Full Function UART를 초기화해야 한다. 그래서 나빌눅스의 커널 소스 중 UART 관련 최종 레지스트리를 처리해주는 소스코드를 수정했다. 파일은 serial.c다.

`chap2/serial.c`

```
#include <pxa255.h>
#include <serial.h>
#include <time.h>
```

```
#include <stdio.h>
#include <gpio.h>

#define __REG(x)                    (x)

static int SerialErrorFlag = 0;

static volatile Word *UART = (volatile Word *) STUART;
            :
        (중략)
```

serial.c 파일의 첫 부분이다. 주석은 표시하지 않았다. UART의 기준 레지스터 주소를 설정하기 위한 전역 변수 설정 내용이 한 줄 보인다.

`static volatile Word *UART = (volatile Word *) STUART;`

STUART는 PXA255.h에 #define으로 정의되어 있다. 더불어 PXA255.h에는 PXA255 칩에 있는 모든 레지스터의 주소 값이 데이터시트의 레지스터 이름에 맞추어서 정의되어 있다. PXA255.h에서 UART 관련 레지스터 주소 값이 정의되어 있는 부분만 살펴보자.

```
chap2/include/pxa255.h
// Full Function UART (FFUART)
#define FFUART          FFRBR
#define FFRBR           __REG(0x40100000)   // Receive Buffer Register (read only)

// 이하 생략 ...

// Bluetooth UART (BTUART)
#define BTUART          BTRBR
#define BTRBR           __REG(0x40200000)   // Receive Buffer Register (read only)

// 이하 생략 ...

// Standard UART (STUART)
#define STUART          STRBR
#define STRBR           __REG(0x40700000)   // Receive Buffer Register (read

// 이하 생략 ...
```

STUART는 Standard UART 관련 레지스터들의 기준 레지스터 주소임을 알 수 있다. 에뮬레이터에 이식할 나빌눅스는 Full Function UART를 사용하기 때문에 STUART가 아니라 FFUART를 기준 주소에 할당해야 한다. 그리고 이지보드에서 작동할 이미지와 에뮬레이터에서 작동할 이미지는 별개로 생성되어야 하므로 옵

volatile 키워드

volatile 키워드는 간단히 '코드 최적화를 막아주는 키워드'라고 설명할 수 있다. 즉, 컴파일러의 최적화와 관련된 키워드고 CPU 내/외부 캐시와 같은 하드웨어 최적화와도 관계가 있다. 지금처럼 임베디드 기반 프로그래밍이 보편화 되지 않았던 시절에는 volatile 키워드의 활용 빈도가 매우 낮았으나, 최근 임베디드 시스템이나 멀티 스레드를 고려한 프로그램이 늘어가면서 volatile 키워드의 사용이 많아지고 있다.

volatile 키워드는 주로 memory-maped I/O에서 사용된다. 임베디드 시스템에서는 MCU의 각종 레지스터가 메모리에 매핑되어 있는 경우가 많고 프로그램은 매핑된 메모리 주소에 값을 반복적으로 쓰게 되는데, 이때 volatile 키워드가 사용된다. 본문의 소스 코드를 간결화해서 volatile 키워드가 어떻게 동작하는지 보자.

```
unsigned int *uart = 0x40700000;
*uart = 0x00080001;
*uart = 0x00080002;
*uart = 0x00080003;
*uart = 0x00080004;
*uart = 0x00080005;
```

위 코드를 보면 다섯 번의 메모리 쓰기가 모두 0x40700000 번지에 행해진다. 일반적인 상황에서 위 코드를 수행하고 나면 0x40700000 번지에는 가장 마지막 값인 0x00080005만 남게 될 것이다. 따라서 똑똑한 컴파일러는 위 코드를 아래 코드처럼 최적화한다.

```
unsigned int *uart = 0x40700000;
*uart = 0x00080005;
```

어차피 변수에는 가장 마지막 값만 남으므로 이렇게 고치는 것이다. 일반적인 프로그램에서라면 아무런 문제 없이 동작하고 속도도 빨라진다. 하지만 이 코드가 MMIO (Memory-Maped I/O) 상황에서 사용된다면 이것은 분명히 잘못된 최적화다. 각각의 메모리 쓰기 작업이 하드웨어에 특정한 작업을 명령하기 때문에, 저렇게 최적화를 해 버리면 하드웨어는 오작동하게 된다. 그러므로 컴파일러에 최적화를 하지 말라는 '지시'를 내려야 한다. 이런 지시를 내리는 키워드가 바로 volatile이다.

```
volatile unsigned int *uart = 0x40700000;
*uart = 0x00080001;
*uart = 0x00080002;
*uart = 0x00080003;
*uart = 0x00080004;
*uart = 0x00080005;
```

위와 같이 uart 변수를 volatile로 선언하면 컴파일러는 uart 변수에 최적화를 하지 않고,

> 모든 읽기 쓰기 작업을 메모리에서 직접하게 된다. 위 코드의 쓰기 작업 뿐만 아니라 읽기 작업도 마찬가지다.
>
> ```
> unsigned int *uart = 0x40700000;
> char ch;
> int i;
> for(i = 0 ; i < 5 ; i++){
>     ch = *uart;
> }
> ```
>
> 위와 같은 코드 역시 최적화를 하면 *uart의 값을 한 번만 읽어서 캐시에 저장한 다음, 이것을 반복해서 사용한다. 하지만 아래 코드처럼 uart 변수가 volatile로 선언되면 루프 안에서 uart 변수를 요구할 때마다 매번 메모리에서 값을 가져오기 때문에, 그때 그때 변경되는 값을 읽을 수 있다.
>
> ```
> volatile unsigned int *uart = 0x40700000;
> char ch;
> int i;
> for(i = 0 ; i < 5 ; i++){
>     ch = *uart;
> }
> ```

션에 따라서 두 개의 빌드 이미지가 생성되어야 한다. 그래서 #ifdef와 #endif를 사용하여 프리 프로세싱 단계에서 이를 구분하게끔 코드를 수정한다. 수정한 코드는 아래와 같다.

`chap2/serial.c`
```
#ifdef IN_GUMSTIX
static volatile Word *UART = (volatile Word *) FFUART;
#else
static volatile Word *UART = (volatile Word *) STUART;
#endif
```

위와 같이 코드를 수정하면 gcc의 옵션으로 define 값을 넘겨줄 경우(gcc -D IN_GUMSTIX) FFUART가 UART 변수의 값으로 세팅되고 그렇지 않을 경우에는 무조건 STUART가 UART 변수의 값으로 세팅된다. 이제 여기에 따라 Makefile도 수정해야 한다.

chap2/Makefile

```
CC = arm-linux-gcc
LD = arm-linux-ld
OC = arm-linux-objcopy

CFLAGS   = -nostdinc -I. -I./include -I fs/include
CFLAGS  += -Wall -Wstrict-prototypes -Wno-trigraphs -O2
CFLAGS  += -fno-strict-aliasing -fno-common -pipe -mapcs-32
CFLAGS  += -mcpu=xscale -mshort-load-bytes -msoft-float -fno-builtin

LDFLAGS  = -static -nostdlib -nostartfiles -nodefaultlibs -p -X -T ./main-ld-script

OCFLAGS = -O binary -R .note -R .comment -S

all: navilnux.c
    $(CC) -c $(CFLAGS) -o entry.o entry.S
    $(CC) -c $(CFLAGS) -o gpio.o gpio.c
    $(CC) -c $(CFLAGS) -o time.o time.c
    $(CC) -c $(CFLAGS) -o vsprintf.o vsprintf.c
    $(CC) -c $(CFLAGS) -o printf.o printf.c
    $(CC) -c $(CFLAGS) -o string.o string.c
    $(CC) -c $(CFLAGS) -o serial.o serial.c
    $(CC) -c $(CFLAGS) -o lib1funcs.o lib1funcs.S
    $(CC) -c $(CFLAGS) -o navilnux.o navilnux.c
    $(LD) $(LDFLAGS) -o navilnux_elf entry.o gpio.o time.o vsprintf.o printf.o string.o serial.o lib1funcs.o navilnux.o
    $(OC) $(OCFLAGS) navilnux_elf navilnux_img
    $(CC) -c $(CFLAGS) -o serial.o serial.c -D IN_GUMSTIX
    $(LD) $(LDFLAGS) -o navilnux_gum_elf entry.o gpio.o time.o vsprintf.o printf.o string.o serial.o lib1funcs.o navilnux.o
    $(OC) $(OCFLAGS) navilnux_gum_elf navilnux_gum_img

clean:
    rm *.o
    rm navilnux_elf
    rm navilnux_img
    rm navilnux_gum_elf
    rm navilnux_gum_img
```

전체적인 내용은 크게 달라진 것이 없다. 다만 아래쪽에 몇 줄의 컴파일 옵션이 더 추가되었다. 추가된 내용은 다음과 같다.

chap2/Makefile

```
    $(CC) -c $(CFLAGS) -o serial.o serial.c -D IN_GUMSTIX
    $(LD) $(LDFLAGS) -o navilnux_gum_elf entry.o gpio.o time.o vsprintf.o printf.o string.o serial.o lib1funcs.o navilnux.o
    $(OC) $(OCFLAGS) navilnux_gum_elf navilnux_gum_img
```

위에 있는 세 줄의 명령은 serial.c를 컴파일할 때 -D IN_GUMSTIX 옵션을 주어 아까와는 다른 serial.o를 생성하고, 이를 다시 링커에 넘겨서 navilnux_gum_elf 파일을 생성한다. 그리고 objcopy 프로그램으로 navilnux_gum_img 이미지를 만든다.

여기서 objcopy는 재배치 정보가 포함된 리눅스 실행 파일 형식인 elf에서 재배치 정보와 심볼 정보를 모두 삭제한

메모리 덤프 내용(raw 바이너리 파일)을 생성한다. 커널 이미지는 ARM 코어가 직접 읽어 실행하기 때문에 재배치 정보가 필요 없다. 자세한 내용은 아래 메뉴얼을 읽어보기 바란다.

http://man.kldp.org/wiki/ManPage/objcopy.1

이렇게 해서 navilnux_img 파일은 이지보드용, navilnux_gum_img 파일은 에뮬레이터용 이미지 파일이 된다. 지금까지 에뮬레이터용 이미지 파일을 만들었으니 이제 에뮬레이터에서 작동해보자.

2.5.2 에뮬레이터에서 부팅하기

에뮬레이터에서는 이지보드에서 그랬듯이 시리얼 포트를 통해 부트로더에 이미지를 다운로드하는 것이 불가능하다. 왜냐하면 터미널 프로그램을 통해서 출력을 연결하지 않고 에뮬레이터 자체에서 출력을 뿌리므로, 터미널 프로그램을 통한 네트워크 연결(시리얼 통신도 일종의 네트워크 연결이다)을 사용할 수 없기 때문이다. 그래서 에뮬레이터로 넘겨주는 이미지 파일을 만들 때는 커널 이미지까지 하나로 묶어야 한다. 또한 u-boot는 커널 이미지를 압축하여 부팅에 필요한 정보를 포함시킨 uImage 파일 포맷을 사용한다. uImage 파일의 헤더에는 타깃 시스템 아키텍처, 운영체제, 이미지 형태, 압축 여부, 커널의 시작 위치, CRC32 체크섬 등이 포함되어 있다. gcc가 만들어낸 바이너리 형태의 커널 이미지(navilnux_gum_img)를 uImage 파일로 변환하려면 mkimage라는 툴을 사용해야 한다. 리눅스를 기준으로 생각했을 때 커널 이미지는 uImage 형태로 변환하고, 나머지 유틸리티 프로그램들은 jffs2 파일 시스템 형식으로 묶어서 하나의 램 디스크 파일로 만들어 보드의 NAND 플래시 메모리에 올려야만 인식할 수 있는 것이다. 작업 순서를 아래와 같이 정리해 보았다(윈도 환경에 대해서는 2.6절에서 설명한다).

- mkimage 프로그램을 사용하여 커널 이미지를 uImage로 변환한다.
- 램 디스크 이미지를 준비한다.
- 준비된 데이터를 jffs2 파일 시스템 형식으로 묶어서 램 디스크 이미지를 만든다.
- u-boot 이미지와 램 디스크 이미지를 이미지 파일 하나로 합친다.
- 최종 생성된 이미지 파일을 에뮬레이터에서 실행한다.

2.5.3 uImage 만들기

mkimage 프로그램은 앞서 설치했던 u-boot 소스와 함께 있다. 인터넷에서 받을 수 있는 이 책의 소스코드에서는 gumstix_uboot/tools/mkimage 디렉터리에 존재한다. 적당한 디렉터리를 만들고 mkimage를 복사하자. 필자는 navilnuximg라는 디렉터리를 만들었다.

```
$ mkdir navilnuximg
$ cp gumstix_uboot/tools/mkimage navilnuximg
$ cd navilnuximg
```

그리고 navilnuximg 디렉터리에 2.3.2항에서 만들었던 u-boot.bin 이미지와 2.5.1항에서 만든 navilnux_gum_img 이미지를 복사한다.

```
navilnuximg$ cp ../chap2/navilnux_gum_img .
navilnuximg$ cp ../gumstix_uboot/u-boot.bin .
```

준비는 끝났다. 이제 순서대로 플래시 이미지를 생성해 보자. 가장 먼저 나빌눅스의 커널 이미지를 uImage 형식으로 변환한다.

```
navilnuximg$ ./mkimage -A arm -O linux -T kernel -C none -a a0008000 -e
a0008000 -n 'Navilnux 0.0.0.1' -d navilnux_gum_img uImage
```

mkimage 프로그램은 옵션을 많이 받는다. -A 옵션은 어떤 아키텍처인지 지정한다. -O 옵션은 어떤 운영체제인지 지정한다. 나빌눅스는 부트로더에서 리눅스인 것처럼 인식하게 만들었기 때문에 linux라고 지정한다. -T 옵션은 이미지가 어떤 종류인지 지정한다. 커널이므로 kernel이라고 지정한다. -C 옵션은 압축이 되어 있는지 지정한다. 나빌눅스 커널은 압축되어 있지 않으므로 none이다. -a 옵션은 로딩될 메모리 주소다. 앞서 이지보드에서 부팅할 때 로딩 주소를 0xA0008000 번지에 지정했던 것이 기억날 것이다. 그대로 써준다. -e 옵션은 엔트리 포인트를 지정한다. 0xA0008000 번지에 로딩됨과 동시에 0xA0008000 번지부터 실행을 시작하므로 같은 값으로 지정한다. -n 옵션은 메시지를 입력한다. 아무 문장이나 넣어주면 된다. -d 옵션은 변환할 대상 이미지 파일을 지정한다. navilnux_gum_img로 지정한다. 그리고 한 칸 공백 다음에는 변환되어 나오는 파일의 이름을 지정해 준다. 파일 이름은 uImage로 한다. 위와 같이 실행하면 uImage 파일이 하나 생성된다.

2.5.4 램 디스크 이미지 만들기

다음으로 할 일은 램 디스크 이미지를 준비하는 것이다. 리눅스라면 커널만 가지고는 아무것도 할 수 없다. ls, cp, mv, rm 등 여러 유틸리티 프로그램이 필요하다. 따라서 리눅스를 배포할 때는 커널과 함께 이러한 프로그램들을 /usr/bin, /bin, /lib, /usr/lib 등의 디렉터리에 미리 복사해 두고 이들을 묶어서 이미지 파일 하나로 만든다. 우리도 현 단계에서 이와 비슷한 작업을 할 것이다. 다만 나빌눅스는 임베디드 운영체제기 때문에 별도의 유틸리티 프로그램이 필요 없다. 커널 이미지 하나만 있으면 된다. 대신 리눅스를 흉내 내어 u-boot가 부팅하게 만들어야 하므로 램 디스크 영역 안에서 /boot 디렉터리에 uImage 파일을 넣어둔다.

```
navilnuximg$ mkdir navilnuxkernel
navilnuximg$ mkdir navilnuxkernel/boot
navilnuximg$ mv uImage navilnuxkernel/boot
navilnuximg$ mkfs.jffs2 -e 0x20000 -d navilnuxkernel -p -o navilnux.jffs2
```

navilnuxkernel이라는 디렉터리를 만들고 그 안에 boot 디렉터리를 만든 다음 boot 디렉터리에 uImage 파일을 옮겼다. 그러고 나서 jffs2 파일 시스템 이미지를 만들어 주는 유틸리티를 사용해서 navilnux.jffs2라는 램 디스크 이미지를 생성했다. mkfs.jffs2 프로그램은 mtd-tools라는 패키지를 설치하면 같이 설치된다. 각 배포판에 맞는 방법으로 mtd-tools 패키지를 설치하기 바란다.

2.5.5 플래시 이미지 만들어 부팅하기

이제 남은 한 가지는 u-boot.bin과 navilnux.jffs2 파일을 하나로 묶는 것이다. 파일을 블록 단위로 복사하는 유틸리티인 dd를 사용하면 두 파일을 하나로 합칠 수 있다. 아래와 같이 명령을 입력한다.

```
navilnuximg$ dd of=navilnuximg bs=1k conv=notrunc if=u-boot.bin
navilnuximg$ dd of=navilnuximg bs=1k conv=notrunc seek=180 if=navilnux.jffs2
```

그러면 navilnuximg라는 파일이 생긴다. 이 파일이 최종적으로 에뮬레이터로 넘겨져 실행될 플래시 이미지 파일이다. 에뮬레이터로 넘겨서 실행해 보자. 실행하기 위한 명령어는 아래와 같다.

```
navilnuximg$ /usr/local/bin/qemu-system-arm -M connex -pflash navilnuximg -nographic
```

실행 결과는 아래와 같다.

```
U-Boot 1.1.4 (Mar 21 2008 - 16:10:06) - 200 MHz -

*** Welcome to Gumstix ***

U-Boot code: A3F00000 -> A3F26C70  BSS: -> A3F5BD8C
RAM Configuration:
Bank #0: a0000000 64 MB
Flash: 16 MB
Using default environment

SMC91C1111-0
pflash_write: Unimplemented flash cmd sequence (offset 00000000, wcycle 0x0 cmd 0x0 value 0x90
Net:   SMC91C1111-0
Hit any key to stop autoboot:  0
Instruction Cache is ON
### JFFS2 loading 'boot/uImage' to 0xa2000000
Scanning JFFS2 FS: . done.
### JFFS2 load complete: 7268 bytes loaded to 0xa2000000
## Booting image at a2000000 ...
   Image Name:   Navilnux 0.0.0.1
   Image Type:   ARM Linux Kernel Image (uncompressed)
   Data Size:    7204 Bytes =  7 kB
   Load Address: a0008000
   Entry Point:  a0008000
OK

Starting kernel ...

hello world
hello world
hello world
hello world
hello world
hello world
```

이지보드에서 실행했을 때와 마찬가지로 hello world 메시지가 1초 간격으로 출력된다. 위에서 설명한 에뮬레이터 환경에서의 이미지 테스트 과정은 앞으로 나빌눅스를 만들면서 계속해서 반복해야 하는 과정이다. 그러므로 편의를 위해서 셸 스크립트로 만들어 두면 훨씬 편하다. 아래와 같이 작성하고 start.sh 정도로 저장하자.

```
navilnuximg/start.sh
#!/bin/sh
rm navilnuximg -f
rm navilnux.jffs2 -f

./mkimage -A arm -O linux -T kernel -C none -a a0008000 -e a0008000 -n
'Navilnux 0.0.0.1' -d navilnux_gum_img uImage

mv uImage navilnuxkernel/boot/

mkfs.jffs2 -e 0x20000 -d navilnuxkernel -p -o navilnux.jffs2

dd of=navilnuximg bs=1k conv=notrunc if=u-boot.bin
dd of=navilnuximg bs=1k conv=notrunc seek=180 if=navilnux.jffs2

/usr/local/bin/qemu-system-arm -M connex -pflash navilnuximg -nographic
```

그리고 실행 권한을 주자.

```
navilnuximg$ chmod +x start.sh
```

위와 같이 해두면 앞으로는 이미지 파일을 navilnuximg에 복사한 후 start.sh를 실행하기만 하면 플래시 이미지 파일이 자동으로 생성되고, 에뮬레이터까지 자동으로 실행될 것이다.

2.6 실습 : 윈도 환경에서 에뮬레이터 실행시키기

1장에서 시그윈을 이용한 윈도용 개발 환경을 구성했었다. 윈도에서 시그윈을 이용하여 플래시 이미지 파일을 만드는 과정 역시 바로 앞 절에서 설명한 리눅스에서 플래시 파일 이미지를 만드는 과정과 거의 같기 때문에 명령어만 소개하고 자세한 설명은 생략하겠다.

2.6.1 시그윈에서 플래시 이미지 만들기

serial.c 파일을 수정하여 UART 관련 코드를 수정하는 부분 역시 완전히 동일하다. 리눅스와 윈도의 소스코드도 같다.

윈도에서 시그윈을 실행하고 적당한 디렉터리로 이동해서(보통 홈 디렉터리를 추천한다) navilnuximg 디렉터리를 만들자.

```
$ cd ~
$ mkdir navilnuximg
$ cd navilnuximg
```

그리고 이 책의 웹 페이지에서 gumstix_uboot 압축 파일을 다운받아 압축을 풀고, 시그윈 환경에서 u-boot를 빌드한다.

```
$ make distclean
$ make gumstix_config
$ make all
```

u-boot의 빌드가 끝나면 리눅스에서 했던 것과 같이 u-boot.bin 파일과 mkimage 파일을 navilnuximg 디렉터리로 복사한다.

```
$ cp u-boot.bin ../navilnuximg
$ cp tools/mkimage.exe ../navilnuximg
```

이제 이지부트를 다운로드(http://forum.falinux.com/_zdownload/data/ezboot.x5.v18.tar.gz)하여 압축을 풀고 필요한 파일들을 navilnux 디렉터리(없으면 만든다)에 복사한 후, main.c 파일과 Makefile을 수정하여 make를 실행하자. 시그윈 환경에서도 그대로 컴파일이 되어 커널 이미지가 생성된다. 커널 이미지가 빌드되면 역시 navilnuximg 디렉터리에 복사한다.

```
$ cp main/* ../navilnux
$ cp include/* ../navilnux
$ cp navilnux_gum_img ../navilnuximg
$ cd navilnuximg
```

navilnuximg 디렉터리에서 하는 작업도 리눅스 환경과 동일하다. 먼저, navilnuxkernel 디렉터리를 만들고 uImage 파일을 생성한 다음 이것을 navilnuxkernel/boot 디렉터리에 복사한다. 그리고 navilnuxkernel 디렉터리 자체를 jffs2 파일 시스템 이미지로 만든다. 이렇게 navilnux.jffs2 램 디스크 이미지가 만들어 지고 나면 u-boot.bin 파일과 navilnux.jffs2 램 디스크 이미지를 dd 명령으로 합쳐서 플래시 이미지를 만들고 윈도우용 qemu로 돌려서 결과를 확인해 보는 것이다.

일단 navilnuxkernel 디렉터리를 만든다.

```
$ mkdir navilnuxkernel
$ cd navilnuxkernel
```

```
$ mkdir boot
$ cd ..
```

그리고 navilnuximg 디렉터리에서 start.sh 파일을 아래의 내용으로 만든다.

```
#!/bin/sh

rm navilnuximg -f
rm navilnux.jffs2 -f

./mkimage -A arm -O linux -T kernel -C none -a a0008000 -n Navilnux -d
navilnux_gum_img uImage

mv uImage ../navilnuxkernel/boot/

/usr/sbin/mkfs.jffs2 -e 0x20000 -d navilnuxkernel -p -o navilnux.jffs2

dd of=navilnuximg bs=1k conv=notrunc if=u-boot.bin
dd of=navilnuximg bs=1k conv=notrunc seek=180 if=navilnux.jffs2
```

start.sh 파일을 위의 내용으로 만들고 start.sh에 실행 권한을 준다.

```
chmod +x start.sh
```

그리고 start.sh를 실행하면 navilnuximg라는 플래시 이미지 파일이 생성된다. 이 파일을 윈도용 qemu로 부팅해 보면 된다.

2.6.2 윈도용 에뮬레이터 실행

qemu는 다소 불안정하긴 하지만 윈도용 바이너리도 제공하고 있다. 실행하는 프로그램이나 옵션은 리눅스에서의 그것과 거의 같다. 다만 윈도는 표준 입출력 처리 방식이 리눅스와 다르기 때문에 출력 값을 확인하기 위해서는 약간 다르게 처리해 주어야 한다.

qemu에는 시리얼 출력을 다른 디바이스와 연결하는 기능이 있다. 이 기능을 사용해서 에뮬레이터의 UART 출력을 텔넷으로 돌릴 수 있다. 그러면 텔넷 터미널을 통해 qemu에 접속하여 시리얼 출력 화면을 볼 수 있다.

이 책의 웹페이지나 아래의 페이지에서 윈도용 qemu 바이너리(qemu-0.9.1-windows.zip)를 다운로드한다.

```
http://fabrice.bellard.free.fr/qemu/download.html
```

적당한 위치에 압축을 풀고 bin 디렉터리에 있는 qemu-system-arm.exe 파일을 실행하면 윈도용 qemu를 실행할 수 있다. 윈도에서 cmd를 실행하여 콘솔 화면에 명령을 입력한다. 명령은 아래와 같다.

```
bin> qemu-system-arm.exe -M connex -pflash navilnuximg -serial telnet::2848,server,nowait,nodelay
```

navilnuximg 파일은 앞에서 생성한 플래시 이미지 파일이다. navilnuximg 파일을 qemu-system-arm.exe 파일과 같은 디렉터리에 복사한 다음, 위와 같이 실행하고 다른 cmd 창을 열어서 telnet 127.0.0.1 2848을 입력하자. 그러면 telnet의 출력 값으로 qemu의 출력 메시지를 볼 수 있다. 127.0.0.1은 로컬 호스트를 나타내는 루프백 주소다.

```
> telnet 127.0.0.1 2848
```

윈도에서 qemu를 실행하는 명령 역시 꽤 길기 때문에 매번 입력하기가 귀찮다. 그러므로 start.bat라는 배치 파일을 만든 다음 그 안에 실행 명령을 넣어 두자. 앞으로는 start.bat만 실행해도 윈도에서 확인할 수 있을 것이다.

그림 2-12 윈도에서 텔넷을 사용하여 qemu의 출력을 확인

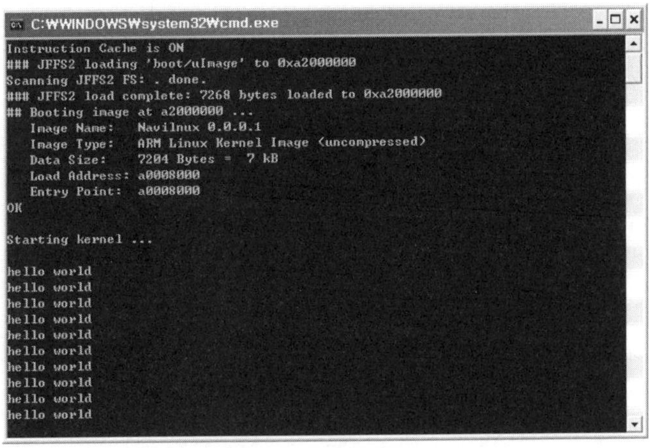

2.7 정리

이 장에서는 개발보드에서 작동하는 프로그램을 만들어서 빌드한 후 작동을 눈으로 확인해 보았다. hello world를 출력하는 작업은 개발 환경과 개발 순서에 익숙해지려는 과정이다. 에뮬레이터 환경에서의 작업도 마찬가지다. 이번 장에서 작업한 내용은 앞으로 진행할 과정 전체에 걸쳐서 계속 반복되는 작업이기 때문에 불필요해 보이는 설명까지도 모두 서술했다.

앞으로 진행될 운영체제 개발 과정은 이 장에서 수행했던 hello world를 출력하는 프로그래밍 과정과 거의 다르지 않다. 단지 코딩을 좀더 많이 하고, 개별 기능을 구현하기 위해 몇 가지를 더 공부해야 하는 것이 다를 뿐이다. 다음 장에서는 이지부트의 소스를 사용해서 이지보드에 있는 LED를 제어하도록 하자.

3장

Learning Embedded OS

LED 켜기

3.1 부트로더 코드 재활용

보통 임베디드 개발 환경에서는 시리얼 통신을 가장 먼저 설정한다. LED 점멸시키기는 이와 거의 맞먹는 우선순위를 갖는 작업이다. LED는 프로세서의 GPIO 핀에 직접 연결하여 단순히 신호를 주었다 끊었다 하여 작동 여부를 확인할 수 있기 때문에 디버그 용도로 많이 사용한다.

우리가 타깃 보드로 사용하는 이지보드에는 디버그용 LED가 네 개 붙어있다. 이지보드의 작동 여부는 시리얼포트를 연결해 보지 않아도, 전원을 넣었을 때 이지보드에 있는 LED 네 개가 순서대로 켜지는 모습을 보고 알 수 있다. 즉, 이지부트가 이지보드의 디버그용 LED를 제어한다는 말이다. 그러므로 이지부트의 소스 코드 안에는 이지보드의 디버그용 LED를 제어하는 코드가 들어있을 것이다. LED 제어 코드를 직접 작성할 수도 있지만 부트로더 소스코드에도 익숙해지고 개발도 빨리할 겸 이지부트의 LED 제어 코드를 재활용하자.

보통 LED와 프로세서를 연결할 때는 GPIO로 쓰이는 핀 중 적당한 핀에 LED를 연결한다. 프로세서에 따라 GPIO 핀에서 인가되는 전압이 다를 수 있기 때문에, LED가 받아들일 수 있는 전압보다 높은 전압이 프로세서의 GPIO에서 출력된다면, 'GPIO 핀 - 저항 - LED - 접지'의 순서로 연결한다. 이렇게 하면 프로세서의 GPIO 핀에서 나온 전류가 LED를 거치면서 LED를 켜고, 접지로 흘러나가게 된다.

위에서 계속 GPIO라는 용어를 언급했다. GPIO는 나중에 외부 스위치를 통한

IRQ 인터럽트 작동 부분을 다룰 때 자세히 설명하기로 하고, 이 장에서는 간단히 설명하겠다. GPIO는 General Purpose Input Output의 약자로 말 그대로 일반적인 용도에 사용하는 입출력 핀이다. 보통 MCU를 만들 때는 핀 하나에 특수 목적(UART, USB, 메모리 컨트롤러 등) 기능과 GPIO 기능, 이렇게 두 기능을 부여한다. 그리고 개발자는 해당 핀을 특수 목적 핀으로 사용할지 GPIO로 사용할지 레지스터를 통해 설정한다.

GPIO는 일반적인 용도로 사용하는 핀이기 때문에 별다른 기능이 없다. 다만 디지털 핀 본연의 역할인 0과 1을 출력하거나 0과 1을 입력받기만 한다. 물론 여기서 0과 1이란 논리적인 값일 뿐이고 실제 물리적으로는 1이라고 인식할 수 있는 전압을 출력(보통 3.3V 혹은 5V)하거나, 1이라고 인식할 수 있는 전압이 들어오면 그것을 1로 인식해서 레지스터에 1을 써주는 것이다.

정리하면 우리가 GPIO에 LED를 연결하고 나서 프로그램에서 해당 GPIO 핀에 1을 출력하라고 명령하면, GPIO 핀에는 전압이 인가되고 LED에 불이 켜지게 된다는 것이다. 이와 같은 내용이 과연 소스코드에도 제대로 구현되어 있는지 이지부트 소스를 살펴보자.

3.2 실습: 1초마다 LED를 켜 보자

이지부트의 소스코드에서 LED를 제어하는 코드를 복사하여 나빌눅스의 커널에 반영하고 실제 보드에서 제대로 작동하는지 확인해 보자. 불행히도 이번 실습은 에뮬레이터에서 테스트할 수 없다. 왜냐하면 에뮬레이터에는 LED가 붙어있지 않기 때문이다. 보드 없이 에뮬레이터 환경에서 실습하는 독자들은 비록 직접 실습할 수 없다 하더라도 차분히 읽어보기 바란다. 내용이 워낙 쉽고 간단하기 때문에 읽기만 해도 충분히 이해할 수 있을 것이다.

이지부트의 소스코드는 크게 start 디렉터리에 존재하는 어셈블리로 작성된 코드와 main 디렉터리에 존재하는 C 언어로 작성된 코드로 나눌 수 있다. LED를 제어하는 코드가 어느 쪽에 있는지 알 수 없지만, 희망사항이라면 좀더 알기 쉬운 C 언어 쪽에 있길 바란다. 그렇다면 일단 C 언어로 작성된 코드를 보자. 있으면 좋고, 없으면 그때 어셈블리 소스를 뒤져봐도 된다.

그림 3-1 이지보드의 LED 위치(동그라미 친 부분)

3.2.1 이지부트에서 LED 관련 코드 분석

다른 사람이 작성한 소스코드를 볼 때는 우선 그 소스코드의 엔트리 포인트부터 보는 것이 가장 효과적이다. 그러므로 main/main.c 파일의 main( ) 함수를 보자.

```
ezboot/main/main.c
int     main( void )
{
    int  start_option = *(int *)(DEFAULT_RAM_KERNEL_ZERO_PAGE);
    char ReadBuffer[ 1024 ];
    int  argc;
    char *argv[128];
    int  cmdlp;

    LoadConfig();
    TimerInit();
    GPIOInit();

    SerialInit( BAUD_115200 );
    ZModem_Baudrate = 115200;

    printf( "\n\n");
    printf( "WELCOME EZBOOT.X5 V1.8...................for PXA255\n");
    printf( "Program by You Young-chang, fooji (FALinux Co.,Ltd)\n");
    printf( "Last Modify %s\n\n", __DATE__ );
    LedBlink();

    BootFlash_Init();    printf("\n");
    NandFlash_Init();    printf("\n");
    CS8900_Init();       printf("\n");
```

```c
        switch ( start_option )
        {
        case 0x0000 :
            printf( "Quickly Autoboot [ENTER] / " );
            if( Cfg.BootMenuKey == ' ' )  printf( "Goto BOOT-MENU press [space bar]");
            else printf( "Goto BOOT-MENU press [%c]", Cfg.BootMenuKey );

            if ( getc_timed( Cfg.BootMenuKey, Cfg.AutoBootWaitTime*1000 ) )
            {
                printf( "\n");
                CopyImage();
                GoKernel( 1, NULL );
            }
            break;

        case 0x0001 : SelfCopy_BootLoader();
            break;
        }
        printf( "\n\n");

        while (1)
        {
            printf( "EZBOOT>");

            memset( ReadBuffer, 0 , sizeof( ReadBuffer ) );
            gets_his( ReadBuffer );
            printf( "\n");

            argc = parse_args( ReadBuffer, argv );
            if (argc)
            {
                UpperStr( argv[0] );
                cmdlp = 0;
                while( Cmds[cmdlp].CmdStr )
                {
                    if( strcmp( argv[0], Cmds[cmdlp].CmdStr ) == 0 )
                    {
                        Cmds[cmdlp].func( argc, argv );
                        printf( "\n");
                        break;
                    }
                    cmdlp++;
                }
            }
        }
    }
```

그다지 길지 않은 이지부트의 main( ) 함수 전체다. 원래는 주석이 붙어 있으나 주석은 생략했다. 이지부트 소스코드를 직접 열어보면 주석도 볼 수 있을 것이다.

main( ) 함수의 내용을 간단하게 훑어보자. 위쪽에서 각종 변수들을 선언한다.

그 후 LoadConfig( )에서 설정 값을 읽어오고, TimerInit( )에서 타이머를 초기화하고, GPIOInit( )에서 GPIO를 초기화하고, SerialInit( )에서 시리얼 통신을 초기화한다. 이어서 이지부트를 보드에서 작동시켰을 때 나오는 환영 메시지를 printf( ) 함수로 출력하고, LedBlink( )라는 함수를 호출한다. LedBlink라는 이름에서 풍기는 느낌으로는 이 함수가 LED에 관련된 작업을 하는 것 같으니 main( ) 함수를 더 이상 훑어볼 필요 없이 LedBlink( ) 함수의 구현을 찾아가자.

LedBlink( ) 함수의 실제 구현은 main( ) 함수와 함께 main.c 파일에 있으며, 내용은 아래와 같다.

```
ezboot/main/main.c
int     LedBlink( void )
{
    int   delay = (Cfg.AutoBootWaitTime >= 2) ? 250:50;

    GPIO_SetLED( 0, LED_ON  ); GPIO_SetLED( 1, LED_OFF );
    GPIO_SetLED( 2, LED_ON  ); GPIO_SetLED( 3, LED_OFF );

    msleep(delay);

    GPIO_SetLED( 0, LED_OFF ); GPIO_SetLED( 1, LED_ON  );
    GPIO_SetLED( 2, LED_OFF ); GPIO_SetLED( 3, LED_ON  );

    msleep(delay);

    GPIO_SetLED( 0, LED_OFF ); GPIO_SetLED( 1, LED_OFF );
    GPIO_SetLED( 2, LED_OFF ); GPIO_SetLED( 3, LED_OFF );
}
```

소스코드를 보고 작동을 유추해 보면 LED 네 개 중 첫 번째와 세 번째 LED를 켜고, 두 번째와 네 번째 LED는 끄고, 약간 시간이 지난 다음에 반대로 첫 번째와 세 번째 LED는 끄고, 두 번째와 네 번째 LED를 켜는 작동을 반복하는 듯하다. 이 작동은 실제 이지보드를 켜고 이지부트를 부팅했을 때 나타나는 LED의 작동 모습과 일치한다. 그리고 함수의 이름도 GPIO_SetLED( )인 것을 보면, 이 함수를 사용해서 LED를 켜고 끔을 확신할 수 있다. 필요한 C 파일들은 그대로 가져 왔으므로 별다른 이변이 없는 한 이 함수만 가져다 쓰면 나빌눅스 커널에서도 그냥 작동하리라 예상된다.

정말 그러한지 GPIO_SetLED( ) 함수의 내용을 보자. 소스코드는 gpio.c 파일에 있다.

`ezboot/main/gpio.c`
```c
void GPIO_SetLED( int LedIndex, int value )
{
    if( value )
    {
        switch( LedIndex )
        {
        case 0 : GPCR0 = LED_0; break;
        case 1 : GPCR0 = LED_1; break;
        case 2 : GPCR0 = LED_2; break;
        case 3 : GPCR0 = LED_3; break;
        }
    }
    else
    {
        switch( LedIndex )
        {
        case 0 : GPSR0 = LED_0; break;
        case 1 : GPSR0 = LED_1; break;
        case 2 : GPSR0 = LED_2; break;
        case 3 : GPSR0 = LED_3; break;
        }
    }
}
```

여기까지 함수 트리를 타고 내려와서야 비로소 GPCR0과 GPSR0이라는 레지스터 이름이 보인다. GPCR0과 GPSR0의 실제 레지스터 주소 번지는 pxa255.h 파일에 모두 정의되어 있다. 소스코드에서는 그냥 이름만 쓰면 된다. GPCR0 레지스터는 0번 GPIO 핀에서 31번 GPIO 핀까지를 각 비트에 할당하고, 해당 비트에 1이 입력되면 그에 대응하는 GPIO 핀의 전압 레벨이 low로 떨어지게 된다(GPCR은 GPIO Pin Output Clear Register의 약자다). 반대로 GPSR0 레지스터는 0번 GPIO 핀부터 31번 GPIO 핀까지를 각 비트에 할당하고 해당 비트에 1이 입력되면 그에 대응하는 GPIO 핀의 전압 레벨이 high로 올라가게 된다. LED_0, LED_1, LED_2, LED_3은 gpio.h에 아래와 같이 정의되어 있다.

`ezboot/include/gpio.h`
```c
#define     LED_0           GPIO_bit(2)
#define     LED_1           GPIO_bit(3)
#define     LED_2           GPIO_bit(4)
#define     LED_3           GPIO_bit(5)
```

그리고 GPIO_bit( ) 매크로는 pxa255.h에 정의되어 있다.

그림 3-2 이지보드의 LED 연결과 제어

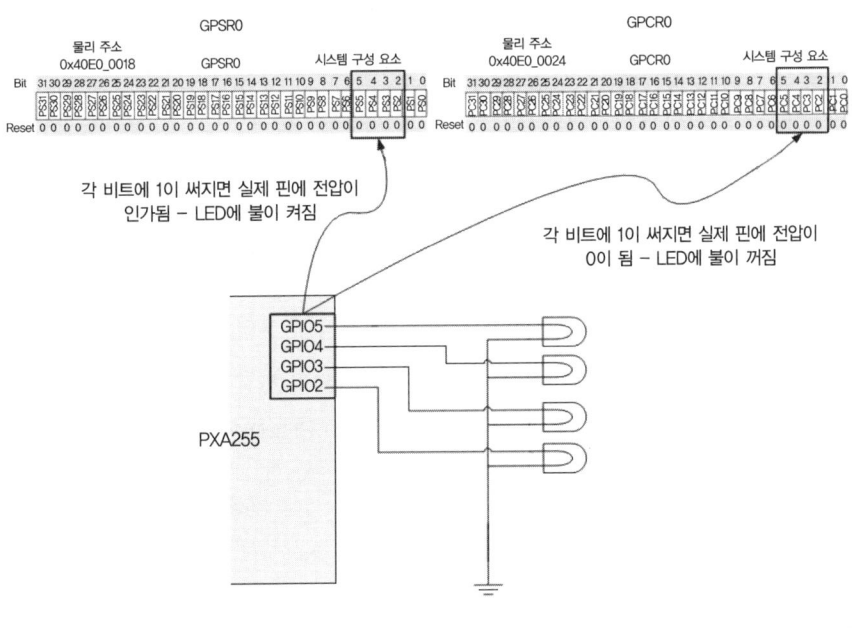

```
ezboot/include/pxa255.h
```
```c
#define GPIO_bit(x)   (1 << ((x) & 0x1f))
```

소스코드로 유추해 볼 때, 이지보드에 있는 LED 네 개는 각각 2, 3, 4, 5번 GPIO 핀에 연결되어 있음을 알 수 있다. 여기까지 이지부트의 소스코드를 분석해 보았다.

3.2.2 나빌눅스에 LED 점멸 코드 추가

이제 필요한 함수를 찾아서 나빌눅스에서 사용해 보자. gpio.c, gpio.h, pxa255.h는 모두 나빌눅스에서 재활용하기로 결정한 소스 파일이므로 다른 수정사항 없이 나빌눅스의 main( ) 함수만 수정하면 된다.

```
chap3/navilnux.c
```
```c
#include <navilnux.h>

int main(void)
{
    int i = 0;

    printf("hello world\n");
```

```
        msleep(1000);

        while(1){
            GPIO_SetLED( i, LED_OFF );
            msleep(500);
            GPIO_SetLED( i, LED_ON );
            msleep(500);
            i++;
            if(i >= 4) i = 0;
        }
        return 0;
}
```

hello world를 출력한 후 무한루프를 돌면서 0번 LED부터 3번 LED를 순서대로 점멸하는 동작을 반복하는 코드다. 헤더 파일들을 통합하여 관리하기 위해 navilnux.h라는 파일을 만들었다. navilnux.h 파일의 내용은 다음과 같다.

`chap3/include/navilnux.h`

```
#ifndef _KERNEL_H_
#define _KERNEL_H_

#include <pxa255.h>
#include <time.h>
#include <gpio.h>
#include <stdio.h>
#include <string.h>

#endif
```

앞으로 나빌눅스의 모든 헤더 파일은 navilnux.h에서 통합하여 처리할 것이다. 위와 같이 코드를 수정하고 make를 실행하면 navilnux_img와 navilnux_gum_img가 생성된다. 하지만 에뮬레이터에서는 LED를 확인할 수 없다. 그러므로 navilnux_img만 이지보드에 올려서 확인해 보자. LED가 켜지는 것을 확인할 수 있다.

minicom에서의 출력 화면은 아래와 같다.

```
WELCOME EZBOOT.X5 V1.8..................for PXA255
Program by You Young-chang, fooji (FALinux Co.,Ltd)
Last Modify Feb 23 2008

Boot Flash Check .....................
    Detect MX29LV400 (TOP)Flash : 22B9
    SIZE 4M-BIT [512Kbyte]

NAND Chip Check ......................
    Detect SAMSUNG [ec:76] 64MByte
```

```
    BAD BLOCK SCAN ->  Kernel, Ramdisk Bad Block [0]

  CS8900 Init..........................
    Mac Address  : [00 A2 55 9B D5 79]
    Detect value : [3000:3000]
    Chip ID      : [0E63:000A]

  Quickly Autoboot [ENTER] / Goto BOOT-MENU press [space bar]...
  Copy Kernel Image .....
  Copy Ramdisk Image .....
  Starting kernel [MARCH 303]...
  hello world
```

3.3 정리

2장에서는 소프트웨어적으로 임베디드 개발 환경에 적응하는 연습을 했고, 이번 장에서는 하드웨어적으로 임베디드 개발 환경에 적응하는 연습을 했다. 사실 하드웨어적인 측면이 많지는 않았지만, 레지스터 이름이라는 것도 나왔고 하드웨어의 일부인 보드에 붙은 LED를 제어하기도 했다.

또, 보드에 있는 하드웨어를 제어하는 한 방법으로, 직접 작성하기보다는 부트로더의 소스코드를 재활용하는 방식으로 작업해 보았다.

다음 장부터는 본격적인 운영체제 개발 단계에 들어간다. 지금까지가 준비 운동이었다면 다음 장부터는 본 경기라고나 할까.

4장

Learning Embedded OS

exception vector table 구성하기

프로세서가 아무런 방해 없이 무조건 순차적으로 명령어를 처리하지는 않는다. 거의 주기적으로 인터럽트를 받고 있고, 비정기적으로도 인터럽트를 받는다. 주기적인 인터럽트에는 대표적으로 타이머 관련 인터럽트가 있고, 비정기적 인터럽트에는 키보드나 마우스 같은 입력 장치 인터럽트가 있다. 이 외에도 프로그램 내부적으로 발생시키는 인터럽트, 잘못된 명령이나 잘못된 메모리 접근으로 발생하는 예외 등으로 프로세서는 시도 때도 없이 실행 과정이 중단된다.

이렇게 인터럽트나 예외 상황이 발생할 때마다 어떻게 동작해야 하는지 알려주어야만, 프로세서가 잘못 동작하지 않고 인터럽트나 예외를 처리한 후 다시 명령어를 실행할 수 있다. 운영체제에서 인터럽트와 예외를 처리하는 작업은 매우 중요한 작업이며 모든 운영체제가 필수로 갖추어야 할 요소다.

ARM에서는 인터럽트와 예외를 처리하기 위해 exception vector table을 두어 인터럽트와 예외 상황을 일곱 가지로 구분하고, 각 경우마다 분기하는 주소를 지정해 개발자가 상황을 통제할 수 있게 해준다. 이 exception vector table을 통해서 운영체제는 시간을 동작시킨다든가 외부 장치의 입력을 받는다든가 하는 기능을 구현할 수 있다.

4.1 ARM의 exception과 프로세서 동작 모드

ARM에서는 예외와 인터럽트를 일곱 가지로 구분하여 정의했다. 즉, 프로세서가 순차적으로 명령어를 실행하다가 중단되는 경우를 일곱 가지로 나누어 놓은 것이다. 이 분류는 아래와 같다.

- Data Abort
- FIQ
- IRQ
- Prefetch Abort
- SWI
- Reset
- Undefined Instruction

Data Abort는 메모리의 데이터를 읽거나 데이터를 쓰려다가 실패하는 경우 발생한다. 즉 잘못된 메모리 영역을 건드려서 NULL 포인터에 간접 접근한다거나 할 때 발생한다. x86의 segmentation fault(메모리 접근 오류의 일종)와 비슷하다고 보면 된다.

FIQ와 IRQ는 외부 인터럽트가 코어에 전달될 때 발생한다. 외부 인터럽트라는 것은 말 그대로 MCU 칩 외부에서 발생하는 인터럽트(버튼 입력 같은)이지만, MCU에 있는 내부 컨트롤러(OS 타이머 같은)에 의해서 발생하는 인터럽트일 수도 있다. 같은 MCU 내부라고 해도 ARM 코어의 관점에서는, OS 타이머 컨트롤러가 발생시켜서 코어에 전달하는 인터럽트는 외부 인터럽트기 때문이다.

Prefetch Abort는 명령어를 해석하다가 실패하는 경우에 발생한다. 메모리에 존재하는 ARM 명령어(instruction)를 읽어오다가 오류가 생기면 발생한다.

SWI는 Software Interrupt의 약자다. 프로그램 내부에서 발생시키는 인터럽트기 때문에 소프트웨어 인터럽트라고 이름을 붙인 것이다. 주로 시스템 콜을 구현할 때 많이 사용한다. 시스템 콜은 12장에서 자세히 설명한다.

Reset은 말 그대로 ARM 코어가 리셋되었을 경우 발생한다.

Undefined Instruction은 읽어온 명령어가 ARM 코어와 코프로세서에 정의되지 않은 명령어일 때 발생한다.

ARM에는 일곱 가지 exception과 연결된 일곱 가지 동작 모드가 존재한다. exception은 프로세서의 동작 흐름이 중단되는 경우를 일곱 가지로 구분해 놓은 것이고, 동작 모드는 프로세서의 동작을 일곱 가지로 구분한 것이다. 동작 모드의 목록은 아래와 같다. 괄호 안은 모드 명칭의 약자다.

- Abort (ABT)
- Fast Interrupt Request (FIQ)
- Interrupt Request (IRQ)
- Supervisor (SVC)
- System (SYS)
- Undefined (UND)
- USER (USR)

일곱 가지 모드 중 ABT, FIQ, IRQ, SVC, UND 모드는 exception이 발생했을 때 ARM 코어에 의해서 자동으로 변경되는 동작 모드다. 그리고 SYS 모드와 USR 모드는 ARM 코어가 일반적으로 동작하는 모드로, 자동으로 변경되지 않고 개발자가 소스코드에서 변경시켜 주어야 한다.

이 모드들과 일곱 가지 exception은 그림 4-1과 같이 연결된다. Data Abort와 Prefetch Abort는 공통적으로 메모리의 데이터를 읽고 쓰는 과정에서 오류가 생겨 발생하는 예외기 때문에 Abort 모드에서 함께 처리한다. FIQ는 빠른 인터럽트 처리를 위해서 만들어 놓은 모드다. 별도의 작업 레지스터 다섯 개가 따로 존재하기 때문에 같은 인터럽트 처리라도 IRQ와 구분했다. 따라서 IRQ exception에는 IRQ

그림 4-1 ARM exception과 관련된 프로세서 동작 모드

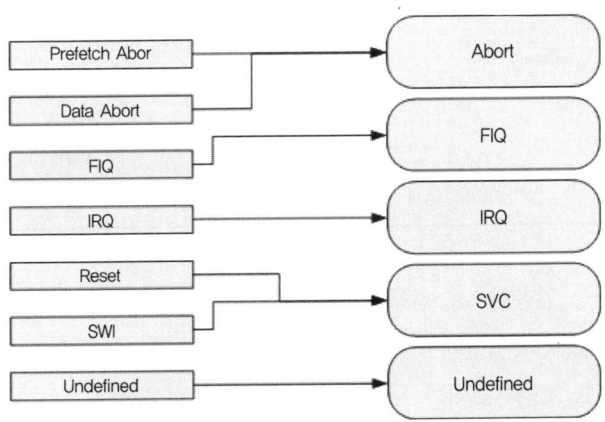

동작 모드가 따로 할당되어 있다. Reset과 SWI는 특권 보호모드(Protected Mode)에서 동작하기 때문에 공통으로 SVC 모드를 사용한다.

위에서 설명한대로 ARM 코어는 발생한 exception에 따라 달리 지정된 프로세서 동작 모드에 진입한다. 동작 모드로 진입하는 방법은 cpsr(Current Program Status Register)의 동작 모드 필드의 값을 ARM 코어나 개발자가 수정함으로써 이루어진다.

그림 4-2와 같이 cpsr의 0~4번 비트까지의 값은 현재 프로세서의 동작 모드를 나타낸다. 발생하는 exception에 따라 ARM 코어가 자동으로 수정하기도 하고, USER 모드나 System 모드 같은 경우는 개발자가 직접 모드 비트의 값을 수정해서 진입할 수도 있다.

그림 4-2 cpsr의 구조

31 30 29 28		7 6 5 4	0
N Z C V		I F T	Mode

각 모드로 cpsr에 입력되는 모드 비트의 내용은 표 4-1과 같다.

표 4-1 ARM 프로세서의 동작 모드

모드	약자	특권기능	모드 비트(cpsr[4:0])
Abort	abt	yes	10111
FIQ	fiq	yes	10001
IRQ	irq	yes	10010
Supervisor	svc	yes	10011
System	sys	yes	11111
Undefined	und	yes	11011
USER	usr	no	10000

리눅스에서는 일반적으로 사용자 프로그램은 전부 다 USER 모드에서 작동한다. 그러다가 프로그램 안에서 시스템 콜을 호출하면 프로그램은 SWI exception을 발생시키고, ARM 코어가 프로세서의 동작 모드를 SVC 모드로 변경시켜 Software Interrupt를 처리한 후에 다시 USER 모드로 복귀한다. 마찬가지로 키보드

입력 같은 경우는 대부분의 운영체제에서 IRQ로 처리한다. 우리가 키보드를 누르면 키보드 케이블을 통해 메인보드에 신호가 전달되고, 메인보드에 있는 여러 회로를 거쳐 ARM 코어에 IRQ exception이 발생한다. 그러면 ARM 코어는 프로세서 동작 모드를 IRQ 모드로 변경하고 IRQ 관련 처리를 한 다음 USER 모드로 복귀한다.

FIQ와 IRQ의 차이

FIQ는 Fast Interrupt Request의 약자다. 이름에 Fast가 들어가는 만큼 IRQ보다 빠른 인터럽트 처리를 위해 사용된다. 그래서 exception 우선순위도 IRQ보다 높다. 또한 USER 모드를 제외한 다른 프로세서 모드에는 별도의 작업 레지스터가 존재하지 않는데, FIQ 모드에는 USER 모드와 별도로 다섯 개의 작업 레지스터가 존재한다.
IRQ는 Interrupt Request의 약자다. 일반적인 인터럽트 처리는 모두 IRQ라고 생각하면 된다. FIQ보다는 우선순위가 낮다.
사실 대부분의 MCU에서 인터럽트 컨트롤러는 하나의 인터럽트 소스에 대해서 FIQ로 발생시킬지 IRQ로 발생시킬지를 설정할 수 있기 때문에, 별 차이 없이 사용할 수 있다.

4.2 ARM의 exception vector table

exception vector table이란 앞에서 설명한 exception이 ARM 코어에서 발생했을 때, ARM 코어가 실행을 분기할 주소를 모아놓은 테이블을 말한다.

exception이 발생했을 때 ARM에서 어떤 순서로 작업을 처리하는지 보자.

- exception이 발생함.
- exception 모드의 spsr에 cpsr을 저장함.
- exception 모드의 lr에 pc 값을 저장함.
- cpsr의 모드 비트를 변경하여, 해당 exception에 대응하는 프로세서 동작 모드로 진입함.
- pc에 exception 핸들러의 주소를 저장하여 해당 exception에서 해야 할 일을 처리함.

spsr은 Saved Program Status Register의 약자로 각 프로세서 동작 모드마다 존재

한다. ARM 코어는 exception이 발생하여 cpsr을 변경해야 할 때 이전 모드의 cpsr을 spsr에 백업한다. exception을 처리하고 복귀하기 위해서 프로그램 카운터(pc)를 링크 레지스터(lr)에 저장해 둔다. 그리고 cpsr의 모드 비트를 바꾸어 프로세서 동작 모드를 변경하고 해당 exception을 처리하기 위해 exception 핸들러로 진입한다. 여기에서 exception 핸들러로 진입하기 위해서는 각 모드 별로 exception 핸들러의 위치를 알려줄 방법이 필요한데 이때 사용하는 것이 바로 exception vector table이다.

ARM 코어는 cpsr의 모드 비트를 변경한 다음 exception 핸들러로 진입하기 전에, exception 핸들러의 시작 위치를 exception vector table에서 알아낸다. 일반적으로 아무 설정도 하지 않았을 경우 ARM 코어가 참조하는 exception vector table의 주소는 0x00000000 번지다. 이곳부터 4바이트씩 각 모드별 벡터가 할당되어 있다.

표 4-2 ARM exception Vector Table

exception 이름	Vector Table Offset
Reset	+0x00
Undefined Instruction	+0x04
Software Interrupt	+0x08
Prefetch Abort	+0x0c
Data Abort	+0x10
할당되지 않음	+0x14
IRQ	+0x18
FIQ	+0x1c

각 모드별로 할당된 공간은 4바이트다. 그러므로 exception vector table에서는 각 모드별로 명령어를 하나만 넣을 수 있다. 즉 exception vector table 안에 핸들러 코드를 통째로 넣지 못한다는 말이다. 그렇기 때문에 일반적으로 exception vector table에는 다른 곳에 정의되어 있는 핸들러 함수의 시작 주소로 분기하는 브랜치 명령이 들어가게 된다. 보통 다음과 같은 네 종류의 명령이 사용된다.

- B 〈주소〉 : pc를 기준으로 한 상대 주소로 분기한다.
- LDR pc, [pc, #offset] : 분기할 메모리 주소를 vector table 근처에 정의해 놓고 해당 위치의 값을 읽어서 pc에 로드하여 목적지 주소로 분기한다.

- LDR pc, [pc, #-0xff0] : 벡터 인터럽트 컨트롤러(VIC PL190)가 있을 때 사용한다.
- MOV pc, #상수 : 상수 값을 pc에 저장한다. ARM 명령어 자체가 32비트고 메모리 주소도 32비트기 때문에, 명령어 자체와 첫 번째 매개변수가 차지하는 공간을 고려하면 두 번째 매개변수인 상수 값에 할당되는 공간만으로 메모리 주소 전체를 프로그램 카운터(pc)에 전달할 수는 없다. 다만 허용범위 내의 상수 위치에 핸들러가 존재할 경우, 주소 값 상수를 직접 프로그램 카운터(pc)에 넘겨서 분기한다.

그림 4-3을 보자. Software Interrupt가 발생했다고 가정한다면, ARM 코어는 자동으로 SVC 모드의 spsr에 현재 모드의 cpsr을 복사한다. 그리고 SVC 모드의 링크 레지스터(lr)에 프로그램 카운터(pc)를 복사한다. 이어서 cpsr의 모드 비트를 10011로 바꾸어 프로세서 동작 모드를 SVC 모드로 바꾼다. 이제 프로그램 카운터(pc) 값을 0x00000008 번지로 바꾼다. ARM 코어가 하는 일은 여기까지다. ARM 코어는 0x00000008 번지에 어떤 명령어가 있건 상관하지 않는다. 그냥 프로그램 카운터(pc)를 0x00000008로 바꿀 뿐이다. 그러므로 exception vector table 위치에는 정확한 명령어가 들어있어야 한다. 프로그램 카운터(pc)를 0x00000008로 바꾸었으면 해당 위치에 있는 명령을 실행하게 된다. 정상적으로 프로그래밍 했다면 0x00000008 번지에는 분기 명령이 있을 것이다. 그리고 그 목적지에는 SWI에 대한 핸들러 함수의 시작 주소가 있을 것이다. 핸들러 함수로 분기하여 핸들러 함수를 실행한 다음, 복귀 역시 핸들러 함수가 담당한다. SWI 말고 다른 exception도 마찬가지로 작동한다.

그림 4-3 exception이 발생했을 때의 exception vector table 참조

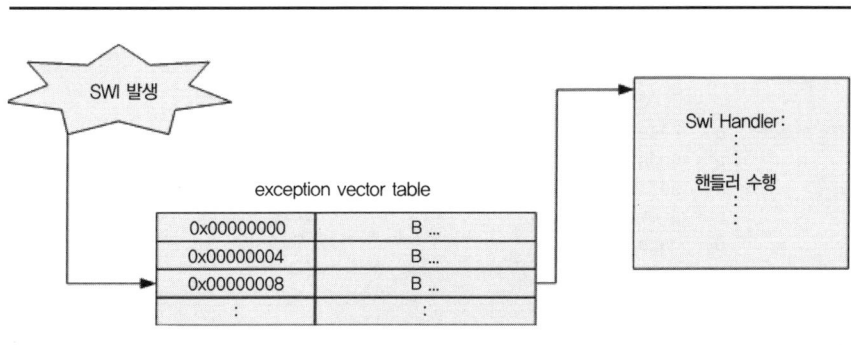

보통 임베디드 운영체제에서는 ARM의 일곱 가지 exception을 모두 처리하지 않아도 상관없다. 꼭 필요한 exception에 대해서만 핸들러 함수를 만들어 주면 된다. 나빌눅스에서도 일곱 가지 exception을 모두 처리하지 않는다. 보통 exception 핸들러는 부트로더에서 기본 값으로 모든 exception이 reset과 동일하게 작동하도록 작성되어 있다. 나빌눅스는 부트로더를 수정해서 Software Interrupt와 IRQ exception만 처리할 것이다. Software Interrupt는 시스템 콜을 구현하기 위해서 꼭 사용해야 하는 exception이고, IRQ는 외부 입력과 OS 타이머를 작동하기 위해서 꼭 사용해야 하는 exception이기 때문이다. 다른 exception이 발생했을 때는 시스템을 reset해도 상관없기에 처리할 함수를 따로 구현하지 않는다.

4.3 실습 : 이지부트를 수정하여 exception 핸들링 하기

아무 설정도 하지 않았을 경우 exception vector table의 시작 주소는 0x00000000이다. 그리고 이 주소는 ARM 코어가 동작하면서 가장 먼저 읽는 메모리 주소이기도 하다. 즉 ARM 코어에 전원이 들어오고 동작하기 시작할 때 프로그램 카운터(pc)의 값은 0x00000000이다. 그러므로 일반적으로 exception vector table은 부트로더의 시작 위치에 있다. 왜냐하면 보드에 전원이 들어오고 가장 먼저 실행되어야 할 프로그램이 부트로더기 때문에 어떤 식으로든 그 시작 위치에 exception vector table에 대한 내용이 존재해야 한다.

이지부트의 엔트리 포인트는 start/start.S 파일에 존재한다. 이 파일을 열어보면 윗부분에 주석이 달려있고 코드가 시작된다. 바로 이 코드가 exception vector table이다.

```
ezboot/start/start.S
.globl      _start

_start:     b   reset
            b   undefined_instruction
            b   software_interrupt
            b   prefetch_abort
            b   data_abort
            b   not_used
            b   IRQ
            b   FIQ
```

이지부트의 exception vector table은 b <주소> 형식으로 되어 있다. 각 주소 레이블은 소스코드의 아래쪽에 정의되어 있으며 exception이 발생하면 아래쪽의 레이블로 분기하여 exception을 처리한다.

같은 파일의 아래쪽에 정의되어 있는 각 exception 핸들러 코드를 살펴보자. 이지부트에서는 reset 외에는 별다른 처리를 하지 않는다. 즉 어떤 exception이 발생하더라도 결국 error_loop 부분으로 점프해서 reset한다.

```
ezboot/start/start.S
reset:
    ... (중략) ...
data_abort:
    mov r5, #DEBUG_DATA_ABORT
    bl  led_out
    b   error_loop
undefined_instruction:
software_interrupt:
prefetch_abort:
not_used:
IRQ:
FIQ:
    mov r5, #DEBUG_OTHER_EXCEPT
    bl  led_out
    b   error_loop
```

나빌눅스에서 사용할 exception은 software_interrupt와 IRQ다. software_interrupt는 SWI 명령을 사용하여 시스템 콜, 컨텍스트 스위칭 등을 구현하는데 사용하고, IRQ는 외부 장치들의 인터럽트 처리, 내부 타이머의 인터럽트 처리 등에 사용할 것이다.

위 코드에 있는 software_interrupt 레이블과 IRQ 레이블의 아랫부분에 exception 핸들러 코드를 써 주면 된다. 하지만 여기서 생각해봐야 할 것이 있다. 부트로더를 수정할 경우 수정된 부트로더를 이지보드의 플래시 메모리(Boot Flash)에 써야 하는데, 몇 십 킬로바이트 크기의 이지부트를 JTAG로 쓰려면 대략 40분 정도가 소요된다. 만약 exception 핸들러 코드를 부트로더에 그대로 작성한다면, 나중에 exception 핸들러의 내용을 수정할 때마다 부트로더를 새로 빌드해서 JTAG로 플래시 메모리에 써야한다. 혹여 테스트 디버깅 등을 위해서 수정할 때마다 JTAG로 써야한다면 시간 낭비가 엄청날 것이다. 그렇기 때문에 부트로더에서는 일단 커널 영역 안에 있는 exception 핸들러로 점프해야 한다.

> ## JTAG
>
> JTAG는 Joint Test Action Group의 약자로, IEEE 1149.1 규격을 나타내는 일반적인 이름이다. 하지만 보통 임베디드 시스템 개발에 사용하는 디버깅 장비를 지칭한다. JTAG를 지원하는 칩의 경우 칩 안에 TDI(data in), TDO(data out), TCK, TMS 네 개의 핀으로 인터페이스가 구성되어 있다. JTAG 라인(엄밀하게 이야기 하면 boundary scan cell)을 통해 칩 내부를 조사(Capture 기능) 및 제어(INTEST 기능)할 수 있다. 또한 EXTEST 기능을 이용하여 임베디드 시스템의 다른 칩을 제어할 수도 있다. 그래서 NOR 플래시나 NAND 플래시 칩의 내용을 JTAG를 통해서 기록하거나 지울 수 있다. 요즘 나오는 대부분의 칩들은 JTAG 인터페이스를 지원해 주고 있다.

언뜻 생각하면 그림 4-4처럼 exception vector table을 구성하기 쉽다. 물론 그림 4-4처럼 구성해도 무방하다. 하지만 SWI 핸들러의 위쪽이나 IRQ 핸들러의 위쪽에 명령어를 한 줄 추가하거나 삭제하는 등 코드를 변경한다면 어떻게 될까. 당연히 SWI 핸들러나 IRQ 핸들러의 시작 주소도 바뀌게 된다.

SWI 핸들러 위쪽에 명령어 두 개를 추가했다면 0xA0008100이라는 시작 주소가 0xA0008108로 바뀐다. 마찬가지로 IRQ 핸들러 위쪽에 명령어 하나를 추가했다면 시작 주소가 0xA00081FC 번지에서 0xA0008200 번지로 바뀐다(그림 4-5). 이렇게 되면 변경되는 핸들러 번지에 맞추어 부트로더의 exception vector table도 수정해야 한다. 하지만 부트로더를 수정하고 적용하려면 JTAG를 사용해야 하고 시간도 40분이나 소요된다. 이래서는 가벼운 마음으로 개발할 수가 없다.

그림 4-4 exception vector table에서 핸들러 주소 직접 지정

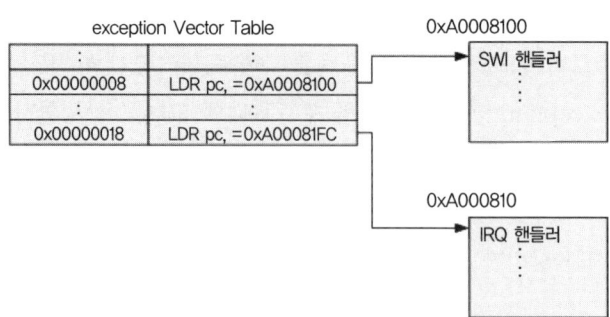

그림 4-5 핸들러 주소를 직접 지정하였는데 핸들러 주소가 바뀔 경우

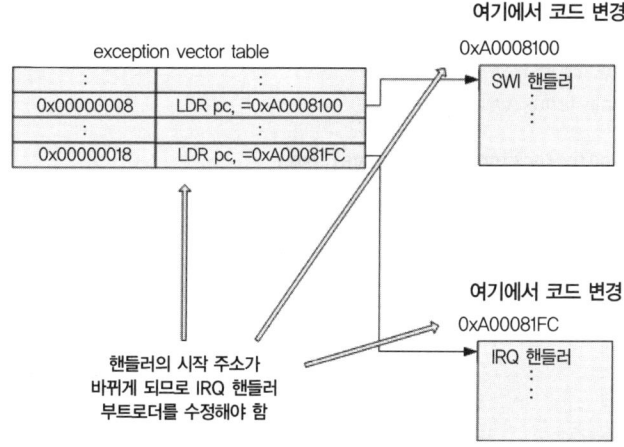

그림 4-6 핸들러 주소를 커널 안에서 고정하여 간접 지정

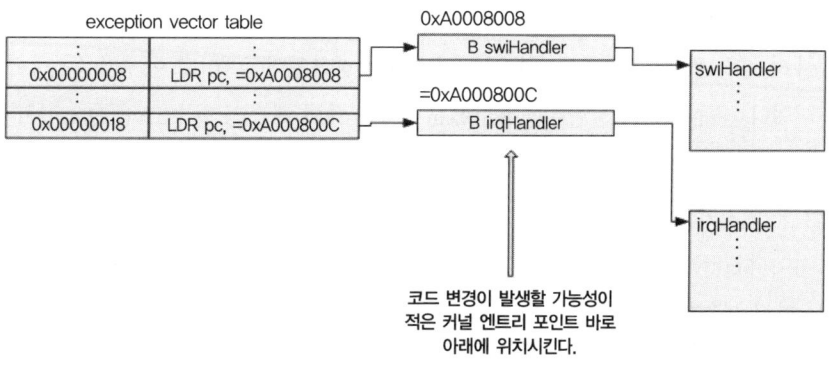

해결 방법은 간단하다. 커널 안에서 exception vector table로부터 받는 주소 역시 고정시키는 것이다(그림 4-6).

C 언어의 이차 포인터 정도로 생각하면 이해하기 쉽다. 그림 4-6처럼 부트로더에 있는 exception vector table로부터 도착하는 커널 안의 주소는 고정시킨다. 커널 엔트리 포인트 바로 밑에 위치를 잡으면 아마도 주소가 바뀔 일은 없을 것이다. 그리고 이곳에서 실제 swiHandler와 irqHandler의 주소로 분기한다. 주소 지정은 컴파일러가 알아서 해 주기 때문에 레이블만 써주면 된다. 그럼 일단 부트로더를

고치기 전에 나빌눅스의 커널 소스를 수정하자. navilnux.c 파일을 다음과 같이 수정한다.

chap4/navilnux.c
```c
#include <navilnux.h>

void swiHandler(unsigned int syscallnum)
{
    printf("system call %d\n", syscallnum);
}

void irqHandler(void)
{

}

int main(void)
{
    __asm__("swi 77");
    return 0;
}
```

3장에서 실습했던 LED 점멸 무한루프는 사라지고, swi 77을 실행하는 인라인 어셈블리 명령 한 줄만 main( ) 함수에 덩그러니 남아있다. 그리고 함수가 두 개 추가되었다. swiHandler( ) 함수는 SoftWare Interrupt의 핸들러 함수고, irqHandler( ) 함수는 IRQ의 핸들러 함수다. 이 두 함수 안에 exception 핸들러를 동작시키는 코드가 들어가게 된다.

이어서 entry.S 파일을 수정한다. 나빌눅스 커널의 엔트리 포인트는 entry.S에 있다. 앞서 설명했듯이 부트로더에서 일단 점프해서 들어오는 위치는 엔트리 포인트 바로 아래에 존재해야 한다.

chap4/entry.S
```
.globl _ram_entry
_ram_entry:
    bl    main
    b     _ram_entry
    b     navilnux_swiHandler
    b     navilnux_irqHandler


.global navilnux_swiHandler
navilnux_swiHandler:
    bl    swiHandler
```

```
        .global navilnux_irqHandler
navilnux_irqHandler:
        bl      irqHandler
```

커널의 엔트리 포인트 위치는 bl main 명령이다. 이 명령이 수행되면 C 언어로 작성된 main( ) 함수가 실행된다. 그리고 혹시나 main( ) 함수가 종료되더라도 커널이 종료되지 않고 다시 엔트리 포인트로 돌아가게 하기 위해 b_ram_entry 명령을 사용했다.

chap4/entry.S

```
        b       navilnux_swiHandler
        b       navilnux_irqHandler
```

바로 이 두 줄이 각각 SWI와 IRQ의 exception vector table로부터 진입할 위치다. 이 두 줄 위에 있는 bl main과 b _ram_entry 명령 사이에는 다른 명령어가 들어올 여지가 별로 없기 때문에, 로드되는 메모리 주소도 변하지 않을 것이다. 따라서 부트로더를 한 번 수정하면 다시 수정할 필요가 없을 것이다.

두 명령이 위치할 메모리 주소는 암산으로도 충분히 계산할 수 있다. 2장에서 부팅을 하기 위해서 커널의 로딩 위치와 엔트리 포인트의 위치를 지정했다. 바로 0xA0008000 번지다. 그리고 ARM에서 명령어 하나의 크기는 무조건 4바이트다. 그렇다면 아래와 같이 쉽게 계산할 수 있다.

```
        .globl _ram_entry
_ram_entry:
        bl      main                    <------ 0xA0008000
        b       _ram_entry              <------ 0xA0008004
        b       navilnux_swiHandler     <------ 0xA0008008
        b       navilnux_irqHandler     <------ 0xA000800C
```

위와 같이 우리가 원하는 주소는 0xA0008008과 0xA000800C일 것이다. 하지만 단지 암산으로 계산한 값이므로 실제로도 컴파일러가 저렇게 주소를 배정하는지 확인할 필요가 있다. 방법은 간단하다. 일단 커널을 빌드한 다음 결과로 나온 elf 포맷의 파일을 역어셈블하는 것이다.

Makefile을 아래와 같이 수정한다.

chap4/Makefile

```
CC = arm-linux-gcc
LD = arm-linux-ld
OC = arm-linux-objcopy

CFLAGS    = -nostdinc -I. -I./include -I fs/include
CFLAGS   += -Wall -Wstrict-prototypes -Wno-trigraphs -O2
CFLAGS   += -fno-strict-aliasing -fno-common -pipe -mapcs-32
CFLAGS   += -mcpu=xscale -mshort-load-bytes -msoft-float -fno-builtin

LDFLAGS   = -static -nostdlib -nostartfiles -nodefaultlibs -p -X -T ./main-ld-script

OCFLAGS = -O binary -R .note -R .comment -S

all: navilnux.c
    $(CC) -c $(CFLAGS) -o entry.o entry.S
    $(CC) -c $(CFLAGS) -o gpio.o gpio.c
    $(CC) -c $(CFLAGS) -o time.o time.c
    $(CC) -c $(CFLAGS) -o vsprintf.o vsprintf.c
    $(CC) -c $(CFLAGS) -o printf.o printf.c
    $(CC) -c $(CFLAGS) -o string.o string.c
    $(CC) -c $(CFLAGS) -o serial.o serial.c
    $(CC) -c $(CFLAGS) -o lib1funcs.o lib1funcs.S
    $(CC) -c $(CFLAGS) -o navilnux.o navilnux.c
    $(LD) $(LDFLAGS) -o navilnux_elf entry.o gpio.o time.o vsprintf.o printf.o string.o serial.o lib1funcs.o navilnux.o
    $(OC) $(OCFLAGS) **navilnux_elf** navilnux_img
    $(CC) -c $(CFLAGS) -o serial.o serial.c -D IN_GUMSTIX
    $(LD) $(LDFLAGS) -o **navilnux_gum_elf** entry.o gpio.o time.o vsprintf.o printf.o string.o serial.o lib1funcs.o navilnux.o
    $(OC) $(OCFLAGS) navilnux_gum_elf navilnux_gum_img

clean:
    rm *.o
    rm navilnux_elf
    rm navilnux_img
    rm navilnux_gum_elf
    rm navilnux_gum_img
```

make를 실행하면 navilnux_elf, navilnux_img, navilnux_gum_elf, navilnux_gum_img 파일이 생성된다. 이 중 navilnux_elf를 역어셈블해서 살펴볼 것이다. 아래와 같이 명령을 입력한다.

```
$ arm-linux-objdump -D navilnux_elf | more
```

arm-linux-objdump 명령은 elf 포맷으로 생성된 ARM 바이너리 파일을 역어셈블하는 프로그램이다. x86에서는 objdump 명령으로 역어셈블할 수 있다. 심심하면 한번 아래와 같이 명령을 입력해 보라.

GAS(Gnu Assembler)

gcc와 마찬가지로 GNU에서 배포하는 어셈블러다. x86 기반의 어셈블리어 문법은 MASM(Microsoft Macro Assembler)과 GAS로 양분된다. 일반적으로 도스/윈도 계열 프로그램은 MASM을 이용하여 바이너리 파일을 생성하고, 유닉스/리눅스 계열 프로그램은 GAS를 이용하여 바이너리 파일을 생성한다. 유닉스/리눅스 계열에서 MASM 문법을 지원하는 오픈소스 어셈블러인 NASM(Netwide Assembler)도 있다.

GAS는 초창기 유닉스 개발에 사용했던 비교적 고풍스런 어셈블리어 구문인 AT&T 구문을 사용하며, NASM/MASM은 대다수 어셈블러가 지원하는 인텔 구문을 사용한다.

GAS 문법 형식과 MASM 문법 형식의 차이를 자세하게 설명하는 것은 이 책의 범위를 벗어나기 때문에 간단히 비교하는 정도로 넘어가도록 하겠다.

GAS 문법과 MASM 문법은 변수와 값의 순서를 반대로 사용한다.

```
GAS  : movl $7, %eax
MASM : mov eax, 7
```

GAS 문법에서 직접 지정 값은 $로 시작한다. MASM에서는 $를 붙이지 않는다.

```
GAS  : pushl $7
MASM : push 7
```

GAS 문법에서 레지스터 지정 변수는 %로 시작한다. MASM에서는 %를 붙이지 않는다.

```
GAS  : popl %edx
MASM : pop edx
```

GAS 문법에서는 16진수를 표현하기 위해 C 언어처럼 0x를 붙인다. MASM에서는 뒤에 h를 붙인다.

```
GAS  : int $0x80
MASM : int 80h
```

GAS 문법에서 주석은 C 스타일(/* */)과 C++ 스타일(//), 셸 스타일(#)을 모두 지원한다. MASM에서는 ";"로 시작하는 한 줄짜리 주석만 지원한다.

```
GAS  : /* 이것은 주석 */
MASM : ; 이것은 주석
```

이 외에도 GAS 문법과 MASM 문법은 몇 가지 차이점이 더 있다. 하지만 GAS 문법을 MASM 문법으로 변환하거나 그 반대로 변환하는 작업도 비교적 쉽고 간단하며, 언뜻 보기에는 GAS 문법이 좀더 복잡해 보이지만 익숙해지면 여느 어셈블리어 문법과 마찬가지로 지극히 쉽고 단순하다.

```
$ objdump -D /bin/ls
```

우리가 항상 쓰는 ls 명령을 역어셈블한 결과가 길게 나올 것이다. 물론 어셈블리어의 형식은 x86의 GAS 문법 형식이다.

다시 본론으로 돌아가서, navilnux_elf 파일의 역어셈블 결과 중 우리에게 필요한 것은 앞쪽의 엔트리 포인트 근처다. 결과는 아래와 같다.

```
navilnux_elf:     file format elf32-littlearm

Disassembly of section .text:

a0008000 <_ram_entry>:
a0008000:       eb0006a3        bl      a0009a94 <main>
a0008004:       eaffffd         b       a0008000 <ram_entry>
a0008008:       ea000000        b       a0008010 <navilnux_swiHandler>
a000800c:       ea000000        b       a0008014 <navilnux_irqHandler>

a0008010 <navilnux_swiHandler>:
a0008010:       eb00069a        bl      a0009a80 <swiHandler>

a0008014 <navilnux_irqHandler>:
a0008014:       eb00069d        bl      a0009a90 <irqHandler>
                    :
                  (후략)
```

역어셈블 출력 화면을 보면 앞에서부터 해당 명령이 위치하는 메모리 주소, 해당 명령의 기계어, 해당 명령의 어셈블리 명령어, 레이블의 명칭이 순서대로 나온다.

우리에게 필요한 것은 맨 위의 네 줄이다. 다시 살펴보면

```
a0008000 <_ram_entry>:
a0008000:       eb0006a3        bl      a0009a94 <main>
a0008004:       eaffffd         b       a0008000 <ram_entry>
a0008008:       ea000000        b       a0008010 <navilnux_swiHandler>
a000800c:       ea000000        b       a0008014 <navilnux_irqHandler>
```

이 부분이다. 먼저 첫 줄을 보면 엔트리 포인트가 0xA0008000 번지에서 제대로 시작함을 알 수 있다. 이어서 순서대로 4바이트씩 더해, exception vector table의 목적지 주소도 예상했던대로 0xA0008008과 0xA000800C로 제대로 지정되었다.

이제 주소를 찾아내었으니 부트로더를 수정하자. 수정할 파일은 이지부트의 start/start.S 파일이다.

`ezboot/start/start.S`

```
data_abort:
    mov  r5, #DEBUG_DATA_ABORT
    bl   led_out
    b    error_loop

undefined_instruction:
software_interrupt:
    ldr pc, =0xa0008008
prefetch_abort:
not_used:
IRQ:
    ldr pc, =0xa000800c
FIQ:
    mov  r5, #DEBUG_OTHER_EXCEPT
    bl   led_out
    b    error_loop
```

software_interrupt 레이블과 IRQ 레이블 아래에 두 줄씩 코드를 넣었다. 0xA0008008과 0xA000800C로 점프하는 명령이다. 위와 같이 이지부트 소스를 고치고 빌드한 다음, JTAG을 사용해서 보드에 쓴다.

부트로더를 보드에 올리고 나면 마찬가지로 zfk를 사용해 커널 이미지를 로딩하고 재부팅 해 본다. 터미널 화면에 아래와 같은 결과가 나온다.

```
Quickly Autoboot [ENTER] / Goto BOOT-MENU press [space bar].
Copy Kernel Image .....
Copy Ramdisk Image .....
Starting kernel [MARCH 303]...
system call 0
```

분명 main( ) 함수에서는 시스템 콜 번호를 77이라고 보냈는데, 출력 값은 그냥 0이다. 이것은 아직 SWI 핸들러에서 시스템 콜 번호를 가져오는 코드를 작성하지 않았기 때문이다. 이 부분은 5장에서 완전하게 작성할 것이다. main( ) 함수에서는 swi 명령을 사용해서 software_interrupt를 발생시켰고, 그로 인해 ARM 프로세서는 exception vector table에 있는 벡터 주소로 점프했다. 점프한 주소에는 다시 0xA0008008로 뛰라는 코드가 있고, 0xA0008008로 갔더니 다시 밑에 있는 navilnux _swiHandler로 가라고 한다. 여기서 다시 swiHandler( ) 함수로 가라고 하고, 갔더니 printf( )로 "system call ..." 을 출력하라고 해서 출력했다. 저 간단한 문장 한 줄이 출력되는 이면에는 이번 장 전체에 해당하는 분량만큼의 많은 일이 벌어지고 있는 것이다. 이렇게 해서 swi 명령을 사용한 software_interrupt 발생과 핸들러 사용은 성공했다.

4.4 실습 : u-boot를 수정하여 exception 핸들링 하기

부트로더의 exception vector table을 어떤 전략으로 수정할지는 앞 절에서 모두 설명했다. 그러므로 이번 절에서는 u-boot에서 exception vector table의 위치를 찾아서 필요한 부분만 수정하고 바로 에뮬레이터에서 실행하여 결과를 확인해 보겠다.

이지부트와 달리 u-boot는 소스의 분량이 많고 파일도 많고 내용도 복잡하다. 하지만 걱정하지 않아도 된다. 어떤 파일을 고쳐야 할지는 다 찾아 아래에 설명해 두었다. 수정해야 할 파일은 gumstix_uboot/cpu/pxa/start.S다. 파일을 열어 보면 위쪽에 주석이 달려 있고, 왠지 익숙한 코드가 이어서 나온다.

gumstix_uboot/cpu/pxa/start.S
```
#include <config.h>
#include <version.h>

.globl _start
_start: b       reset
        ldr pc, _undefined_instruction
        ldr pc, _software_interrupt
        ldr pc, _prefetch_abort
        ldr pc, _data_abort
        ldr pc, _not_used
        ldr pc, _irq
        ldr pc, _fiq

_undefined_instruction: .word undefined_instruction
_software_interrupt:    .word software_interrupt
_prefetch_abort:        .word prefetch_abort
_data_abort:            .word data_abort
_not_used:              .word not_used
_irq:                   .word irq
_fiq:                   .word fiq
```

이지부트와 다른 방식이긴 하지만 역시 브렌치 명령으로 구성된 일반적인 형태의 exception vector table이다. 앞 장에서 설명한대로 software_interrupt 레이블과 irq 레이블을 찾아가자. start.S 파일의 아래쪽으로 내려가다 보면 아래와 같은 코드가 나온다.

gumstix_uboot/cpu/pxa/start.S
```
        .align  5
undefined_instruction:
        get_bad_stack
```

```
        bad_save_user_regs
        bl  do_undefined_instruction
        .align   5
software_interrupt:
    get_bad_stack
    bad_save_user_regs
    bl  do_software_interrupt
        :
    (중략)
        :
#ifdef CONFIG_USE_IRQ
    .align   5
irq:
    get_irq_stack
    irq_save_user_regs
    bl  do_irq
    irq_restore_user_regs
        :
    (중략)
        :
#else
    .align   5
irq:
    get_bad_stack
    bad_save_user_regs
    bl  do_irq
        :
    (중략)
        :
#endif
```

이지부트에 비해 훨씬 길고 복잡해 보인다. 하지만 별로 신경 쓸 것은 없다. 우리는 오로지 software_intrrupt와 irq 레이블만 수정하면 된다. 아래와 같이 수정한다.

```
gumstix_uboot/cpu/pxa/start.S
```
```
software_interrupt:
    ldr pc, =0xa0008008
        :
    (중략)
        :
irq:
    ldr pc, =0xa000800c
        :
    (중략)
        :
irq:
    ldr pc, =0xa000800c
```

irq 레이블이 두 번 나오는 이유는, u-boot의 소스코드에서 #ifdef CONFIG_

USE_IRQ를 사용하여, 프리 프로세서가 두 코드를 분리하기 때문이다. u-boot 소스를 진지하게 분석하지 않은 상태에서 일단 필요한 부분을 수정해야 하기 때문에 두 irq 레이블을 모두 수정한다.

수정했으면 u-boot를 다시 빌드하자.

```
$ make distclean
$ make gumstix_config
$ make all
```

그리고 2장에서 만들어 두었던 navilnuximg 디렉터리에 u-boot.bin 파일을 복사하자. 마찬가지로 앞 절에서 만든 navilnux_gum_img 파일도 navilnuximg 디렉터리에 복사하자. 이 책의 웹사이트에 올라가 있는 압축 파일을 기준으로 명령을 입력하면 아래와 같다.

```
$ cd chap4
$ cp navilnux_gum_img ../navilnuximg
$ cd ../gumstix_uboot
$ cp u-boot.bin ../navilnuximg
```

그리고 2장에서 만들었던 start.sh를 실행하자. 그러면 자동으로 uImage를 만들고 램 디스크 이미지를 생성한 다음, 이어서 플래시 이미지 파일을 생성하여 qemu 에뮬레이터가 작동할 것이다. 결과는 아래와 같다.

```
        :
      (전략)
## Booting image at a2000000 ...
   Image Name:   Navilnux 0.0.0.1
   Image Type:   ARM Linux Kernel Image (uncompressed)
   Data Size:    7212 Bytes =  7 kB
   Load Address: a0008000
   Entry Point:  a0008000
OK

Starting kernel ...

system call 0
```

실행 결과는 이지보드에서 테스트 했을 때와 완전히 같다. 간혹 위 메시지가 출력된 다음 잘못된 주소에 접근했다는 에러 메시지를 출력하면서 qemu가 종료되는 경우도 있는데, 그것은 나빌눅스 커널이 무한루프를 돌지 않고 그냥 종료하기 때문에 프로그램 카운터(pc)가 이상한 주소에 접근해서 발생하는 오류다. 물론 이후에 계속 만들어 나갈 나빌눅스 커널은 무한루프를 돌 것이고 에러 메시지도 출력되지 않는다.

4.5 정리

4장에서는 ARM 프로세서의 exception vector table을 수정해서 나빌눅스 커널에 있는 핸들러로 진행 흐름을 옮겨 보았다. 그렇게 하기 위해서 부트로더에 작성되어 있는 exception vector table의 소스코드를 수정했는데, 부트로더의 수정 사항을 최소한으로 줄이기 위해서 나빌눅스 커널에서 두 번 점프하도록 간접 지정했다. 그렇게 부트로더와 커널 코드를 수정한 다음 테스트하니 잘 작동하는 것을 확인할 수 있었다.

이것은 에뮬레이터 환경에서도 동일하게 적용된다. 그러므로 에뮬레이터 환경에서 실습하는 독자들도 반드시 이지보드에서 실습하는 내용을 읽어본 뒤, 에뮬레이터 환경에서 실습하는 부분을 따라 하기 바란다.

다음 장에서는 Software Interrupt 핸들러를 구현하겠다. 시스템 콜 번호를 제대로 넘기고 Software Interrupt 핸들러로 진입했다가 복구하는 코드를 작성할 것이다.

5장

Learning Embedded OS

Software Interrupt Handler 구현하기

5.1 스택을 이용한 ISR과 태스크 간의 컨텍스트 스위칭

4장에서 부트로더의 exception vector table을 수정하여 ARM 코어에서 발생하는 exception 중 Software Interrupt Exception과 IRQ exception의 핸들러를 커널 안쪽에 위치시키는 데 성공했다. Software Interrupt Exception과 IRQ exception은 둘 다 인터럽트다. Software Interrupt Exception은 말 그대로 소프트웨어 적으로 발생하는 인터럽트고, IRQ exception은 하드웨어 적으로 발생하는 인터럽트다. 인터럽트기 때문에 이 둘은 핸들러로 진입하여 인터럽트 관련 내용을 처리한 후 인터럽트가 발생하기 직전 상황으로 되돌아와야 한다.

5.1.1 ISR

인터럽트가 발생하면 인터럽트 핸들러로 진입하여 인터럽트를 처리하고 다시 인터럽트 발생 전으로 되돌아가는데, 이 과정을 보통 ISR(Interrupt Service Routine)이라고 부른다. ISR에 진입해서 일련의 코드를 수행한 다음 ISR에 진입하기 전으로 되돌아가기 위해서는 ISR에 진입하기 전 상황이 어딘가에 저장되어 있어야 한다. 그래야만 저장된 정보를 바탕으로 인터럽트 직전으로 되돌아갈 수 있다.

인터럽트라는 것은 말 그대로 '끼어들기'이기 때문에 인터럽트로 인해서 원래 수행되던 코드의 진행 흐름에 변화가 생겨서는 안 된다. A → B → C → D 순으로 진행되는 프로그램에서 B까지 수행한 후 인터럽트가 발생했으면, ISR에 들어갔다 나온 후에는 반드시 정상적으로 C가 수행되어야 한다. 어떤 이유에서든 B가 다시 수행되거나 D가 수행되어서는 안 된다.

즉, 프로세서가 어떤 흐름에 따라서 순차적으로 명령을 수행하다가 인터럽트가 발생하면 ISR에 진입한다. ISR에 진입할 때 프로세서의 순차적인 흐름이 끊기고 메모리의 다른 위치(ISR의 코드가 있는 위치)에서 새로운 흐름으로 명령이 수행된다. 그리고 ISR의 명령이 모두 수행되고 나면 다시 원래의 흐름으로 돌아간다.

위에서 말한 순차적인 명령의 흐름을 컨텍스트라고 하고, ISR에 진입하면서 새로운 컨텍스트로 진입하였으므로 컨텍스트를 전환한다고 한다. 그리고 ISR에 대한 처리가 다 끝나면 ISR에 들어오기 직전 컨텍스트로 다시 되돌아가야 하므로 역시 컨텍스트 전환이 일어난다. 이러한 과정을 컨텍스트 스위칭(Context Switching)이라고 한다.

5.1.2 태스크-ISR 간 컨텍스트 스위칭

컨텍스트 스위칭은 흔히 멀티태스킹 운영체제에서 태스크 사이를 전환할 때 많이 사용하는 용어다. 물론 나빌눅스에서도 이후에 사용자 태스크 간에 멀티태스킹을 작동시키기 위해 컨텍스트 스위칭을 구현할 것이다. 하지만 비단 태스크 전환뿐만 아니라 싱글태스크 펌웨어에서 싱글태스크와 ISR 간에 흐름 전환 역시 일종의 컨텍스트 스위칭이라고 볼 수 있다.

앞에서 컨텍스트라는 것을 명령의 순차적인 흐름이라고 설명했다. 사실 그것은 정확한 설명이 아니다. 좀더 정확히는 프로세서가 현재 가지고 있는 값이라고 말할 수 있다. 프로세서가 가지고 있는 값이란 바로 프로세서가 가지고 있는 레지스터의 값을 말한다. 프로세서에서 작동하는 프로그램(태스크)은 모두 프로세서에 있는 레지스터를 공유한다. 그러므로 태스크를 전환하거나 태스크에서 ISR에 진입했다가 복귀할 때 모두 프로세서의 레지스터를 백업했다가 복구하는 작업을 해주어야 한다.

사용자 태스크 사이의 컨텍스트 스위칭을 구현할 때는 해당 태스크의 컨텍스트를 별도의 자료 구조에 저장한다. 하지만 지금 구현할 태스크-ISR 간 전환에서는 아직 태스크가 하나뿐이므로 별도의 자료구조를 사용할 필요가 없다. 따라서 일종의 커널 스택이라고 볼 수 있는 SVC 모드의 스택을 사용한다.

여기서 구현할 태스크-ISR 간 컨텍스트 스위칭 전략은 다음과 같다.

- ARM 코어의 데이터 레지스터를 스택에 쓴다.

- 현재 프로세서 모드의 spsr을 스택에 쓴다.
- 실제 ISR 코드를 수행한다.
- 스택에 백업했던 spsr의 값을 spsr에 복구한다.
- 스택에 백업했던 데이터 레지스터 값을 ARM 코어에 복구한다.

ARM뿐만 아니라 x86이나 MIPS 등 범용으로 많이 사용되는 마이크로 프로세서에는 모두 내부에서 사용하는 레지스터 집합이 있다. 프로세서가 메모리의 데이터를 읽고 쓴다고 표현하지만, 내부적으로는 레지스터로 데이터를 가져와서 처리한다. 즉 메모리의 데이터를 읽어서 레지스터에 쓰고, 레지스터에 있는 값을 연산해서 다시 레지스터에 쓰고, 그 값을 비로소 메모리에 쓰는 것이다.

즉, 프로세서에 있는 레지스터의 내용을 고스란히 메모리 어딘가에 백업했다가 어떤 작업을 수행한 후, 백업했던 레지스터의 내용을 원래대로 해당 레지스터로 복구한다면 바로 직전에 수행했던 작업을 무리없이 그대로 수행할 수 있는 것이다.

프로세서가 메모리에 직접 접근하지 않는 이유

프로세서는 레지스터를 통해 메모리에 접근한다. 더 정확히 말하자면 프로세서(CPU)의 누산기(ALU)는 레지스터를 통해 데이터를 처리한다. 이유는 메모리의 처리 속도가 레지스터보다 아주 많이 느리기 때문이다.

일단 컴퓨터 케이스를 열고 프로세서(CPU)와 메모리가 얼마나 떨어져 있는지 보자. 배선 길이만 봐도 10센티미터 이상 떨어져 있다. 즉 메모리에서 데이터를 가져와서 CPU로 전송하기 위해서는 이 배선을 따라 전자가 움직여야 한다. 빛의 속도로 움직이는 전자라지만 CPU의 클럭이 수 GHz에 이르는 세상에서는 10센티미터라도 엄청나게 먼 거리다. 전자가 배선을 지나가는 속도는 데이터 처리 속도에서 치명적인 문제가 된다. 반면에 레지스터는 CPU 코어 안에 있기 때문에 배선 길이가 몇 마이크로미터 혹은 몇 나노미터다.

또한 데이터 처리 속도를 보면, 레지스터는 CPU 클럭 속도(수 GHz)로 동작하고 메모리는 메모리 클럭 속도 (수백 MHz)로 동작한다. 동작 속도로도 메모리가 레지스터를 따라올 수 없는 것이다. 그래서 현존하는 대부분의 프로세서는 프로세서 안에 레지스터를 두고, 프로세서의 누산기(ALU)는 레지스터를 통해서만 데이터를 처리한다. 여기에 별도의 처리 과정을 거쳐 레지스터와 메모리가 데이터를 주고 받는다. 이렇게 하는 편이 직접 메모리에 접근하는 것보다 훨씬 빠르다.

5.2 ARM 프로세서의 레지스터

ARM에는 범용 레지스터라고 부르는 레지스터 집합이 있다. 레지스터에는 r0, r1, r2, r3과 같이 r(register)과 숫자를 사용해 이름을 붙여 놓았다. ARM의 레지스터는 한 번에 최대 18개까지(r0부터 r15까지 16개와 cpsr, spsr) 사용할 수 있다. 모든 레지스터의 크기는 32비트다.

ARM에는 프로세서 동작 모드마다 별도의 레지스터가 존재하고, 일부 레지스터는 각 동작 모드에 따라 공유하기도 한다.

그림 5-1은 ARM 프로세서가 가지고 있는 레지스터를 모두 그린 것이다. 원래는 그림 5-1처럼 레지스터가 전부 37개지만, 프로세서 동작 모드별로 활성화 되는 레지스터는 최대 18개뿐이다.

예를 들어, USER 모드에서 SVC 모드로 진입한다면 USER 모드의 스택 포인터 (sp), 링크 레지스터(lr)의 값과 SVC 모드의 스택 포인터, 링크 레지스터의 값은 서로 다르다. 하지만 r0~r12까지의 데이터 레지스터 값은 USER 모드의 값과 SVC 모드의 값이 같다. 레지스터를 공유하기 때문이다.

그림 5-1 ARM 프로세서의 레지스터 세트

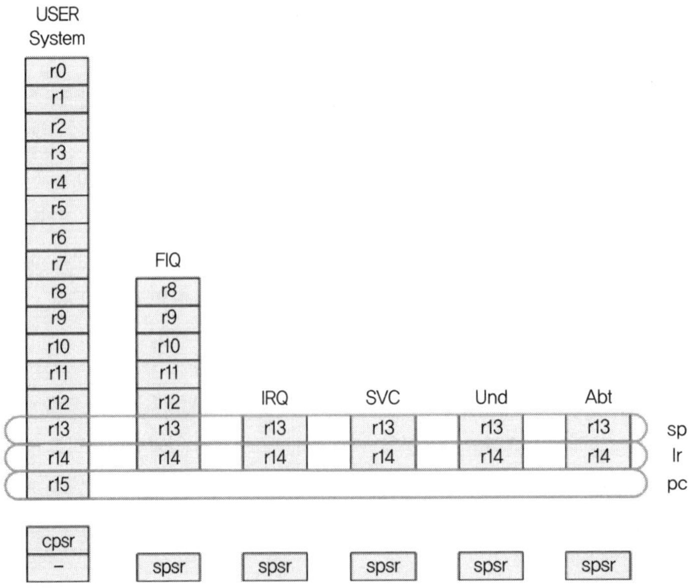

FIQ 모드에는 인터럽트 처리를 빨리하기 위해 r8~r12까지의 데이터 레지스터가 별도로 존재한다. 그러므로 USER 모드에서 FIQ 모드로 진입한다면 r0~r7 레지스터의 값은 공유하고 r8~r12 레지스터의 값은 서로 별개로 존재한다. 위에서 설명했듯이 ISR에 진입한 뒤에는 정상적인 컨텍스트 복구를 위해서 레지스터를 백업한다. IRQ 모드에서는 별도의 데이터 레지스터가 없으므로 r0~r14까지를 모두 백업해야 하지만 FIQ 모드에서는 r0~r7, r13, 14 정도만 백업하면 된다. 사람 입장에서는 거의 인지하지 못하겠지만 시스템의 사용 목적에 따라서는 레지스터 다섯 개를 백업할 시간을 아끼는 것이 매우 큰 의미일 수도 있다.

프로세서 동작 모드마다 r13(sp) 레지스터와 r14(lr) 레지스터는 각각 독립적이다. r13과 r14 레지스터는 특수 목적 레지스터로서 각각 스택 포인터(sp), 링크 레지스터(lr)라고 부른다. 또한 spsr이라는 레지스터도 독립적으로 존재한다.

5.2.1 스택 포인터

sp는 Stack Pointer의 약자로 현재 태스크가 사용 중인 스택의 시작 주소를 가리킨다. 프로세서 동작 모드 별로 각기 다른 exception handler가 존재하는데, exception handler는 서로 다른 서브 루틴들이므로, 메모리 영역이 침범되어서는 안 된다. 그렇기 때문에 프로세서 모드마다 서로 독립된 스택 포인터(sp) 레지스터를 가지고서 서로 침범하지 않는 스택 시작 주소를 할당받아 메모리를 사용해야 한다. 이와 같은 작업은 개발자가 프로그램을 개발할 때 조정해야만 한다.

5.2.2 링크 레지스터

lr은 Link Regsiter의 약자로, 돌아가야 할 주소(return address)를 가지고 있다. 그래서 bl 명령을 사용하여 서브 루틴으로 흐름이 이동할 때 ARM은 자동으로 링크 레지스터(lr)에 프로그램 카운터(pc)를 저장하여 돌아올 주소를 유지한다. 또한 4장에서 설명했듯이 exception이 발생하여 프로세서 동작 모드가 변하게 되어도, 바뀌게 될 링크 레지스터(lr)에 프로그램 카운터(pc)가 저장되므로, exception이 모두 처리된 후 복귀할 때 이전 모드에서의 명령어 처리 위치를 유지할 수 있다.

5.2.3 spsr

spsr은 Saved Program Status Register의 약자로 4장에서 exception 발생시 ARM 코어가 자동으로 수행하는 동작을 설명할 때 잠깐 언급했다. ARM은 현재 프로세서의 상태를 cpsr(Current Program Status Register)에 항상 저장하고 있다. 프로세서 동작 모드가 변하면 추후 복귀하기 위해서 프로세서 동작 모드가 변하기 전의 cpsr을 백업해야 한다. 이렇게 cpsr을 백업하기 위해 각 프로세서 동작 모드마다 spsr이 존재하며, ARM은 exception이 발생했을 때 자동으로 cpsr을 spsr에 백업한다. exception 처리가 끝나고 복귀할 때는 spsr의 값을 cpsr에 써주면 된다.

ARM의 레지스터 구성과 동작을 알았으니 앞 절에서 설명한 태스크-ISR 간 컨텍스트 스위칭 전략의 처음과 끝 단계를 좀더 구체적으로 서술할 수 있다.

- r0 ~ r14까지의 레지스터를 스택에 백업한다.
- 현재 프로세서 모드의 spsr을 스택에 쓴다.
- 실제 ISR 코드를 수행한다.
- 스택의 처음 4바이트에 존재하는 값을 spsr에 쓴다.
- 이후 4바이트씩 스택을 읽어 가면서 r0부터 r14에 스택의 값을 쓴다.

5.3 실습 : Software Interrupt Handling

앞 절에서는 ARM의 레지스터와 스택 포인터(sp), 링크 레지스터(lr), 프로그램 카운터(pc) 레지스터가 하는 일을 간단히 설명했다. 이번 절에서는 이와 같은 지식들을 바탕으로 태스크-ISR 간 컨텍스트 스위칭을 구현함으로써 4장에서 구현했던 Software Interrupt가 제대로 작동하는 것을 확인해 볼 것이다.

5.3.1 실제 프로그램은 레지스터들을 어떻게 사용하는가

본격적인 실습에 앞서 실제 프로그램 상에서 레지스터들을 어떻게 사용하는지 살펴보자.

```
void myfunc(int a, int b)
{
    int c;
    int d;

    c = a + b;
    d = c -1;

    printf("%d, %d", c,d);
}

int main(void)
```

```
{
    myfunc(3,4);
    return 0;
}
```

위의 코드 조각을 컴파일해서 arm-linux-objdump로 역어셈블하면 아래와 같은 코드를 볼 수 있다. 다시 말하지만 일반 PC에서는 리눅스 실행 파일을 objdump 명령으로 역어셈블하여 x86 프로세서에 맞는 어셈블리 코드를 볼 수 있다.

```
a0009a94 <myfunc>:
a0009a94:     e0803001      add     r3, r0, r1
a0009a98:     e59f0008      ldr     r0, [pc, #8]    ; a0009aa8 <myfunc+0x14>
a0009a9c:     e2432001      sub     r2, r3, #1      ; 0x1
a0009aa0:     e1a01003      mov     r1, r3
a0009aa4:     eafffbfb      b       a0008a98 <printf>
a0009aa8:     a0009b50      andge   r9, r0, r0, asr fp

a0009aac <main>:
a0009aac:     e52de004      str     lr, [sp, -#4]!
a0009ab0:     e3a00003      mov     r0, #3          ; 0x3
a0009ab4:     e3a01004      mov     r1, #4          ; 0x4
a0009ab8:     ebfffff5      bl      a0009a94 <myfunc>
a0009abc:     e3a00000      mov     r0, #0          ; 0x0
a0009ac0:     e49df004      ldr     pc, [sp], #4
```

myfunc( ) 함수의 매개변수는 두 개다. 위에서 설명했듯이 매개변수가 우선이고 그 다음 로컬 변수 순서로 r0부터 레이블이 사용된다. 아래쪽에 보면 r0에 3을, r1에 4를 넣는 명령이 보인다. 그리고 myfunc( ) 함수를 호출한다.

```
a0009ab0:     e3a00003      mov     r0, #3          ; 0x3
a0009ab4:     e3a01004      mov     r1, #4          ; 0x4
a0009ab8:     ebfffff5      bl      a0009a94 <myfunc>
```

위의 세 줄은 아래의 C 명령을 어셈블리로 바꾼 것이다.

```
myfunc(3,4);
```

다시 myfunc( ) 함수의 어셈블리 코드를 보면 r0과 r1을 더해서 r3에 넣고, r3에서 1을 빼서 r2에 넣는다. 즉, 변수 c가 r3으로, 변수 d가 r2로 사용되는 것이다. 함수의 구조와 내용에 따라서 r0~r12 중 일부만 사용할 수도 있고 전부 사용할 수도 있다. 그리고 r13(sp)은 현재 작동 중인 프로세스의 스택 주소를 항상 유지하고 있다. r14(lr)는 현재 함수가 끝났을 때 돌아가야 할 주소를 가지고 있다. ARM은 프로세서 동작 모드가 변할 때 cpsr을 해당 모드의 spsr에 자동으로 복사한다고 앞에서 설명했다. 더불어 이전 프로세서 모드의 프로그램 카운터(pc)는 바뀔 모드의 링크 레지스터(lr)에 자동으로 복사된다.

정리하면, 프로세서 동작 모드가 바뀔 때 r0부터 r14까지를 스택에 백업하고 ISR에 들어갔다가, ISR을 나와서 다시 r0~r13을 그대로 해당 레지스터에 복구하고 r14(lr)를 r15(pc)로 복구하면 ISR에 진입하기 이전의 상태로 돌아갈 수 있다. 물론 spsr은 스택에 백업되었다가 그대로 spsr에 복구된다.

5.3.2 테스크-ISR 간 컨텍스트 스위칭 코드 구현

그럼 위에서 설명한대로 나빌눅스의 소스코드를 수정해 보자. 수정해야 할 파일은 entry.S다.

`chap5/entry.S`
```
.globl _ram_entry
_ram_entry:
    bl      main
    b       _ram_entry
    b       navilnux_swiHandler
    b       navilnux_irqHandler

.global navilnux_swiHandler
navilnux_swiHandler:
    stmfd   sp!,{r0-r12,r14}
    mrs     r1,spsr
    stmfd   sp!,{r1}
    bl      swiHandler
    ldmfd   sp!,{r1}
    msr     spsr_cxsf,r1
    ldmfd   sp!,{r0-r12,pc}^

.global navilnux_irqHandler
navilnux_irqHandler:
    bl      irqHandler
```

중요한 부분은 navilnux_swiHandler 레이블이다. 실제로는 몇 줄 되지 않는 코드이지만 위에서 설명한 모든 내용이 전부 다 들어가 있다. 한 줄씩 따라가 보자.

`chap5/entry.S`
```
    stmfd   sp!,{r0-r12,r14}
```

stmfd는 STore Multi Full Descending의 약자이며 다중 레지스터 전송 명령어를 사용하는 스택 명령어다. 아래로 자라는 스택(높은 메모리 주소부터 낮은 메모리 주소로 스택이 증가)을 구현할 때 사용한다. 즉, 스택 포인터의 메모리 주소는 계속 감소시키면서 해당 메모리 주소에 r0부터 r12까지 순서대로 레지스터의 값을 쓰고 그 다음 위치에 r14 레지스터의 값을 쓴다. r13의 값은 stmfd 명령의 주소 인덱스로 스택 포인터(sp) 레지스터를 사용하기 때문에 굳이 백업하지 않아도 자연스레 복구된다.

chap5/entry.S
```
    mrs     r1,spsr
    stmfd   sp!,{r1}
```

mrs 명령은 Move to Register from Status register의 약자다. 말 그대로 상태 레지스터의 값을 레지스터로 복사하는 명령이다. ARM에서는 상태 레지스터를 메모리 접근 명령의 인자로 직접 사용할 수 없고, 이렇게 상태 레지스터의 값을 데이터 레지스터에 복사한 다음 메모리에 써야 한다. 그러므로 위 두 줄의 명령은 spsr의 값을 r1 레지스터에 복사한 다음 그 값을 그대로 스택의 다음 칸에 써넣는다.

chap5/entry.S
```
    bl      swiHandler
```

navilnux.c 파일에 있는 swiHandler( ) 함수로 실행 흐름을 분기하는 코드다. 이렇게 함으로써 실제 동작하는 exception handler 코드를 우리에게 익숙한 C 언어로 작성할 수 있다.

chap5/entry.S
```
    ldmfd   sp!,{r1}
    msr     spsr_cxsf,r1
```

스택은 LIFO(Last In First Out) 방식이다. 그러므로 가장 나중에 스택에 들어간 값이 가장 먼저 나온다. 가장 나중에 스택에 들어간 값은 spsr 값이었다. 상태 레지스터는 메모리 접근 명령어의 인자로 직접 사용할 수 없고, 일단 데이터 레지스터에 값을 넣은 다음 사용해야 한다고 했다. 그러므로 메모리에서 읽는 작업 역시 메모리에서 직접 spsr 레지스터에 값을 쓰지 못하고, 일단 r1 레지스터에 값을 넣은 다음 msr 명령으로 spsr 레지스터에 값을 쓴다. msr 명령은 Move Status register from Register의 약자다. 데이터 레지스터의 값을 받아서 상태 레지스터에 값을 쓰는 것이다. spsr 뒤에 붙은 _cxsf는 상태 레지스터를 구분하는 네 가지 영역(Flag, Status, eXtension, Control)에 모두 값을 반영한다는 의미다. 이렇게 두 줄의 명령으로 spsr을 복구했다.

```
chap5/entry.S
    ldmfd    sp!,{r0-r12,pc}^
```

ldmfd는 Load Multi Full Descending의 약자다. Full Descending 스택에서 팝을 할 때 사용한다. 그러므로 스택 포인터는 위로 올라간다(즉, 값이 증가한다). r0부터 r12까지의 값은 r0부터 r12까지 순서대로 복구되고, r14(lr)의 값은 프로그램 카운터(pc)로 복구된다. 즉 ISR에 진입하기 전 컨텍스트의 링크 레지스터(lr)가 프로그램 카운터(pc)에 들어가므로 ISR에 진입하기 직전 명령어로 복귀할 것이다. 맨 뒤의 기호(^)는 ARM 어셈블리의 주소지정 방식으로, 메모리에 있는 데이터를 레지스터에 복구하고, 프로그램 카운터(pc)에 들어있는 값으로 자동 분기하면서, 동시에 spsr의 값을 cpsr에 복사한다. 그래서 위 한 줄이 실행되면 인터럽트가 발생하기 직전 상황으로 완벽하게 복구된다.

그림 5-2 태스크-ISR 간 컨텍스트 스위칭

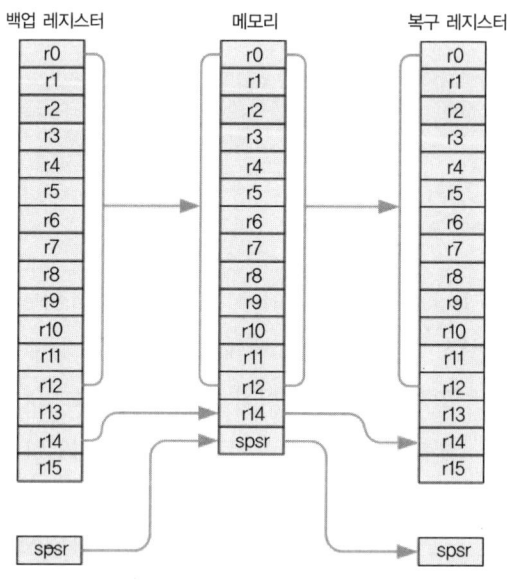

이후에 구현할 사용자 태스크 간 컨텍스트 스위칭에서도 같은 원리가 적용된다. 컨텍스트 스위칭의 핵심은 현재 상태의 레지스터들을 온전히 백업하고, 백업했던 레지스터들을 온전히 복구하는 것이다. 그림 5-2는 위에서 설명한 태스크-ISR 간 컨텍스트 스위칭을 그림으로 표현한 것이다.

5.3.3 main 함수의 수정

작동 중인 태스크에서 ISR에 진입했다가 태스크로 돌아오는 코드를 작성했으므로 나빌눅스의 main( ) 함수에서 무한루프를 돌 수 있다. navilnux.c의 main( ) 함수를 아래와 같이 수정한다.

```
chap5/navilnux.c
int main(void)
{
    while(1){
        __asm__("swi 77");
        msleep(1000);
    }

    return 0;
}
```

소스 파일을 추가하거나 파일 명을 바꾸지 않았으므로 Makefile은 수정하지 않는다. 그대로 make를 실행하면 이지보드용 이미지(navilnux_img)와 에뮬레이터용 이미지(navilnux_gum_img)가 생성된다. 에뮬레이터와 이지보드의 소스 파일은 같다. 에뮬레이터에서 실습하는 독자는 navilnux_gum_img를 navilnuximg 디렉터리에 복사하고 start.sh를 실행해서 에뮬레이터 결과 화면을 보고, 이지보드에서 실습하는 독자는 minicom을 통해 navilnux_img 커널 이미지를 이지보드에 다운로드해서 결과를 확인하자. 아래와 같은 결과가 나온다.

```
system call 0
system call 0
system call 0
system call 0
system call 0
system call 0
system call 0
system call 0
system call 0
system call 0
system call 0
```

```
system call 0
    :
    :
```

무한루프가 도는 것을 확인할 수 있다. 하지만 위의 결과는 우리가 원하는 결과가 아니다. 우리는 분명히 소프트웨어 인터럽트 번호를 77이라고 했다(swi 77). 그런데 0이 출력되는 것을 보니, ISR로 넘어가는 매개변수의 값이 정확하지 않음을 알 수 있다. 이것을 고쳐보자.

5.3.4 시스템 콜 번호의 추출

swiHandler( ) 함수는 int형의 syscallnum이라는 값을 매개변수로 받는다. 어셈블리 코드에서 이 매개변수를 넘기려면 어떻게 해야 할까. 위에서 C 코드가 역어셈블되는 결과를 설명할 때 잠깐 언급했는데, 매개변수는 r0, r1, r2, r3에 순서대로 실려서 전달된다. 그러므로 bl swiHandler 명령이 실행되기 전에 r0에 77이라는 값을 넣어주면 된다.

그렇다면 77이라는 값은 어떻게 찾아낼 수 있을까. 그것은 ARM이 프로그램 카운터(pc) 값을 증가시키는 원리와 exception 발생에 따라 프로그램 카운터(pc)를 링크 레지스터(lr)에 복사한다는 사실을 알면 해결할 수 있다. ARM은 현재 실행될 명령어(1 워드)를 읽은 다음, 프로그램 카운터(pc)를 1 워드(PXA255에서는 4바이트)만큼 자동으로 증가시킨다. 즉, 지금 명령이 실행되고 있으면 프로그램 카운터(pc)는 항상 그 다음 명령을 가리키고 있다는 뜻이다. 위에서 설명했듯이 swi 77로 소프트웨어 인터럽트를 발생시키면 프로그램 카운터(pc)는 SVC 모드의 링크 레지스터(lr)에 복사된다. 그러면 링크 레지스터(lr)에는 swi 77의 바로 아래 줄에 있는 어셈블리 명령어의 주소가 들어가게 된다. 이 링크 레지스터(lr)에서 4를 빼면 swi 77에 해당하는 주소가 나온다. 이 주소의 값을 읽어서 77에 해당하는 값을 추출하면 된다.

swi 명령은 네 바이트 중 최상위 한 바이트를 차지하고 나머지 세 바이트는 인자로 넘어오는 숫자 값이다. swi 77 어셈블리 명령을 기계어로 쓰면 ef00004d이다. 0xef가 swi 명령에 해당하는 기계어고 이후 0x00004d(십진수로 77)가 매개변수로 넘어간다. 어셈블리 코드에서 뒤의 세 바이트를 마스킹하여 r0에 넣은 다음 swiHandler( ) 함수로 분기하면 시스템 콜 번호를 가져오리라 예상할 수 있다. 나빌눅스 커널의 entry.S를 아래와 같이 수정한다.

```
chap5/entry.S
.globl _ram_entry
_ram_entry:
    bl      main
    b       _ram_entry
    b       navilnux_swiHandler
    b       navilnux_irqHandler

.global navilnux_swiHandler
navilnux_swiHandler:
    stmfd   sp!,{r0-r12,r14}
    mrs     r1,spsr
    stmfd   sp!,{r1}
    ldr     r10,[lr,#-4]
    bic     r10,r10,#0xff000000
    mov     r0,r10
    bl      swiHandler
    ldmfd   sp!,{r1}
    msr     spsr_cxsf,r1
    ldmfd   sp!,{r0-r12,pc}^

.global navilnux_irqHandler
navilnux_irqHandler:
    bl      irqHandler
```

직전에 수정했던 소스코드에 세 줄이 더 추가되었다. 링크 레지스터(lr)에서 4를 뺀 값을 r10에 저장하고 r10에서 하위 3바이트를 마스크하여 다시 r10에 넣고, 그 값을 r0에 복사했다. 앞에서도 반복해서 설명했듯이 r0에 값을 넣고 C 언어 함수로 점프할 때, C 언어 함수에 매개변수가 있으면 컴파일러는 해당 매개변수를 r0부터 순서대로 선택하는 코드를 생성한다.

이제 코딩은 마무리 되었다. 그대로 저장한 후 make를 실행해서 이미지를 생성하자. 에뮬레이터를 작동시킬 독자는 navilnux_gum_img를 navilnuximg에 복사해서 start.sh를 실행하고, 이지보드를 사용하는 독자는 navilnux_img를 플래시에 올려서 부팅하자. 아래와 같은 결과가 나온다.

```
system call 77
system call 77
system call 77
system call 77
system call 77
system call 77
system call 77
system call 77
system call 77
    :
    :
```

우리가 목표로 했던 결과가 나왔다. 이 결과를 응용하려는 독자는 main( ) 함수에서 swi 명령의 인자로 넘어가는 시스템 콜 번호를 바꿔가면서 테스트하면 된다. 바꾼 번호가 제대로 출력되는지를 보는 것도 재미있을 것이다.

5.4 정리

이번 장에서는 4장에서 구현한 exception vector table에서 흐름을 넘겨받아 exception handler가 제대로 작동하게 했다. 나빌눅스에서 처리하는 exception은 Software Interrupt와 IRQ로 둘 다 인터럽트기 때문에 커널에서 처리하는 exception handler는 모두 ISR이다.

ISR은 말 그대로 끼어들어서 서비스를 해주고 다시 복귀해야 하기 때문에 ISR에 진입하고 나서 컨텍스트를 백업하고, ISR를 탈출하기 전에 컨텍스트를 복구해야 한다. 이 작업을 태스크-ISR 간 컨텍스트 스위칭이라고 하였다.

태스크-ISR 간 컨텍스트 스위칭을 구현한 후에는, SWI 명령의 인자로 넘기는 시스템 콜 번호를 추출하기 위해 링크 레지스터(lr)에 저장된 주소 값의 네 바이트 뒤에서 SWI 명령의 기계어 코드를 읽은 후, 네 바이트 중 뒤쪽 세 바이트를 추출하여 시스템 콜 번호를 알아냈다. 그 값을 r0 레지스터에 넘겨 C 언어 코드에서 매개변수로 인식하게 했고, 출력하는데도 성공했다.

이번 장에서 구현한 것은 크게 태스크-ISR 간 컨텍스트 스위칭과 시스템 콜 추출 부분이라고 할 수 있다. 태스크-ISR 간 컨텍스트 스위칭은 이후에 멀티태스킹을 구현하기 위해 사용자 태스크 간 컨텍스트 스위칭을 구현할 때의 기본 지식이고, 시스템 콜 추출 부분은 실제로 시스템 콜 계층을 구현할 때 필요한 지식이다.

다음 장에서는 지금까지 소외되어 있던 IRQ를 사용해 보자.

6장

Learning Embedded OS

IRQ 핸들러 구현 : OS 타이머 이용하기

6.1 PXA255의 인터럽트 컨트롤러 계층

운영체제에서 시간은 몇시 몇분 몇초인지 알려주는 것 이상으로 매우 중요한 역할을 한다. 운영체제는 시간의 흐름과 연동하여 많은 일을 한다. 따라서 운영체제는 시간의 흐름을 정확하게 파악해야 한다. 운영체제에게 시간의 흐름을 주기적으로 알려주는 일은 마이크로 프로세서가 담당한다. 마이크로 프로세서가 1초나 0.1초, 혹은 정해진 시간마다 운영체제에게 일정 시간이 지났음을 알려주어야만, 흘러가는 시간에 맞춰 운영체제가 작동한다.

6.1.1 OS 타이머

프로세서는 타이머를 통해서 운영체제나 프로그램에게 시간의 흐름을 주기적으로 알려준다. 주기적으로 작동한다는 말은 그전에 무엇이 실행 중이건 상관없이 타이머가 작동해야 할 시점엔 작동해야 한다는 것이다. 그래서 타이머는 인터럽트로 구현되어야 한다. 그래야만 다른 프로그램(함수, 태스크)이 작동 중이더라도 중간에 타이머 처리를 하고 다시 작동하던 프로그램으로 돌아갈 수 있다.

타이머 인터럽트는 SWI 명령으로 만들어내는 소프트웨어 인터럽트와 달리 외부 인터럽트의 일종이다. 그래서 IRQ exception이나 FIQ exception으로 처리된다. 나빌눅스에서는 IRQ만 처리하므로 IRQ exception으로 타이머를 구현할 것이다.

많은 MCU가 어떤 형태로든 타이머를 지원한다. MCU의 클록(clock)에 동기시켜 타이머를 발생시키기도 하고, 내부적으로 어떤 처리를 거쳐서 우리에게 익숙한 단위(마이크로 초, 밀리 초, 초 등)로 타이머를 발생시키기도 한다. PXA255는 OS 타이머라는 이름으로 타이머를 지원한다. 이름만 봐도 운영체제에서 사용하는 타이머임을 알 수 있다. 이번 장에서 우리가 사용할 타이머가 바로 이 OS 타이머다.

OS 타이머는 인터럽트로 제공된다. 그렇기 때문에 OS 타이머를 사용하기에 앞서 PXA255에서 제공하는 인터럽트 컨트롤러에 대해 알아야 한다.

6.1.2 인터럽트 컨트롤러 계층

PXA255의 인터럽트 컨트롤러 계층에 관여하는 레지스터는 ICMR, ICLR, ICPR, ICIP, ICFP, ICCR이며, 모두 여섯 개다. 이 레지스터들의 세팅 값을 조합하여 PXA255에서 발생하는 인터럽트를 제어한다. 이 레지스터들이 어떤 식으로 조합되어 작동하는지는 PXA255의 데이터시트에 나와 있다.

아무런 기반 지식이 없는 지금은 그림 6-1을 이해하지 못할 수도 있지만 이 장을 다 읽고 나면 이해할 수 있을 것이다. 현재 그림 6-1에서 알 수 있는 사실은 어찌되었건 최종적으로는 FIQ 아니면 IRQ에 인터럽트가 최종 통지된다는 점이다.

간단하게 그림 6-1을 설명하면, 먼저 PXA255에 인터럽트가 감지되면 해당 인터럽트는 무조건 ICPR(Interrupt Controller Pending Register)에 기록된다. 그런 다음 ICCR(Interrupt Controller Control Register)의 0번 비트(DIM)가 0이고 Idle Mode가 1인 상태이거나, 해당 인터럽트 비트가 ICMR(Interrupt Controller Mask Register)에

그림 6-1 PXA255의 인터럽트 컨트롤러 블록 다이어그램 (출처: PXA255 developers manual)

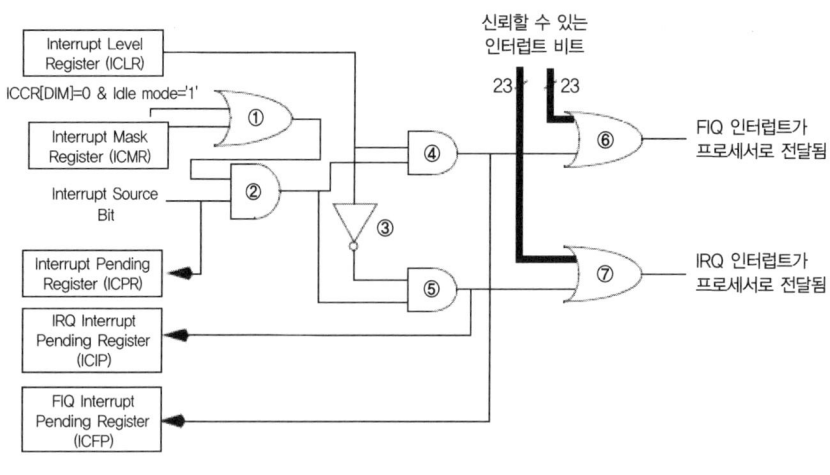

1로 세팅되어 있다면 ①번 OR 게이트를 통과하면서 1이 ②번 AND 게이트에 전달된다. 즉 ICCR의 0번 비트가 0이고 프로세서가 Idle Mode라면 ICMR에 상관없이 모든 인터럽트를 받는다. 프로세서가 Idle Mode일 때에도 ICMR에서 허용하는 인터럽트만 받게 하려면 ICCR의 0번 비트를 1로 하면 된다.

이어서 ②번 AND 게이트를 거쳐야만 ICMR이 진정한 마스크 레지스터(Mask Register)의 역할을 하게 된다. 마스크 레지스터는 일종의 구멍 뚫린 채라고 생각하면 된다. 해당 비트의 값이 1이면 구멍 뚫린 것이고 0이면 구멍이 막힌 것이다. 따라서 ICMR에 1이 세팅되고 ICPR의 동일 비트에 1이 있어야만 ②번 AND 게이트를 통과할 수 있다.

다음 단계로, 이 인터럽트가 IRQ로 인식될지 FIQ로 인식될지를 결정한다. 이것을 결정하는 레지스터가 바로 ICLR(Interrupt Controller Level Register)이다. ICLR의 해당 비트가 0이면 ④번 AND 게이트를 통과하지 못하고 ③번 NOT 게이트를 거쳐 ⑤번 AND 게이트를 통과하므로 인터럽트는 IRQ로 인식되고, 1이면 FIQ로 인식된다. 여기에서 IRQ로 인식되었다면 최종적으로 ICIP(Interrupt Controller IRQ Pending register)에 기록되고, FIQ로 인식되었다면 ICFP(Interrupt Controller FIQ Pending register)에 기록된다.

IRQ나 FIQ에 등록된 후 비로소 프로세서에 인터럽트가 전달되고, IRQ인지 FIQ인지에 따라 exception vector table로 흐름이 넘어간다. 이후로는 4장에서 설명했던 과정을 거쳐서 개발자가 설정한 위치의 핸들러 함수로 진입한다.

6.1.3 ICMR

먼저 ICMR에 대해 알아보자. ICMR은 Interrupt Controller Mask Register의 약자이며 인터럽트를 마스킹하는 레지스터다. ICMR의 각 비트에는 고유의 인터럽트가

그림 6-2 ICMR (출처: PXA255 developers manual)

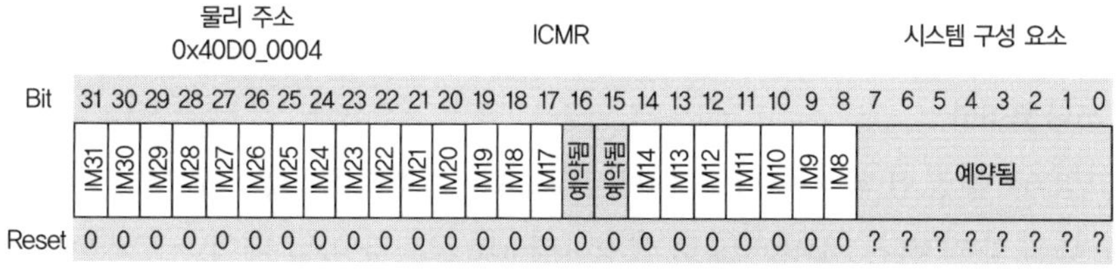

물리 주소 0x40D0_0004	ICMR	시스템 구성 요소

Bit	31	30	29	28	27	26	25	24	23	22	21	20	19	18	17	16	15	14	13	12	11	10	9	8	7	6	5	4	3	2	1	0
	IM31	IM30	IM29	IM28	IM27	IM26	IM25	IM24	IM23	IM22	IM21	IM20	IM19	IM18	IM17	IM16	예약됨	IM14	IM13	IM12	IM11	IM10	IM9	IM8	예약됨							
Reset	0	0	0	0	0	0	0	0	0	0	0	0	0	0	0	0	0	0	0	0	0	0	0	0	?	?	?	?	?	?	?	?

바인딩되어 있고, 해당 비트를 set(값을 1로 바꿈)하면 바인딩되어 있는 인터럽트가 통과된다. 반대로 해당 비트를 0으로 하면 인터럽트가 발생하지 않는다.

ICMR은 8번부터 14번, 17번부터 31번까지 총 스물두 개의 인터럽트를 마스킹 또는 언마스킹 할 수 있다.

6.1.4 ICLR

다음은 ICLR을 보자. ICLR은 Interrupt Controller Level Register의 약자로, 인터럽트를 FIQ로 할지 IRQ로 할지 설정하는 레지스터다. ARM을 코어로 사용하는 MCU들은 대부분 어떤 인터럽트를 IRQ로 발생시키거나 FIQ로 발생시킬 수 있다.

그림 6-3 ICLR   (출처: PXA255 developers manual)

ICLR의 비트 구성은 ICMR과 동일하다. 같은 인터럽트 세트에 대한 설정이기 때문이다. 각 비트를 0으로 설정하면 해당 비트에 바인딩된 인터럽트가 IRQ로 발생하고, 1로 설정하면 FIQ로 발생한다. 나빌눅스는 FIQ를 사용하지 않기 때문에 OS 타이머가 어떤 비트에 바인딩되어 있는지를 알면 해당 비트를 그냥 0으로 설정하면 된다.

6.1.5 ICCR

ICCR은 Interrupt Controller Control Register의 약자로, 프로세서가 Idle 모드가 아닐 때 ICMR의 설정을 무시할지 여부를 결정한다. ICCR에는 설정할 수 있는 비트가 하나뿐이다.

그림 6-4를 보면 최하위 비트인 0번 비트만을 설정할 수 있다. DIM은 Disable Idle Mask의 약자다. DIM을 0으로 설정하면 Idle 모드가 아닐 때에만 ICMR에 1로 설정된 인터럽트를 발생시키고, DIM을 1로 설정하면 Idle 모드일 때에도 ICMR에

그림 6-4 ICCR (출처: PXA255 developers manual)

물리 주소 0x40D0_0014 | ICCR | 시스템 구성 요소

Bit	31	30	29	28	27	26	25	24	23	22	21	20	19	18	17	16	15	14	13	12	11	10	9	8	7	6	5	4	3	2	1	0
	예약됨																															DIM
Reset	?	?	?	?	?	?	?	?	?	?	?	?	?	?	?	?	?	?	?	?	?	?	?	?	?	?	?	?	?	?	?	0

1로 설정된 인터럽트를 발생시킨다.

6.1.6 ICFP, ICIP

이어서 ICFP와 ICIP에 대해 알아보자. ARM은 외부 인터럽트를 FIQ나 IRQ로 받는다. 그러므로 ARM 코어에 도착한 인터럽트가 FIQ인지 IRQ인지 알아낼 방법이 필요하다. 그래서 두 개의 레지스터를 두어 FIQ로 발생한 인터럽트일 경우에는 ICFP에 자동으로 값을 기록하고, IRQ로 발생한 인터럽트일 경우에는 ICIP에 자동으로 값을 기록한다. 그림 6-1을 보면 ICFP와 ICIP는 PXA255의 인터럽트 컨트롤러 계층 중 가장 뒤쪽에 위치한 최종 레지스터다. 즉, 인터럽트가 발생해서 PXA255의 여러 인터럽트 컨트롤러 계층을 거친 다음에는 ICFP와 ICIP 둘 중 하나의 레지스터에 그 기록이 남는다.

그림 6-5 ICFP, ICIP (출처: PXA255 developers manual)

물리 주소 0x40D0_000C | ICFP | 시스템 구성 요소

Bit	31	30	29	28	27	26	25	24	23	22	21	20	19	18	17	16	15	14	13	12	11	10	9	8	7	6	5	4	3	2	1	0
	FP31	FP30	FP29	FP28	FP27	FP26	FP25	FP24	FP23	FP22	FP21	FP20	FP19	FP18	FP17	예약됨	예약됨	FP14	FP13	FP12	FP11	FP10	FP9	FP8	예약됨							
Reset	0	0	0	0	0	0	0	0	0	0	0	0	0	0	0	0	0	0	0	0	0	0	0	0	?	?	?	?	?	?	?	?

물리 주소 0x40D0_0000 | ICLP | 시스템 구성 요소

Bit	31	30	29	28	27	26	25	24	23	22	21	20	19	18	17	16	15	14	13	12	11	10	9	8	7	6	5	4	3	2	1	0
	IP31	IP30	IP29	IP28	IP27	IP26	IP25	IP24	IP23	IP22	IP21	IP20	IP19	IP18	IP17	예약됨	예약됨	IP14	IP13	IP12	IP11	IP10	IP9	IP8	예약됨							
Reset	0	0	0	0	0	0	0	0	0	0	0	0	0	0	0	0	0	0	0	0	0	0	0	0	?	?	?	?	?	?	?	?

나빌눅스는 FIQ를 사용하지 않으므로 ICFP는 그다지 신경 쓰지 않아도 된다. 그리고 ICIP나 ICFP의 구조가 똑같기 때문에 어느 한 쪽의 활용법만 알면 다른 한 쪽의 활용법도 쉽게 알 수 있다. 나중에 IRQ의 ISR에서 ICIP의 비트 값을 읽어서 어떤 IRQ가 발생했는지 구분할 때 ICIP를 활용한다.

6.1.7 ICPR

마지막으로 ICPR이다. ICPR은 Interrupt Controller Pending Register의 약자로, 인터럽트가 발생할 때마다 그 이력을 기록한다. 그림6-1을 보면, 인터럽트가 발생했을 때 ICMR의 마스킹 여부와 상관없이 무조건 ICPR에 먼저 기록된다. 외부 인터럽트를 지원하는 대부분의 MCU는 거의 공통적으로 어떤 형태로든 ICPR을 지원하며 동작도 거의 비슷하다.

그림 6-6 ICPR (출처: PXA255 developers manual)

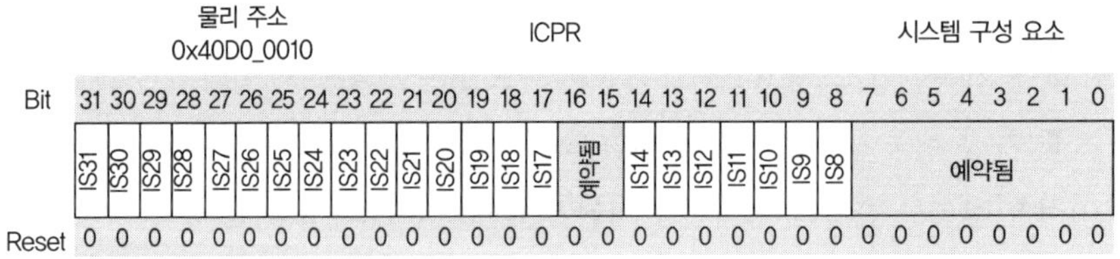

ICMR, ICIP 등과 같은 구조다. 해당 비트에 바인딩된 인터럽트가 발생하면 동시에 ICPR의 비트에 1이 기록된다.

6.1.8 인터럽트의 종류

그렇다면 ICMR, ICIP, ICPR의 22개 비트에 바인딩된 인터럽트에는 어떤 종류가 있는 걸까? 그것을 알아야 어떤 비트를 세팅할지 알 수 있다.

표 6-1에 나온 인터럽트는 22개뿐이지만 실제로 PXA255는 Level2 인터럽트 처리까지 포함하여 모두 179개의 인터럽트를 처리할 수 있다. 다만 이 책의 범위를 넘어서기 때문에 전부 설명하진 않겠다. 나빌눅스를 만드는 데는 표 6-1만으로도 충분하다. 표 6-1에서도 우리가 특별히 관심을 가져야 할 부분은 26번에서 29번까지 OS 타이머에 관련된 부분이다. PXA255는 네 개의 OS 타이머를 제공한다. 정확

표 6-1 PXA255의 인터럽트

비트	인터럽트 소스	설명
31	RTC	알람
30	RTC	TIC 발생
29	OS timer	OS timer 3
28	OS timer	OS timer 2
27	OS timer	OS timer 1
26	OS timer	OS timer 0
25	DMA controller	DMA 채널 서비스 요청
24	Sync Serial Port	SSP 서비스 요청
23	Multi Media Card	MMC 상태/에러 감지
22	FFUART	FFUART 에러, 도착, 제어
21	BTUART	BTUART 에러, 도착, 제어
20	STUART	STUART 에러, 도착, 제어
19	ICP	ICP 에러, 도착, 제어
18	I2C	I2C 서비스 요청
17	LCD controller	LCD 컨트롤러 서비스 요청
16		예약됨
15		예약됨
14	AC97	AC97 인터럽트
13	I2S	I2S 인터럽트
12	Core	PMU 인터럽트
11	USB	USB 인터럽트
10	GPIO	GPIO⟨80-2⟩ edge detect
9	GPIO	GPIO⟨1⟩ edge detect
8	GPIO	GPIO⟨0⟩ edge detect
7	Hardware UART	하드웨어 UART 서비스 요청
6		예약됨
5		예약됨
4		예약됨
3		예약됨
2		예약됨
1		예약됨
0		예약됨

히는 OS timer match register를 네 개 제공하는데, 개념상 OS 타이머가 네 개라고 생각해도 무방하다.

OS 타이머를 구현하는데 필요한 인터럽트 컨트롤러 계층에 대한 내용은 모두 알아보았다. 이제 우리는 네 개의 OS 타이머 중 어떤 것을 사용할지만 결정하면 된다. 단순하게는 첫 번째 OS 타이머인 OS timer 0을 사용해도 되지만, 2장에서 사용했던 msleep( ) 함수가 시간 지연 함수였고, 시간과 관련있는 함수라면 OS 타이머를 사용할 가능성이 높으므로, msleep( ) 함수를 살펴본 뒤 겹치지 않는 OS 타이머를 선택하면 될 것이다.

6.2 msleep( ) 함수 분석

이지부트에서 나빌눅스로 가져온 함수는 printf( )와 msleep( )이다. printf( )는 시리얼 출력과 관련되는 함수로 에뮬레이터에 이식하기 전에 u-boot에서의 설정 차이로 serial.c를 2장에서 수정한 바 있다. msleep( )은 시간 지연 함수이므로 분명 OS 타이머와 관련이 있을 것이다. 일단 time.c 파일을 열어서 msleep( ) 함수의 내용을 보자.

`chap6/time.c`
```
void    msleep(unsigned int msec)
{
        ReloadTimer( 0, msec );
        while( 0 == TimeOverflow(0) );
        FreeTimer( 0 );
}
```

인자로 받은 밀리 초 단위 값을 ReloadTimer( ) 함수에 넘긴 다음, TimerOverflow( ) 함수가 0이 아닌 값을 리턴할 때까지 기다리다가 0이 리턴되면 FreeTimer( ) 함수를 실행한다. 그럼 이제 ReloadTimer( ) 함수가 어떻게 생겼는지 찾아가 보자. msleep( ) 함수 바로 아래에 존재한다.

`chap6/time.c`
```
void    ReloadTimer( unsigned char bTimer, unsigned int msec )
{
        unsigned long reg;

        bTimer &= 0x03;
```

```
        reg = (1<<bTimer);

        OSSR = reg;

        switch( bTimer )
        {
            case 0 : OSMR0 = OSCR + (TICKS_PER_SECOND/1000)*msec; break;
            case 1 : OSMR1 = OSCR + (TICKS_PER_SECOND/1000)*msec; break;
            case 2 : OSMR2 = OSCR + (TICKS_PER_SECOND/1000)*msec; break;
            case 3 : OSMR3 = OSCR + (TICKS_PER_SECOND/1000)*msec; break;
        }

        OIER = OIER | reg;
}
```

매개변수 bTimer가 OS 타이머 넷 중 어떤 것을 쓸지 결정하는 변수다. 그리고 레지스터 이름으로 추정되는 OSSR과 OSCR, OSMR 등을 세팅하고 OIER 같은 레지스터에 어떤 작업을 한 뒤 끝난다. OSSR, OSCR 등의 레지스터가 어떤 역할을 하는지는 다음 절에서 OS 타이머 부분의 레지스터를 설명할 때 명확히 이해할 수 있을 것이다. 지금 그런 것까지 알 필요는 없다. 우리가 알고 싶은 것은 msleep( )이 몇 번째 OS 타이머를 사용하는지 뿐이다.

다시 msleep( ) 함수를 보자. ReloadTimer( ) 함수로 넘기는 첫 번째 인자가 0이다. 즉, msleep( )은 네 개의 OS 타이머 중 첫 번째 타이머(OS Timer 0)를 사용한다. 그러므로 나빌눅스는 두 번째 OS 타이머(OS Timer 1)를 사용하자. 나중에 msleep( ) 함수를 대체할 함수를 만들긴 하겠지만 지금은 일단 충돌을 피해 만드는 편이 좋겠다.

1번 OS 타이머를 사용하기로 결정했다. 그럼 이제 어떤 순서로 작업을 해야 1번 OS 타이머를 사용할 수 있을까. 표 6-1을 보자. ICPR에서 봤을 때 27번 비트가 1번 OS 타이머에 해당하므로 ICMR의 27번 비트를 1로 세팅한다. 그러면 마스크가 풀리면서 1번 OS 타이머 인터럽트는 첫 번째 단계를 통과할 수 있다. 타이머 인터럽트는 IRQ로 발생하기 때문에 ICLR의 27번 비트는 0으로 설정한다. ICCR은 그냥 1이다. 이제, ICIP의 27번 비트가 1인지 검사하면 1번 OS 타이머가 발생했는지 확인할 수 있다.

6.3 PXA255의 OS 타이머 레지스터 계층

인터럽트 컨트롤러 계층에서 OS 타이머에 대한 설정을 마쳤으면 이제 OS 타이머 자체를 설정할 차례다. PXA255에서는 OSMR, OIER, OSCR, OSSR 네 개의 레지스터로 OS 타이머를 설정할 수 있다.

PXA255는 OS 타이머용으로 3.6864MHz의 오실레이터 클록을 입력받는다. 즉 1초에 3,686,400번 뛰는 클록 입력이 OS 타이머용으로 들어온다. 이 숫자는 이후에 Match Register에 대응 값을 써줄 때 마이크로 초, 밀리 초, 초 단위로 OS 타이머를 발생시키기 위해 배수를 결정하는 숫자다.

6.3.1 OSMR

앞 절에서 OS 타이머(좀더 정확히는 Match Register)가 네 개 존재한다고 했다. 이 Match Register가 OSMR이다. OSMR은 OS timer Match Register의 약자 OSMR0, OSMR1, OSMR2, OSMR3이라는 이름으로 모두 네 개가 존재한다. 바로 앞 장에서 보았던 ReloadTimer( ) 함수의 switch-case 구문에도 OSMR이 나온다.

그림 6-7 OSMR (출처: PXA255 developers manual)

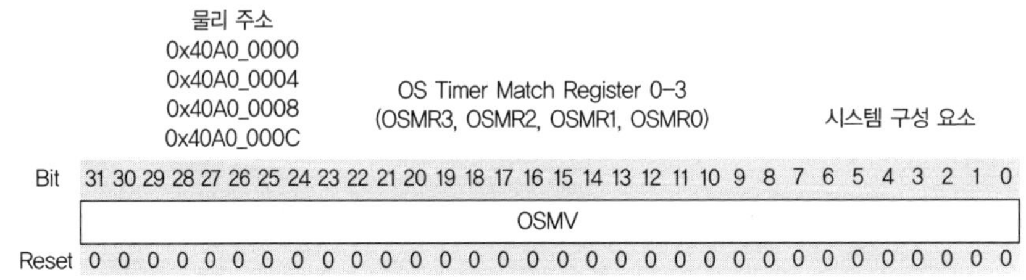

물리 주소
0x40A0_0000
0x40A0_0004
0x40A0_0008
0x40A0_000C

OS Timer Match Register 0-3
(OSMR3, OSMR2, OSMR1, OSMR0)

시스템 구성 요소

Bit 31 30 29 28 27 26 25 24 23 22 21 20 19 18 17 16 15 14 13 12 11 10 9 8 7 6 5 4 3 2 1 0
OSMV
Reset 0 0 0 0 0 0 0 0 0 0 0 0 0 0 0 0 0 0 0 0 0 0 0 0 0 0 0 0 0 0 0 0

OSMR은 다른 레지스터처럼 비트를 세팅하지 않고 32비트의 값을 입력하며, Match Register라는 이름에서도 알 수 있듯이 어떤 값과 같은지(match) 비교하는 데 사용하는 레지스터다. 그 어떤 값이란 뒤에 설명할 OSCR에 설정되는 값이다. 즉 OSMR은 OSCR의 값과 비교하기 위해 미리 정한 값을 저장해 두는 레지스터다. 자세한 작동 방식은 관련 레지스터를 모두 설명한 뒤 코드를 작성하면서 서술하겠다.

6.3.2 OSCR

그렇다면 OSCR은 무엇일까. OSCR은 OS timer Counter Register의 약자로, 무언가를 헤아리는(count) 레지스터다. 이 장 서두에서 OS 타이머는 3.6864MHz의 오실레이터 클록 입력을 받는다고 했다. 이 클록 입력에 맞추어 OSCR의 값이 증가한다. 즉, 처음에 OSCR이 0인 상태에서 1초가 지나면 OSCR의 값이 3686400이 되는 것이다.

그림 6-8 OSCR   (출처: PXA255 developers manual)

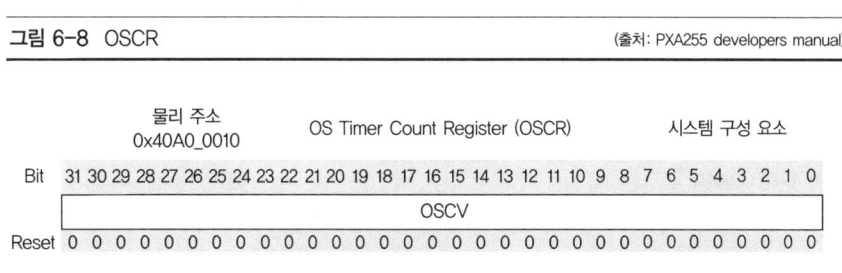

OSCR 역시 비트를 세팅하는 레지스터가 아니라 값이 입력되는 레지스터다. 특히 OS 타이머가 활성화되면 활성화되는 순간부터 OS 타이머 클록 입력에 맞추어 값이 계속 증가한다.

MCU에서 타이머 인터럽트가 발생하는 과정을 좀더 하드웨어 편에서 설명하자면, OSCR에서 증가하는 값이 OSMR에 설정된 값과 같아졌을 때 인터럽트가 발생한다고 이야기 할 수 있다. 하지만 이때도 인터럽트가 항상 발생하지는 않는다. 어디선가 인터럽트가 발생하도록 허락해야 한다. 그것이 OIER이다.

6.3.3 OIER

OIER은 OS timer Interrupt Enable Register의 약자로, 네 개의 OSMR이 OSCR과 값이 같아질 경우 인터럽트를 발생시킬지를 결정하는 역할을 한다.

그림 6-9 OIER   (출처: PXA255 developers manual)

OSMR이 네 개이므로 OIER에서 세팅하는 비트도 네 개다. 0번 레지스터가 1이면 OSMR0 == OSCR일 경우에 인터럽트가 발생하고, 1번 레지스터가 1이면 OSMR1 == OSCR 일 때 인터럽트가 발생한다.

6.3.4 OSSR

OSSR은 OS timer Status Register의 약자로, 발생한 인터럽트를 기록한다. OSMR과 OSCR의 값이 같고 그 순간에 OIER의 해당 비트가 1이면 OSSR의 해당 비트에 1이 설정된다. 그러므로 OSSR도 네 개의 비트만 활성화되어 있고 나머지는 모두 예약되어 있다.

그림 6-10 OSSR (출처: PXA255 developers manual)

| 물리 주소 0x40A0_0014 | OS Timer Status Register (OSSR) | 시스템 구성 요소 |

Bit	31 30 29 28 27 26 25 24 23 22 21 20 19 18 17 16 15 14 13 12 11 10 9 8 7 6 5 4	3 2 1 0
	예약됨	M3 M2 M1 M0
Reset	? ?	0 0 0 0

그러므로 ISR을 통하지 않고 OSSR의 값이 바뀌는 순간을 검사하는 방법으로도 타이머를 잡아낼 수 있다. 앞 절에서 본 msleep( ) 함수가 이런 식으로 구현되어 있었다. 또한 OSSR은 인터럽트를 클리어하는 역할도 한다. OSSR의 해당 비트에 1을 쓰면, 발생되었던 인터럽트가 클리어되어 다음 인터럽트를 발생시킬 준비를 한다.

나빌눅스에서는 1번 OS 타이머, 즉 OSMR1을 타이머 레지스터로 사용할 것이다. 그러므로 일단 OSCR을 0으로 클리어하고 OSMR1에 나빌눅스가 사용할 타이머 간격을 세팅하면 된다.

6.4 실습 : IRQ 핸들러 구현 – OS 타이머

6.4.1 OS 타이머 초기화 함수 작성

이번 장에서 PXA255의 인터럽트 컨트롤러 계층과 OS 타이머의 레지스터 계층을 길고 장황하게 설명했으나 실제 코드는 몇 줄 되지 않는다. 임베디드 개발이 대부분 이런 식이다. 알아야 하고 공부해야 할 것들은 많은데 실제 작업량은 얼마 되지 않는다. navilnux.c 파일에 아래 함수를 하나 추가한다.

```
chap6/navilnux.c
void os_timer_init(void)
{
    ICCR = 0x01;

    ICMR |= (1 << 27);
    ICLR &= ~(1 << 27);

    OSCR = 0;
    OSMR1 = OSCR + 3686400;
}
```

앞서 설명했던 그대로다. ICCR에 1을 기록하면 최하위 비트인 DIM에 1이 기록된다. 그후 ICMR의 27번 비트에 1을 쓴다. 그러면 27번 비트에 바인딩되어 있는 1번 OS 타이머의 매치 레지스터 인터럽트가 마스크 레지스터 계층을 통과한다. 이어서 ICLR의 27번 비트에 0을 기록한다. ICLR은 해당 비트가 0이면 IRQ로, 1이면 FIQ로 인터럽트를 발생시킨다. 여기서는 0으로 했기 때문에 OS 타이머가 IRQ로 전달된다. 그리고 OSCR에 0을 넣어 카운터를 초기화하고 OSMR1에 3686400을 입력하여 OS 타이머가 1초 간격으로 발생하게 설정했다.

6.4.2 OS 타이머 시작 함수 작성

이어서 ARM 프로세서의 IRQ를 활성화하거나 비활성화하는 코드와 타이머를 작동시키는 함수를 작성한다. cpsr의 7번 비트인 I 플래그를 1로 설정하면 IRQ가 비활성화되고 0으로 설정하면 활성화된다. 마찬가지로 6번 비트인 F 플래그를 1로 설정하면 FIQ가 비활성화되고 0으로 설정하면 FIQ가 활성화된다. 나빌눅스는 FIQ를 사용하지 않으므로 cpsr의 6번 비트는 항상 1이고, 필요에 따라 IRQ를 활성화 혹은 비활성화해야 하므로 7번 비트를 셋/클리어하는 함수를 만들어 두자.

```
chap6/navilnux.c
void os_timer_start(void)
{
    OIER |= (1<<1);
    OSSR = OSSR_M1;
}

void irq_enable(void)
{
```

```
        __asm__("msr     cpsr_c,#0x40|0x13");
}

void irq_disable(void)
{
        __asm__("msr     cpsr_c,#0xc0|0x13");
}
```

os_timer_start( ) 함수는 OIER의 1번 비트를 1로 세팅하여, 1번 OS 타이머에 대해 인터럽트를 사용한다는 의미다. OSSR의 1번 비트에 1을 써 주면 비트가 클리어된다. 즉 인터럽트가 클리어되면서 더불어 ICIP와 ICPR에 있는 Pending Interrupt도 클리어된다. 대기 중인 인터럽트를 클리어해야 인터럽트를 시작할 수 있다.

ieq_enable( )과 irq_disable( ) 함수는 한 줄짜리 어셈블리 코드다. irq_enable은 cpsr의 I 비트인 7번 비트를 0으로(0x40, 이진수 0100 0000), 0번부터 5번 비트를 SVC 모드(0x13, 이진수 0001 0011)로 설정한다. irq_disable은 cpsr의 7번 비트를 1로(0xc0, 이진수 1100 0000), 하위 5개 비트를 SVC 모드로 설정한다.

6.4.3 커널 main 함수 수정

타이머는 OS가 시작할 때 함께 작동해야 하므로 main( ) 함수의 시작 부분에 초기화 코드를 호출하는 코드를 추가하자.

chap6/navilnux.c
```
int main(void)
{
    os_timer_init();
    os_timer_start();

    irq_enable();

    while(1){
        __asm__("swi 77");
      msleep(1000);
    }

    return 0;
}
```

커널을 시작하면서 os_timer_init( ) 함수를 호출하여 OS 타이머를 초기화하고 os_timer_start( ) 함수를 호출하여 OS 타이머를 시작한다. 그리고 irq_enable( ) 함수를 호출하여 비로소 운영체제가 IRQ 인터럽트를 받아들이게 된다.

6.4.4 IRQ 핸들러 함수 수정

지금까지 비어 있는 함수였던 irqHandler( ) 함수를 아래처럼 수정한다.

`chap6/navilnux.c`

```
void irqHandler(void)
{
    if( (ICIP&(1<<27)) != 0 ){
        OSMR1 = OSCR + 3686400;
        printf("Timer Interrupt!!!\n");
        OSSR = OSSR_M1;
    }
}
```

IRQ 형식으로 들어오는 인터럽트는 종류가 무려 179가지나 되는데, 이들은 모두 제각각 처리해야 하므로 구분할 방법이 필요하다. IRQ의 경우에는 현재 발생한 인터럽트에 해당되는 ICIP의 비트가 1로 세팅된다. 그러므로 irqHandler( ) 함수에서도 if 문으로 ICIP의 27번 비트가 1인지를 확인한다. 27번 비트는 OS 타이머의 OSMR1이 OSCR과 값이 같을 때 발생하는 인터럽트다.

27번 비트가 1임을 확인했다면 if 문 블록의 내용이 실행된다. 우선 1초가 지난 다음에 인터럽트가 발생할 수 있도록 현재 OSCR의 값에 3686400을 더해서 OSMR1에 대입한다. 그리고 터미널에 'Timer Interrupt!!!'를 출력한다. 마지막으로 OSSR의 1번 비트를 1로 설정하여 인터럽트를 클리어한다. OSSR을 세팅해서 인터럽트를 클리어해야만 다음번 인터럽트가 발생할 수 있다.

6.4.5 전체 작업 코드

여기까지 작업하여 일단 C 언어로 작업하는 부분은 끝났다. 이번 장에서 수정한 navilnux.c 파일은 아래와 같다.

`chap6/navilnux.c`

```
#include <navilnux.h>

void swiHandler(unsigned int syscallnum)
{
    printf("system call %d\n", syscallnum);
}

void irqHandler(void)
{
    if( (ICIP&(1<<27)) != 0 ){
```

```c
        OSSR = OSSR_M1;
        OSMR1 = OSCR + 3686400;
        printf("Timer Interrupt!!!\n");
    }
}

void os_timer_init(void)

{
    ICCR = 0x01;

    ICMR |= (1 << 27);
    ICLR &= ~(1 << 27);

    OSCR = 0;
    OSMR1 = OSCR + 3686400;

    OSSR = OSSR_M1;
}

void os_timer_start(void)
{
    OIER |= (1<<1);
    OSSR = OSSR_M1;
}

void irq_enable(void)
{
    __asm__("msr     cpsr_c,#0x40|0x13");
}

void irq_disable(void)
{
    __asm__("msr     cpsr_c,#0xc0|0x13");
}

int main(void)
{
    os_timer_init();
    os_timer_start();

    irq_enable();

    while(1){
        __asm__("swi 77");
        msleep(1000);
    }

    return 0;
}
```

6.4.6 태스크-ISR 간 컨텍스트 스위칭 코드 작성

5장에서처럼 IRQ도 ISR로 구현되어야 하므로 태스크-ISR 간 컨텍스트 스위칭 코드를 작성해야 한다. 기본적인 구성은 Software Interrupt에서 사용했던 코드와 크게 다르지 않다. entry.S 파일의 코드를 수정한다. 다만 IRQ는 동작 모드가 IRQ 모드이기 때문에 커널을 시작하기 전에 IRQ 모드의 스택을 설정하는 코드가 필요하다.

`chap6/entry.S`

```
.globl _ram_entry
_ram_entry:
    b       kernel_init
    b       _ram_entry
    b       navilnux_swiHandler
    b       navilnux_irqHandler


#define irq_stack      0xa0380000

.global kernel_init
kernel_init:
    msr     cpsr_c,#0xc0|0x12     //IRQ mode
    ldr     r0,=irq_stack
    sub     sp,r0,#4

    msr     cpsr_c,#0xc0|0x13

    bl      main
    b       _ram_entry

.global navilnux_swiHandler
navilnux_swiHandler:
    stmfd   sp!,{r0-r12,r14}
    mrs     r1,spsr
    stmfd   sp!,{r1}
    ldr     r10,[lr,#-4]
    bic     r10,r10,#0xff000000
    mov     r0,r10
    bl      swiHandler
    ldmfd   sp!,{r1}
    msr     spsr_cxsf,r1
    ldmfd   sp!,{r0-r12,pc}^

.global navilnux_irqHandler
navilnux_irqHandler:
    sub     lr,lr,#4
    stmfd   sp!,{lr}
    stmfd   sp!,{r0-r14}^
    mrs     r1,spsr
```

```
stmfd   sp!,{r1}
bl      irqHandler
ldmfd   sp!,{r1}
msr     spsr_cxsf,r1
ldmfd   sp!,{r0-r14}^
ldmfd   sp!,{pc}^
```

Software Interrupt를 처리할 때는, swi로 인터럽트 핸들러에 들어가더라도 ARM의 기본 모드가 SVC 모드였기 때문에 세심하게 주의하지 않아도 동작했던 반면, IRQ는 모드가 바뀌기 때문에 스택 포인터(sp)를 별도로 설정해야 한다. 현재는 IRQ 모드에 대한 세팅만 필요하여 IRQ 모드에 대해서만 설정했지만 이후에 각 프로세서 동작 모드별로 설정할 것이므로, kernel_init 레이블을 따로 만들어 실제 커널에 진입하기 전에 수행한 명령들을 모아둔다. 스택 포인터 역시 이곳에서 설정한다. 따라서 이전에는 _ram_entry에서 main( ) 함수로 바로 진입했지만 이제부터는 kernel_init 레이블에서 각 모드별 스택 영역을 초기화한 후 main( ) 함수로 들어간다.

navilnux_irqHandler는 전체적으로 봤을 때 navilnux_swiHandler와 크게 다르지 않다. 세세한 부분만 조금 다를 뿐이다. 우선 리턴 어드레스를 가지고 있는 링크 레지스터(lr)에서 4바이트를 뺀다. 이유는 SWI 명령을 사용해서 인터럽트에 진입하는 Software Interrupt와 하드웨어적으로 발생하는 IRQ의 결정적인 차이 때문이다. 이를 이해하기 위해서는 ARM의 파이프라인(pipe line) 구조와 각 exception이 발생하는 시점을 이해해야 한다. 여기서 필요한 것은 Software Interrupt와 IRQ뿐이므로 이 둘에 대해서만 설명하겠다.

6.4.7 ARM9 아키텍처의 파이프라인

나빌눅스의 목표 플랫폼은 ARM9 아키텍처 기반의 PXA255 칩이다. ARM9 아키텍처는 아래와 같이 파이프라인 구조가 다섯 단계다.

```
Fetch - Decode - Execute - Memory - WriteBack
```

ARM은 Fetch 단계에서 ARM 명령어만큼의 4바이트를 메모리에서 읽어오고, Decode 단계에서 읽어온 명령이 어떤 명령어(instruction)인지 구분한다. 이 단계에서 명령어(instruction)와 매개변수 등을 구분한다. Execute 단계에서는 해당 명령어(instruction)를 실제로 수행(더하기, 빼기 등)한다. Memory 단계에서는 메모리에서 데이터를 읽어오고, WriteBack 단계에서는 결과를 레지스터에 쓴다(Fetch

단계에서는 메모리에서 명령어를 가져오고, Memory 단계에서는 메모리에서 데이터를 가져온다).

5단계 파이프라인이 각각 무엇을 하는지도 물론 중요하지만, 나빌눅스를 제작하면서 우리가 관심을 가질 부분은 바로 명령어가 다섯 단계에 걸쳐 파이프라인을 이동한다는 점이다.

exception이 발생하여 프로세서 동작 모드가 변할 때, ARM은 하드웨어적으로 변환될 동작 모드의 링크 레지스터(lr)에, 현재 프로그램 카운터(pc)에서 4를 뺀 값을 자동으로 복사한다. 예를 들어 USER 모드에서 SWI 명령으로 Software Interrupt가 발생했다면 lr_svc = pc - 4의 작업이 하드웨어적으로 이뤄진다.

```
     :
     :
  add    r0,r0,#3
  swi    77
  sub    r1,r0,#2
  orr    r0,r0,#0xff
     :
     :
```

6.4.8 exception 핸들러에서 복귀 주소의 결정

SWI 명령에는 연산 작업이 필요하지 않다. ARM 코어가 SWI라는 명령을 알아차리는 순간 Software Interrupt를 발생시키면 된다. 그래서 SWI는 Execute 단계가 아니라 Decode가 끝나는 단계에서 발생한다. 위의 코드를 예로 들자면, SWI 77 명령이 Decode 단계가 끝나는 지점에 있으면 프로그램 카운터(pc)는 orr r0, r0, #0xff 명령의 주소를 가지고 있다. 그리고 Decode가 끝나는 시점에서 SWI 명령으로 인해 Software Interrupt가 발생하면, 하드웨어적으로 pc-4의 값이 lr_svc에 복사되므로, lr_svc에는 sub r1,r0,#2가 들어간다. SWI를 하고 Software Interrupt에 들어갔다가 복귀하고 나서 다시 실행해야 할 명령은 sub r1,r0,#2이므로 복귀할 때 링크 레지스터(lr)을 그대로 사용하는 것이다(그림 6-11 참조).

하지만 IRQ의 경우는 조금 다르다.

> **ORR, 32비트 논리 OR 연산 / SUB, 32비트 값의 뺄셈**
>
> ORR 연산은 흔히 알고 있는 OR 연산을 수행한다. 명령의 형식은 ORR Rd, Rn, N이고 Rn의 값과 N(레지스터가 와도 되고, 직접 상수 값이 와도 된다)의 값을 OR 연산하여 Rd에 넣는다.
>
> SUB 연산은 subtraction(뺄셈)의 앞 세 글자를 딴 명령으로, 뺄셈을 수행한다. SUB Rd, Rn, N 형식이고 Rn의 값에서 N(마찬가지로 레지스터나 상수 값이 온다)의 값을 빼서 Rd에 넣는다.

```
    ⋮
add    r0,r0,#3
and    r0,r0,#0x8f    <---- 여기를 실행하다가 IRQ 발생
sub    r1,r0,#2
orr    r0,r0,#0xff
add    r0,r0,#1
    ⋮
```

IRQ와 FIQ는 5단계 파이프라인에서 Execute가 끝나는 시점마다 한 번씩 검사하게 된다. 그래서 위 코드처럼 and r0,r0,#0x8f에서 IRQ가 발생한다는 말은 and r0,r0,#0x8f가 완전히 Execute된 후 Memory 단계의 파이프라인으로 넘어갈 때 exception이 발생한다는 뜻이다.

Execute 단계가 끝나는 시점에서 프로그램 카운터(pc)의 위치는 위 코드의 경우 add r0,r0,#1이다. exception이 발생하고 Execute가 끝나는 시점에서 IRQ exception이 서비스되는 순간 lr_irq에는 프로그램 카운터(pc)-4의 값이 들어가므로, lr_irq에는 orr r0,r0,#0xff에 해당하는 메모리 영역 주소 값이 들어간다. 하지만 IRQ exception을 처리한 후 복귀하여 수행할 명령은 sub r1, r0, #2이다. 이렇기 때문에 IRQ에서 복귀할 때는 lr_irq의 값을 그대로 사용하지 않고, lr_irq에서 4를 빼서 IRQ exception이 발생한 명령 바로 직전 명령어로 프로그램 카운터(pc)가 돌아가게끔 조정해 주는 것이다.

위와 같은 이유로 navilnux_swiHandler에서는 링크 레지스터(lr)를 그대로 사용하는데, navilnux_irqHandler에서는 시작할 때 링크 레지스터(lr)에서 4를 뺀다. 그

그림 6-11 SWI exception과 IRQ exception의 복귀 주소

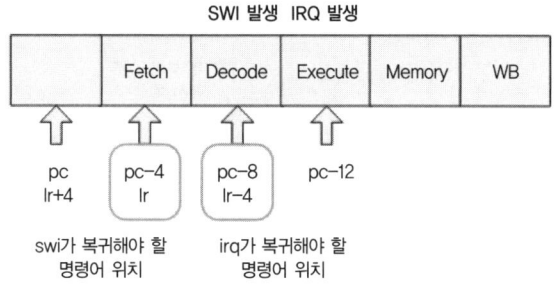

리고 링크 레지스터(lr)를 별도의 스택에 저장한다. 이는 프로세서 동작 모드가 IRQ 모드로 바뀌어서 IRQ 모드 자체의 링크 레지스터(lr)를 백업해야 하기 때문이다. 마찬가지 이유로 stmfd 명령에서도 레지스터 지정 뒤에 ^를 붙여서 USER 모드 레지스터를 스택에 백업한다. 나머지는 navilnux_swihandler와 같은 순서로 spsr을 백업하고 C 언어로 작성된 irqHandler( ) 함수에 들어갔다가 나오면서 spsr을 복구한다. 그 후 USER 모드 레지스터를 복구하고, 마지막으로 프로그램 카운터(pc)에 링크 레지스터(lr)를 복구하면서 spsr을 cpsr에 복사한 후 태스크 영역으로 돌아온다.

6.4.9 OS 타이머가 발생되는 순서

그림 6-12를 보면서 OS 타이머가 어떻게 처리되는지를 보자. PXA255에 있는 OS 타이머 모듈에서 오실레이터 입력에 따라 OSCR이 하나씩 증가한다. 그러다가 OSMR과 값이 같아지면 OIER의 값을 보고 OSSR에 1을 설정한다. 동시에 인터럽트가 PXA255의 인터럽트 컨트롤러 계층으로 전달되고, ICPR에 1이 설정된다. ICMR에 1이 설정되어 있으므로 그대로 통과하고, ICLR은 0이므로 ICIP에 1이 설정된다. 그리고 나서 ARM 코어의 IRQ 핀에 입력이 들어가면, ARM 코어는 현재 작동 중인 명령을 중단하고 exception vector table의 IRQ 위치로 프로그램 카운터(pc)를 이동한다. 그러면 실행 흐름이 나빌눅스 커널의 navilnux_irqHandler로 이동하게 되고, 현재 프로세서의 컨텍스트를 스택에 백업한다. 이어서 C 언어로 작성된 irqHandler( ) 함수로 진입해서 시리얼 터미널에 'Timer Interrupt!!!' 메시지를 출력하고 다시 navilnux_irqHandler로 나와서 스택에 백업했던 컨텍스트를 복구한다.

그림 6-12 OS 타이머 동작 순서

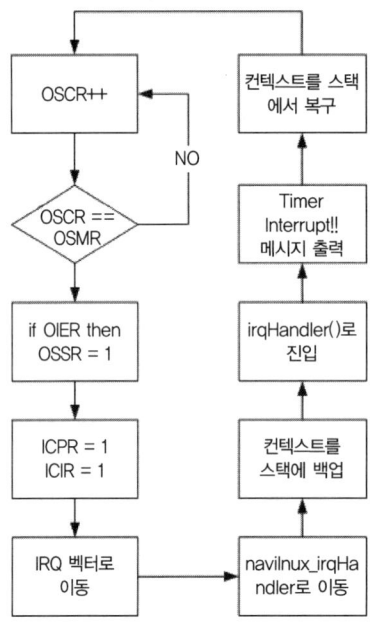

6.4.10 빌드와 테스트

이번 장에서도 소스 파일을 추가하지 않았으므로 Makefile은 수정하지 않겠다. 그대로 make를 실행해서 이미지를 만들자. 이지보드용 이미지는 navilnux_img이고 에뮬레이터용 이미지는 navilnux_gum_img이다. 이지보드용과 에뮬레이터용의 소스코드는 차이가 없다. 각자 원하는 환경에서 테스트하자. 테스트 결과는 아래와 같다.

```
system call 77
Timer Interrupt!!!
system call 77
Timer Interrupt!!!
system call 77
Timer Interrupt!!!
system call 77
Timer Interrupt!!!
system call 77
Timer Interrupt!!!
system call 77
Timer Interrupt!!!
system call 77
```

Software Interrupt는 msleep( )에 의해서 무한루프를 돌면서 1초에 한 번씩 실행되고, OS 타이머 역시 OSMR의 값과 3686400 클록이 일치하는 1초마다 한 번씩 실행된다. 결과적으로 내용이 번갈아가며 출력된다. 의도했던 대로 결과가 제대로 나오는 것을 확인할 수 있다.

각 exception별 파이프라인에서 인식 시점과 그에 따른 복귀 주소 산정

본문에서 Software_interrupt와 IRQ에 대해 설명을 했다. FIQ 역시 IRQ와 동일하므로 별도로 설명할 필요는 없다. 남아 있는 exception은 Undefined Instruction과 Prefetch Abort, Data Abort다.
다시 한번 5단계 파이프라인을 보자.

```
Fetch - Decode - Execute - Memory - WriteBack
```

Undefined Instruction은 명령어가 ARM 아키텍처에 정의되지 않은 명령일 경우 발생한다. 그렇다면 굳이 Execute 단계까지 가서 실행해 볼 필요 없이 명령어를 해석하는 과정에서 Undefined Instruction을 찾아낼 수 있다. 그렇기 때문에 Software Interrupt와 마찬가지로 Decode 시점에서 인터럽트가 발생하며, 복귀 주소 역시 링크 레지스터(lr)를 그대로 사용한다.

Prefetch Abort는 잘못된 메모리 공간에서 명령을 읽어올 때 발생한다. 명령어를 읽어온 메모리 공간이 잘못된 공간이라는 사실은 MMU나 메모리 컨트롤러가 알려준다. MMU나 메모리 컨트롤러가 Abort 신호를 보내는 시점은 Execute가 끝나는 시점, Memory가 끝나는 시점, WriteBack이 끝나는 시점이다. 그러므로 Prefetch Abort가 발생하는 가장 빠른 시점은 Execute가 끝나는 시점이다. Execute가 끝나는 시점은 IRQ나 FIQ가 발생하는 시점과 동일하기 때문에 링크 레지스터(lr)에서 4를 뺀 주소가 복귀 주소가 된다.

Data Abort는 잘못된 메모리 주소에서 값을 읽거나 쓸 때 발생한다. 그러므로 가장 빠른 시점은 Memory가 끝나는 시점이고 이 단계는 Execute 단계보다 한 단계 더 나아간 단계이기 때문에 제대로 된 복귀 주소는 lr-8이어야 한다.

6.5 정리

이번 장에서는 IRQ를 이용하여 OS 타이머를 구동시켰다. 멀티태스킹 운영체제는 시간에 동기화되어 여러 태스크를 정해진 규칙에 맞게 순서대로 작동시킨다. 그러므로 운영체제에서 타이머를 구현하는 작업은 가장 먼저 해야 할 일 중 하나다. 나빌눅스도 멀티태스킹을 구현하기에 앞서서 타이머를 구현하였다.

OS 타이머는 PXA255의 인터럽트 계층을 통해 ARM 코어에 전달되므로 PXA255에서 인터럽트를 어떻게 설정하는지 관련 레지스터의 사용법을 살펴보았고, OS 타이머 자체에도 설정할 레지스터가 존재하므로 어떻게 설정하는지 알아보았다.

그 다음으로 파이프라인의 위치에 따른 발생 시점의 차이로 인해 SWI와 IRQ 간에 복귀 주소가 왜 다르게 설정되는지, 실제 커널 소스를 수정하면서 알아보고 ISR을 작성하였다.

다음 장에서는 나빌눅스의 메모리 맵을 구성할 것이다.

7장

Learning Embedded OS

메모리 맵 구성

7.1 나빌눅스의 메모리 맵

개발보드로 사용하는 이지보드의 SDRAM은 64메가바이트다. 에뮬레이터로 사용하는 gumstix도 SDRAM이 64메가바이트다. 그래서 나빌눅스의 메모리 맵을 구성할 때는 둘 사이를 구분할 필요 없이 동일한 과정으로 구현할 수 있다.

주소도 동일하여 0xA0000000부터 0xA4000000까지가 SDRAM 영역이다. 2장에서 커널 이미지를 빌드해서 실행하고자 main-ld-script를 수정할 때 커널 이미지의 로딩 위치를 0xA0008000으로 설정했는데, 그 이유는 바로 SDRAM의 시작 위치에서 32킬로바이트 떨어진 위치에 커널 이미지를 올리려는 것이었다. 비워두는 32킬로바이트에는 이지부트의 코드 영역이 존재한다.

ARM에는 프로세서 동작 모드별로 별개의 스택 포인터(sp)와 링크 레지스터(lr)가 존재한다. 링크 레지스터(lr)는 동작 모드에서 작업이 끝난 다음 복귀할 주소가 저장된다. 그러므로 각 모드별로 유지되어야 한다. 복귀 주소와 마찬가지로 프로세서 동작 모드별로 독립된 스택을 유지해야 한다. 이 스택의 위치를 지정하는 레지스터가 스택 포인터(sp)이기 때문에 각 동작 모드별로 별개의 스택 포인터(sp)가 유지되어야 한다.

ARM에는 일곱 가지의 프로세서 동작 모드가 존재한다. 각 동작 모드는 exception이 발생할 때 변경된다. exception이 발생하면 앞 장에서 수정했던 exception vector table에 지정된 주소로 프로세서의 흐름이 이동한다. 이렇게 exception vector table에 지정해 놓은 위치를 exception handler라고 한다. 각 exception handler가 서로 침범하지 않고 지역 변수를 사용하기 위해서는 각 모드별로 스택 시작 주소를 다르게 설정해 주어야 한다. 즉 OS가 부팅되는 시점에 각 모드별로 스택 포인터(sp)의 값을 할당해야 한다.

64메가바이트의 SDRAM 중 처음 4메가바이트는 커널 이미지와 사용자 태스크 이미지 그리고 커널 스택 영역이다. 따라서 사용자 태스크가 스택과 힙 영역으로 사용할 부분은 나머지 60메가바이트다. 각 태스크에 할당할 스택 영역의 크기와 전체 태스크가 사용할 스택 영역의 크기를 얼마나 크게할지에 따라 나빌눅스에서 할당 가능한 태스크의 개수가 정해진다. 예를 들어 60메가바이트 전체를 태스크 스택 영역으로 사용하게 하고, 태스크마다 1메가바이트씩 스택을 할당한다면 나빌눅스에서 사용할 수 있는 전체 태스크는 60개가 된다. 만약 각 태스크에 할당하는 스택 크기를 512킬로바이트로 설정한다면 사용할 수 있는 태스크는 120개가 된다.

그림 7-1 나빌눅스의 메모리 맵

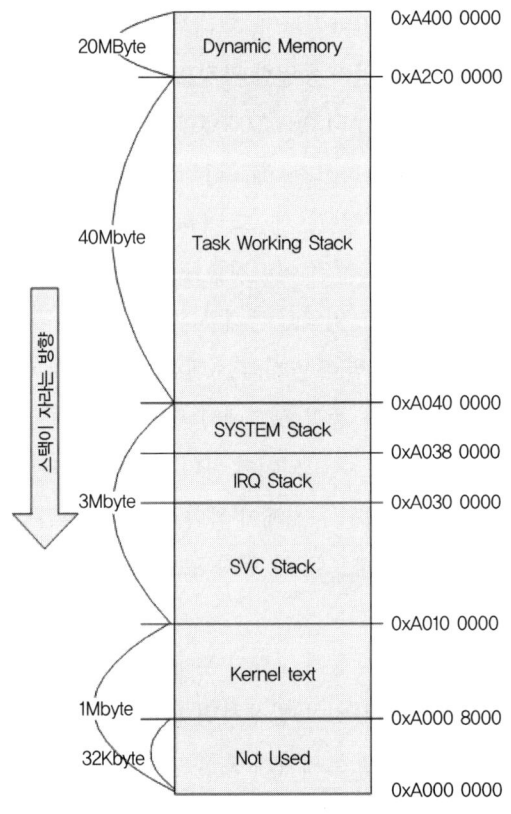

그림 7-1을 보자. 커널의 로딩 위치는 0xA0008000이다. 그 아래 32킬로바이트 영역은 원래 부트로더에서 사용하는 리눅스 커널 매개변수 영역이다. 하지만 나빌눅스는 커널 매개변수가 없으므로 사용하지 않는다. 커널 텍스트 이미지가 올라가는 영역을 SDRAM의 32킬로바이트부터 1메가바이트까지로 잡았는데, 사실 나빌눅스 커널 이미지가 1메가바이트를 넘어갈 일은 향후 몇 년간은 생기지 않을 것이다. 완성된 나빌눅스 커널 이미지 파일의 크기는 현재 24킬로바이트다.

다음 3메가바이트의 공간은 각 프로세서 동작 모드별로 할당되는 스택 영역이다. 사실상의 커널 스택 영역이라고 봐도 무방하다. 3메가바이트의 공간 중 처음 2메가바이트는 커널 실행 시간의 거의 대부분을 차지하는 SVC 모드의 스택 영역이다. 커널의 상당 부분을 차지하는 시스템 콜이 모두 SVC 모드에서 수행되므로 스택 영역을 상대적으로 크게 잡았다. 나머지 1메가바이트의 공간은 반으로 나누어서 IRQ 모드와 SYSTEM 모드에 할당했다. 사실 나빌눅스에서는 SYSTEM 모드를 사용하지 않는데, 혹시 나중에라도 필요할지 몰라 일단 영역을 할당했다.

SYSTEM 모드, 특권 모드, USER 모드

SYSTEM 모드는 exception이 발생해서 진입하는 모드가 아니다. 그리고 USER 모드와 모든 레지스터를 공유한다. 그러므로 스택 포인터(sp)와 링크 레지스터(lr)도 USER 모드와 공유한다. 하지만 SYSTEM 모드는 특권 모드이므로 USER 모드일 때처럼 접근 제한을 받지 않는다.

SYSTEM 모드는 주로 OS에서 태스크가 시스템 자원에 접근하려고 할 때 사용되지만, exception 모드가 변경됨으로 인해서, 스택 포인터(sp)와 링크 레지스터(lr)를 새로 설정하거나 기존 레지스터를 백업해야 하는 등의 추가 작업을 하지 않아도 된다. 그러므로 불완전한 코드 때문에 발생할 수 있는 여러 오류 상황들을 피할 수 있다.

특권 모드
소프트웨어가 프로세서의 모든 레지스터 값을 수정할 수 있는 모드다. 일반적으로 OS 커널은 시스템의 모든 자원을 제어할 수 있어야 하기 때문에 특권 모드로 동작한다.

USER 모드
특권 모드와 달리 프로세서의 특정 레지스터에 대해서는 수정 권한이 없는 모드다. 일반적으로 사용자 프로세스는 시스템에 치명적인 문제를 일으킬만한 동작을 할 수 없어야 하므로 USER 모드에서 동작한다.

그림 7-2 스택 영역의 가장 큰 주소 값을 스택 포인터의 초기 값으로 설정

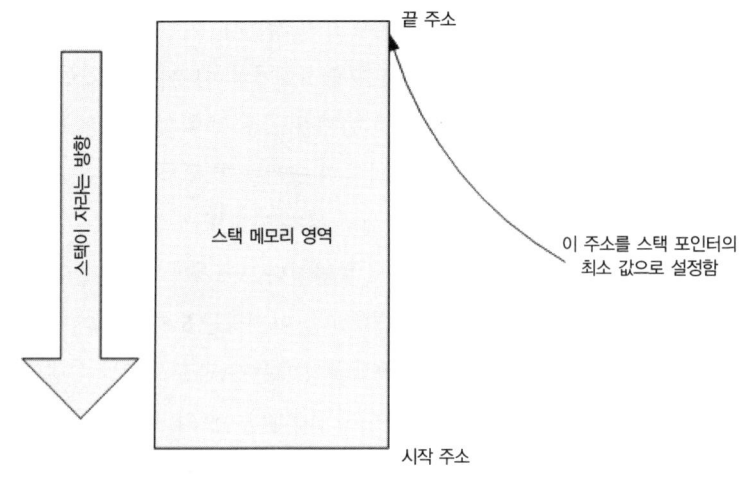

커널 텍스트 이미지 영역 1메가바이트와 커널 스택 영역 3메가바이트 상위에 존재하는 60메가바이트의 용량은 사용자 태스크 영역으로 남겨 놓았다. 60메가바이트의 공간 중 40메가바이트는 사용자 태스크에 할당되는 사용자 태스크 스택 영역으로 사용할 것이다. 나빌눅스는 각 사용자 태스크 한 개당 1메가바이트씩 스택 영역을 할당해 놓았다. 따라서 나빌눅스에서는 최대 40개의 사용자 태스크를 사용할 수 있다. 물론 사용자 태스크에 할당하는 영역의 크기는 조절할 수 있다. 사용자 태스크 하나당 할당하는 영역의 크기를 줄이면 그만큼 더 많은 사용자 태스크를 생성할 수 있고, 반대로 늘리면 생성할 수 있는 사용자 태스크의 개수가 줄어든다. 사용자 태스크 스택 영역 위에 존재하는 20메가바이트의 공간은 동적 메모리 할당을 위한 동적 메모리 풀 공간으로, 사용자 태스크에서 요청하는 동적 메모리 공간은 모두 이 영역에 잡힌다.

gcc는 스택이 아래로 자라게 코드를 생성한다. 그러므로 각 프로세서 동작 모드별 스택 포인터의 초기 값은 스택 영역의 가장 작은 주소가 아니라 가장 큰 주소가 되어야 할 것이다(그림 7-2).

7.2 실습 : 나빌눅스 커널의 스택 주소 초기화

커널이 동작하면서 exception이 발생했을 때, 해당 프로세스 동작 모드로 진입하면서 스택 영역이 서로 꼬이거나 침범하지 않고 독립적으로 사용되려면, 프로세스 동작 모드별로 독립적으로 존재하는 스택 포인터(sp)에 기본 스택 주소를 설정해야 한다.

프로세스 동작 모드 별로 스택 포인터(sp)를 초기화 하는 것은 어려운 작업이 아니다. 커널 main( ) 함수에 진입하기 전에 cpsr의 모드 비트를 바꿔 가면서 스택 포인터(sp)의 값을 설정해 주고, 모두 끝난 다음에 main( ) 함수를 호출해 커널 내부 코드로 진입하면 되는 것이다.

나빌눅스 커널의 엔트리 포인트는 entry.S 파일에 있다. 커널 main( ) 함수에 진입하기 전에 작동해야 하므로 entry.S 파일에서 작업해 주어야 한다. 수정된 entry.S 파일은 아래와 같다.

```
chap7/entry.S
.globl _ram_entry
_ram_entry:
    b       kernel_init
    b       _ram_entry
    b       navilnux_swiHandler
    b       navilnux_irqHandler


#define svc_stack       0xa0300000
#define irq_stack       0xa0380000
#define sys_stack       0xa0400000

.global kernel_init
kernel_init:
    msr     cpsr_c,#0xc0|0x13       //SVC mode
    ldr     r0,=svc_stack
    sub     sp,r0,#4

    msr     cpsr_c,#0xc0|0x12       //IRQ mode
    ldr     r0,=irq_stack
    sub     sp,r0,#4

    msr     cpsr_c,#0xc0|0x1f       //SYSTEM mode
    ldr     r0,=sys_stack
    sub     sp,r0,#4

    msr     cpsr_c,#0xc0|0x13
```

```
        bl      main
        b       _ram_entry
    .global navilnux_swiHandler
    navilnux_swiHandler:
        stmfd   sp!,{r0-r12,r14}
        mrs     r1,spsr
        stmfd   sp!,{r1}
        ldr     r10,[lr,#-4]
        bic     r10,r10,#0xff000000
        mov     r0,r10
        bl      swiHandler
        ldmfd   sp!,{r1}
        msr     spsr_cxsf,r1
        ldmfd   sp!,{r0-r12,pc}^

    .global navilnux_irqHandler
    navilnux_irqHandler:
        sub     lr,lr,#4
        stmfd   sp!,{lr}
        stmfd   sp!,{r0-r14}^
        mrs     r1,spsr
        stmfd   sp!,{r1}
        bl      irqHandler
        ldmfd   sp!,{r1}
        msr     spsr_cxsf,r1
        ldmfd   sp!,{r0-r14}^
        ldmfd   sp!,{pc}^
```

navilnux_swiHandler와 navilnux_irqHandler 레이블 아래로는 수정된 것이 없다. 수정된 부분은 kernel_init 레이블이다.

gcc는 별다른 설정을 하지 않을 경우 스택을 아래로 자라나는 방향(메모리 주소 값이 감소하는 방향)으로 사용한다. 그러므로 스택 포인터(sp)의 초기 값은 스택 영역의 최상위 값 주소여야 한다. 그래서 그림 7-1과 같이 SVC 모드와 IRQ 모드, SYSTEM 모드의 스택 초기 값을 각각 0xA0300000, 0xA0380000, 0xA0400000으로 정의했다.

kernel_init 레이블의 cpsr을 직접 수정하여 먼저 SVC 모드로 바꾼다. 그리고 위쪽에 0xA0300000으로 정의한 svc_stack 값에서 4를 뺀 값을 스택 포인터(sp)에 저장한다. 4를 빼지 않아도 상관이 없지만, 각 스택 영역 간에 완충지대 역할을 할 겸 각 영역 사이에는 4바이트씩 경계 구간을 두었다.

이어서 cpsr을 수정하여 IRQ 모드로 바꾼 다음 역시 마찬가지로 0xA0380000로 정의된 irq_stack 값에서 4를 뺀 값을 스택 포인터(sp)에 저장했다. 소스코드 상에서는 바로 세 줄 위에서 사용한 스택 포인터(sp)와 같은 이름이지만 프로세서 동작 모드를 IRQ 모드로 바꾸었기 때문에 여기에서의 스택 포인터(sp)는 sp_irq다. SYSTEM 모드의 스택 시작 주소도 같은 순서로 작업하였다.

7.3 실습 : 스택 초기화 주소 확인하기

나빌눅스에서 사용하는 세 개의 프로세서 동작 모드에 대한 스택 시작 주소를 모두 설정했으므로, 다시 커널의 프로세서 동작 모드인 SVC 모드로 바꾸고 main( ) 함수를 호출한다. 이후 main( ) 함수에 진입해서 커널의 여러 가지 작업을 수행할 때 나빌눅스는 SVC 모드의 스택 영역인 0xA0300000부터 값을 사용할 것이다.

나빌눅스의 main( ) 함수를 아래 코드와 같이 수정하자.

`chap7/navilnux.c`
```c
int main(void)
{
    int a = 1;
    int b = 2;
    int c = 0;

    c = a+b;

    os_timer_init();
    os_timer_start();

    irq_enable();

    while(1){
        printf("kernel stack a(%p), b(%p), c(%p)\n", &a, &b, &c);
        __asm__("swi 77");
        msleep(1000);
    }

    return 0;
}
```

함수 내부에서 선언한 지역 변수는 스택 영역에 할당되므로, 지역 변수 a, b, c는 SVC 모드의 스택 영역인 0xA0300000보다 작은 값으로 메모리 주소가 출력되어야 한다.

위 코드처럼 entry.S와 navilnux.c 파일을 고치고 make를 실행시켜 커널 이미지를 빌드하자. 이지보드와 에뮬레이터의 소스코드는 차이가 없다. 이지보드를 사용한다면 navilnux_img 파일을 이지보드에 다운로드하여 부팅하여 보고, 에뮬레이터를 사용한다면 navilnux_gum_img 파일을 navilnuximg 디렉터리에 복사하여 start.sh를 실행해서 결과를 확인해 보자.

```
kernel stack a(a02fffe8), b(a02fffe4), c(a02fffe0)
system call 77
Timer Interrupt!!!
kernel stack a(a02fffe8), b(a02fffe4), c(a02fffe0)
system call 77
Timer Interrupt!!!
kernel stack a(a02fffe8), b(a02fffe4), c(a02fffe0)
system call 77
Timer Interrupt!!!
kernel stack a(a02fffe8), b(a02fffe4), c(a02fffe0)
system call 77
Timer Interrupt!!!
kernel stack a(a02fffe8), b(a02fffe4), c(a02fffe0)
system call 77
Timer Interrupt!!!
kernel stack a(a02fffe8), b(a02fffe4), c(a02fffe0)
system call 77
Timer Interrupt!!!
```

지역 변수 a, b, c의 주소로 출력된 값이 각각 a02fffe8, a02fffe4, a02fffe0이다. 출력된 주소 값들이 kernel_init에서 설정한 SVC 모드의 스택 초기 주소인 0xA0300000보다 작다. 그러므로 지역 변수가 SVC 모드의 스택 영역 안에 제대로 할당되었음을 알 수 있다.

어떻게 할당되었는지 좀더 자세히 보자. make를 실행하면서 함께 생성되는 navilnux_elf 파일을 역어셈블 해보면 된다. 아래와 같이 명령을 내리자.

```
$ arm-linux-objdump -D navilnux_elf | more
```

그러면 역어셈블된 코드들이 화면에 출력된다. 밑으로 소스코드를 내려서 main( ) 함수에 해당하는 코드를 찾아보자. 소스코드는 아래와 같다.

```
a0009c08 <main>:
a0009c08:    e92d4070    stmdb   sp!, {r4, r5, r6, lr}
a0009c0c:    e3a03001    mov     r3, #1   ; 0x1
a0009c10:    e24dd00c    sub     sp, sp, #12 ; 0xc
a0009c14:    e3a02002    mov     r2, #2   ; 0x2
a0009c18:    e58d3008    str     r3, [sp, #8]
a0009c1c:    e3a03003    mov     r3, #3   ; 0x3
a0009c20:    e58d2004    str     r2, [sp, #4]
a0009c24:    e58d3000    str     r3, [sp]
a0009c28:    ebffffce    bl      a0009b68 <os_timer_init>
```

```
a0009c2c:    ebffffe7    bl    a0009bd0 <os_timer_start>
a0009c30:    ebfffff0    bl    a0009bf8 <irq_enable>
a0009c34:    e28d6008    add   r6, sp, #8    ; 0x8
a0009c38:    e28d5004    add   r5, sp, #4    ; 0x4
a0009c3c:    e1a0400d    mov   r4, sp
a0009c40:    e1a01006    mov   r1, r6
a0009c44:    e1a02005    mov   r2, r5
a0009c48:    e1a03004    mov   r3, r4
a0009c4c:    e59f0010    ldr   r0, [pc, #16]    ; a0009c64 <main+0x5c>
a0009c50:    ebfffbb1    bl    a0008b1c <printf>
a0009c54:    ef00004d    swi   0x0000004d
a0009c58:    e3a00ffa    mov   r0, #1000    ; 0x3e8
a0009c5c:    ebfff9a3    bl    a00082f0 <msleep>
a0009c60:    eaffff6    b     a0009c40 <main+0x38>
a0009c64:    a0009d08    andge r9, r0, r8, lsl #26
```

가장 처음 나오는 stmdb 명령으로 r4, r5, r6, lr을 스택에 푸시한다. stmdb는 Store Multi Decrement Before의 약자로, 메모리에 데이터를 쓰기 전에 주소 값을 먼저 감소시킨 다음 값을 쓴다. 그래서 네 개의 레지스터를 스택에 푸시할 때 16바이트가 감소하지 않고 20바이트가 감소한다. 그런 다음 스택 포인터(sp)를 12바이트 감소시킨다.

```
a0009c10:    e24dd00c    sub sp, sp, #12 ; 0xc
```

main( ) 함수에서 int 형 지역 변수 a, b, c를 선언했으므로 크기가 4바이트인 세 지역 변수가 할당될 공간인 12바이트를 스택에 확보한 것이다. 그리고 a, b, c를 선언한 후 a는 1, b는 2, c는 0으로 초기화하면서 c에는 a+b 값을 넣었다.

```
a0009c0c:    e3a03001    mov r3, #1    ; 0x1
a0009c10:    e24dd00c    sub sp, sp, #12 ; 0xc
a0009c14:    e3a02002    mov r2, #2    ; 0x2
a0009c18:    e58d3008    str r3, [sp, #8]
a0009c1c:    e3a03003    mov r3, #3    ; 0x3
a0009c20:    e58d2004    str r2, [sp, #4]
a0009c24:    e58d3000    str r3, [sp]
```

r3에 1을 넣고(mov r3, #1) r2에 2를 넣는다(mov r2, #2). 즉 r3과 r2로 지역 변수 a, b의 연산을 처리한 다음, 스택 포인터(sp)에 8을 더한 메모리에 r3의 값을 저장한다(str r3, [sp, #8]). 그리고 곧바로 r3을 재활용해서 r3에 3을 넣는다(mov r3, #3). 실제로는 a+b의 연산을 수행해야겠지만 컴파일러가 최적화 과정에서 3을 변수에 직접 써버리게끔 코드를 수정한 것이다. 이어서 스택 포인터(sp)에 4를 더한 메모리에 r2의 값을 저장하고(str r2, [sp, #4]) r3을 스택 포인터(sp) 위치에 저장한다(str

그림 7-3 main() 함수의 스택 사용

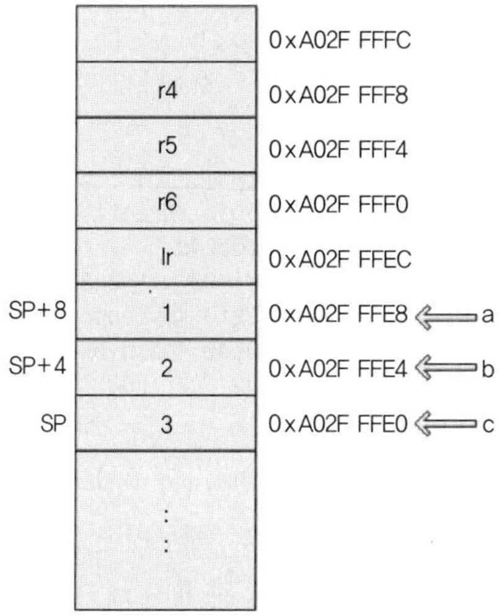

```
                          0xA02F FFFC
              r4          0xA02F FFF8
              r5          0xA02F FFF4
              r6          0xA02F FFF0
              lr          0xA02F FFEC
      SP+8    1           0xA02F FFE8  ⇐ a
      SP+4    2           0xA02F FFE4  ⇐ b
      SP      3           0xA02F FFE0  ⇐ c
```

r3, [sp]). 결과적으로 스택 포인터(sp)가 12바이트 감소하면서 확보된 공간에 a, b, c의 값이 순서대로 저장되었다.

그림 7-3을 보면 좀더 명확히 이해할 수 있을 것이다. 처음 스택 포인터(sp)에 스택 초기 값을 할당할 때 4바이트를 빼서 할당했으므로 스택의 첫 주소는 0xA02FFFFC이다. stmdb는 메모리 주소를 먼저 감소시킨 다음 메모리에 값을 써넣는다. 그러므로 처음에 스택에 푸시하는 r4, r5, r6, lr은 0xA02FFFF8부터 값이 들어가게 된다. 그런 다음 스택 포인터(sp)가 0xA02FFFEC 위치에 있을 때 12바이트를 뺀다. 그러므로 스택 포인터(sp)는 0xA02FFFE0 위치로 간다.

그 후 [sp+8] 위치에 지역 변수 a의 값인 1을 넣고, [sp+4] 위치에 지역 변수 b의 값인 2를, [sp] 위치에 지역 변수 c의 값인 3을 넣는다. 그러므로 지역 변수 a, b, c의 주소는 0xA02FFFE8, 0xA02FFFE4, 0xA02FFFE0이 되는 것이다.

7.4 정리

운영체제의 목적 중 하나는 시스템의 자원을 효율적으로 관리하는 것이다. 메모리는 시스템의 중요한 자원이다. 이 메모리를 효율적으로 관리하기 위해서는 한정된 메모리 공간을 어떤 식으로 사용할지에 대한 정책을 정하는 것이 중요하다. 이번 장에서 구현한 나빌눅스의 메모리 맵은 나빌눅스가 메모리를 어떻게 사용할지에 대한 정책을 정한 것이라고 할 수 있다.

나빌눅스의 메모리 맵을 확정한 다음, 확정된 메모리 맵에 맞추어 각 프로세서 동작 모드의 스택 포인터(sp) 초기 값을 설정해 주는 코드를 가장 먼저 수행하도록 entry.S를 수정하였다. 그리고 커널의 main( ) 함수에서 실제로 할당한 대로 스택이 제대로 잡혔는지를 확인하기 위해 지역 변수를 선언해서 지역 변수의 주소 값을 확인해 보았다. 그리고 역어셈블하여 지역 변수의 주소 값이 왜 그렇게 출력되는지를 좀더 명확하게 확인해 보았다.

다음 장에서는 이번 장에서 확정한 메모리 맵을 기반으로 사용자 태스크에 할당할 스택 영역을 초기화 하고, 초기화가 끝난 각 스택 영역을 사용자 태스크에 할당해 주는 메모리 관리자를 구현할 것이다.

8장

Learning Embedded OS

메모리 관리자 구현하기

8.1 임베디드 운영체제에서의 사용자 태스크

오늘도 우리는 버릇처럼 컴퓨터를 켜고, 각자 자신이 사용하는 운영체제가 부팅되기를 기다린다. 운영체제가 부팅되고 나면 게임을 하는 사람도 있고, 웹 서핑이나 메일 확인을 하는 사람도 있다.

  웹 서핑을 하기 위해서는 웹 브라우저를 실행시키고, 문서를 작성하기 위해서는 워드프로세서를 실행시킨다. 이렇게 컴퓨터로 어떤 작업을 하기 위해서는 프로그램을 실행해야 한다. 운영체제 자체로는 사용자에게 필요한 기능을 제공해 줄 수 없고 운영체제 위에서 어떤 프로그램이 실행되어야 한다.

8.1.1 태스크

운영체제 위에서 실행 중인 프로그램들을 보통 프로세스라고 부르는데, OS 커널 별로 프로세스와 스레드를 별도로 구현하기도 하고, 구분하지 않고 구현하기도 한다. 구체적으로 설명하자면 fork( ) 시스템 콜로 생성하는 것을 프로세스, thread_create( ) 함수로 생성하는 것을 스레드라고 명확히 구분한다. 반면에 리눅스에서는 fork( )로 생성하든 thread_create( )로 생성하든, 커널 내부에서는 동일한 과정을 거쳐서 프로세스(스레드)를 생성한다. 구현상 관점의 차이가 있을지 모르겠지만 논리적으로 봤을 때는 프로그램 내부에서 thread_create( )를 호출하는 경우 프로세스는 여러 개의 스레드를 포함한다. 프로세스와 스레드는 서로 다른 개념임이 분명하지만 임베디드 운영체제에서 프로세스와 스레드의 구분을 명확히 하는 것은 중요하지 않다. 한편 프로세스나 스레드를 묶어서 태스크라고 부르기도 하며, 특히나 임베디드 운영체제에서는 프로세스나 스레드라는 용어보다는 태스크라는 용어를 더 많이 사용한다.

태스크(task)라는 것은 프로세스나 스레드처럼 명확한 표현은 아니고 보통 작업의 단위를 일컫는다. 태스크는 프로세스로 기술될 수도 있고, 스레드로 기술될 수도 있다. 경우에 따라서는 한 프로세스나 스레드에 여러 태스크가 들어갈 수도 있다. 보통 프로세스와 스레드라는 용어는 둘을 분명히 구분할 때 사용하고, 태스크는 개념적으로 둘을 포괄한다고 보면 된다. 임베디드 운영체제에서는 사용자 프로그램의 역할을 하는 코드를 사용자 태스크라고 부른다.

리눅스나 윈도에서는 응용 프로그램이 별도로 파일 형태로 존재하고 있다가 명시적으로 실행을 시키면(마우스로 실행 파일을 클릭하거나 셸에서 실행파일 이름을 타이핑하고 엔터를 누르는 행위를 말한다) 메모리에 로드되어 프로세스가 동작한다. 하지만 임베디드 운영체제에서는 커널 이미지에 '응용 프로그램의 역할을 하는 코드'가 포함되어서 커널이 부팅되고 나면 함께 동작하게 된다. 마치 리눅스의 커널 스레드와 같은 개념이다.

8.1.2 메모리 관리자

태스크는 임베디드 운영체제에서 독립적인 실행 단위로 볼 수 있다. 그렇기 때문에 독립적인 스택 영역을 가져야 한다. 스택 영역을 할당 받기 위해서는 커널로부터 메모리의 특정 영역에 대한 사용 권한을 받아야 한다. 따라서 커널 안의 누군가가 메모리를 관리해 주어야 한다.

7장에서 메모리 맵을 설계할 때 SDRAM의 4메가바이트 위치부터 44메가바이트 위치까지의 40메가바이트를 사용자 태스크의 스택 영역으로 지정하였다. 각 태스크에는 1메가바이트씩의 스택 영역이 할당되어 총 40개의 태스크를 만들 수 있다.

사용자 태스크에 할당할 각 스택 영역은 블록화 되어 메모리 관리자에서 관리된다. 그리고 메모리 관리자는 40메가바이트를 40개의 블록으로 구분하고, 이를 추상화하는 자료 구조를 만든다. 이 자료 구조 안에서는 메모리 블록의 시작 주소나 끝 주소, 사용 중인지 여부 등 관련 데이터를 유지하고 있어야 한다. 그리고 이 블록들을 초기화하고 태스크에 블록을 할당하는 로직이 필요하다. 이번 장에서 구현할 메모리 관리자는 이와 같은 내용을 모두 포함한다.

8.2 실습 : 메모리 관리자 정의

8.2.1 자유 메모리 블록 정의

커널은 선형의 메모리 주소 공간을 일정한 크기로 잘라서 관리한다. 그래서 메모리 주소를 기준으로 메모리 주소 공간을 추상화하는 자료 구조가 필요하다. 자료 구조를 만들 때 블록의 범위를 지정하기 위해 메모리 주소를 이용하는 방법에는 여러 가지가 있다. 블록의 시작 주소와 크기를 관리하는 방법, 블록의 시작 주소와 끝 주소를 관리하는 방법, 블록의 끝 주소와 크기를 관리하는 방법 등 여러 가지 방법 중에서 나빌눅스는 블록의 시작 주소와 끝 주소를 관리하는 방법을 사용할 것이다. 추가로 이 블록들이 사용자 태스크에 할당되었는지 할당되지 않았는지 표시하는 플래그도 필요하다.

메모리 관리자는 새로운 소스 파일에 추가된다. navilnux_memory.h 파일을 만들고 아래와 같은 내용을 넣자.

```
chap8/include/navilnux_memory.h
#ifndef _NAVIL_MEM
#define _NAVIL_MEM

typedef struct _navil_free_mem {
    unsigned int block_start_addr;
    unsigned int block_end_addr;
    int is_used;
} Navil_free_mem;

#endif
```

Navil_free_mem 구조체는 위에서 설명한 대로 선형의 메모리 공간을 추상화 하는 자료 구조다. 이 구조체로 지정하는 메모리 공간은 커널에서 사용자 태스크에게 자유롭게 할당할 수 있다. 따라서 이제부터 이 구조체를 자유 메모리 블록이라고 부르겠다(그림 8-1). 자유 메모리 블록에는 세 개의 변수가 있다. 블록의 시작 주소, 블록의 끝 주소, 블록이 사용 중인지 나타내는 플래그다.

8.2.2 메모리 관리자 함수 정의

데이터를 추상화한 자료 구조를 만들었으니 이 자료 구조를 초기화 해주고 사용하는 함수를 만들어야 한다. 이 함수는 메모리 관리자에 소속되는 일종의 메서드다. 계속해서 navilnux_memory.h 파일을 수정한다. 수정된 내용은 아래와 같다.

그림 8-1 자유 메모리 블록

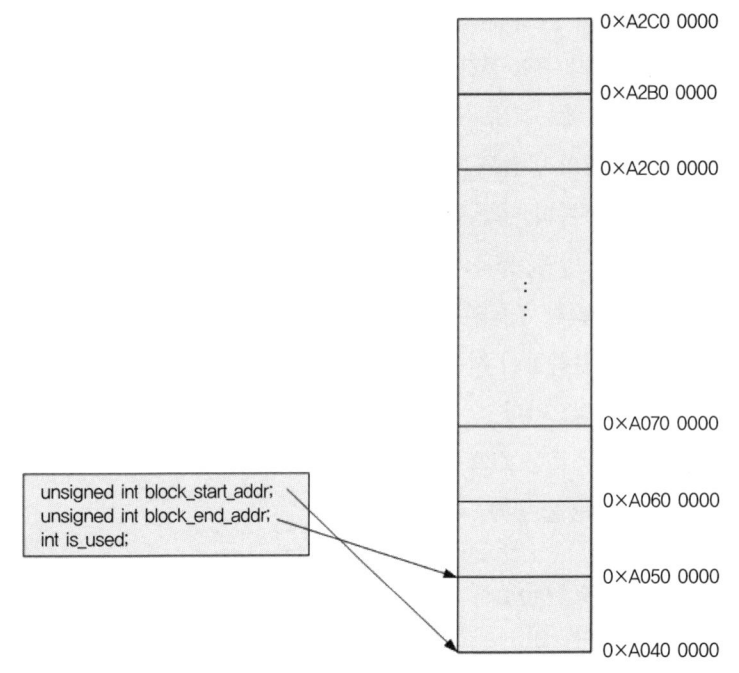

```
chap8/include/navilnux_memory.h
```

```
#ifndef _NAVIL_MEM
#define _NAVIL_MEM

#define MAXMEMBLK 40


typedef struct _navil_free_mem {
    unsigned int block_start_addr;
    unsigned int block_end_addr;
    int is_used;
} Navil_free_mem;

typedef struct _navil_mem_mng {
    Navil_free_mem free_mem_pool[MAXMEMBLK];

    void (*init)(void);
    unsigned int (*alloc)(void);
} Navil_mem_mng;

void mem_init(void);
```

```
unsigned int mem_alloc(void);

#endif
```

Navil_mem_mng 구조체가 나빌눅스의 메모리 관리자이며, 자유 메모리 블록을 추상화하는 free_mem_pool 배열 변수와 init, alloc이라는 함수 포인터를 가지고 있다. Navil_mem_mng 구조체는 C++ 클래스를 정의해 놓은 것과 비슷하다. 그래서 마치 클래스처럼 데이터와 메서드가 하나의 객체에 포함되어 있다. Navil_mem_mng 구조체 선언 부분 아래에는 init와 alloc 변수에 실제 포인터를 전달할 함수의 프로토타입이 선언되어 있다.

60메가바이트의 메모리 중 40메가바이트는 사용자 태스크의 스택 영역에 할당하고 20메가바이트는 동적 메모리 할당 영역으로 설정했었다. 하나의 사용자 태스크에 할당하는 스택 영역은 1메가바이트기 때문에 최대 40개의 태스크를 할당할 수 있다. 하나의 태스크가 하나의 자유 메모리 블록을 받으므로, 자유 메모리 블록의 개수도 최대한 사용할 수 있는 사용자 태스크의 개수와 같다. 그래서 MAXMEMBLK는 40으로 정의하였다.

mem_init( ) 함수는 이름 그대로 메모리 관리자를 초기화 해 주는 함수다. 앞으로 메모리 관리자의 기능이 확장되더라도 메모리 관리자의 초기화는 이 함수에서 모두 전담한다. mem_alloc( ) 함수는 사용자 태스크에 자유 메모리 블록을 한 개씩 할당해 주는 역할을 한다. 이 함수는 메모리 관리자의 자유 메모리 블록 리스트를 순회 하면서 가장 먼저 나오는 사용하지 않은 블록을 태스크에 할당해 준다. 그리고 해당 블록에는 사용 중 표시를 한다.

일단 필요한 기능은 여기까지다. 메모리 관리자의 기본 틀은 만들었으므로 기능을 추가할 필요가 있을 때마다 확장하면 될 것이다.

8.3 실습 : 메모리 관리자 함수 구현

메모리 관리자 초기화 함수에서 가장 먼저 하는 일은 자유 메모리 블록의 초기화다. 할당된 범위만큼을 일정한 크기로 분할해서 자유 메모리 블록에 지정하고 플래그를 초기화 하는 일을 한다. 그리고 함수 포인터를 연결한다.

이어서 사용자 태스크에 스택 영역을 할당해 주는 스택 할당자 함수를 구현한다. 스택 할당자는 자유 메모리 블록 리스트를 앞에서부터 순회한다. 그러면서 가장 먼저 발견되는 사용하지 않은 자유 메모리 블록을 태스크에 할당해 준다.

이제 메모리 관리자를 구현할 navilnux_memory.c 파일을 새로 만든다. 파일의 전체 소스는 아래와 같다.

chap8/navilnux_memory.c

```c
#include <navilnux.h>

Navil_mem_mng memmng;

#define STARTUSRSTACKADDR    0xA0400000  // 4M
#define USRSTACKSIZE         0x00100000  // 1M

unsigned int mem_alloc(void)
{
    int i;
    for(i = 0 ; i < MAXMEMBLK ; i++){
        if(memmng.free_mem_pool[i].is_used == 0){
            memmng.free_mem_pool[i].is_used = 1;
            return memmng.free_mem_pool[i].block_end_addr;
        }
    }
    return 0;
}

void mem_init(void)
{
    unsigned int pt = STARTUSRSTACKADDR;
    int i;

    for(i = 0 ; i < MAXMEMBLK ; i++){
        memmng.free_mem_pool[i].block_start_addr = pt;
        memmng.free_mem_pool[i].block_end_addr = pt + USRSTACKSIZE -4;
        memmng.free_mem_pool[i].is_used = 0;
        pt += USRSTACKSIZE;
    }

    memmng.init = mem_init;
    memmng.alloc = mem_alloc;
}
```

아주 간단한 소스다. 이 정도로도 메모리 관리자는 매우 훌륭하게 동작한다. navilnux.h에서는 앞서 작성한 navilnux_memory.h를 #include하고 navilnux_memory.c에서는 navilnux.h만 #include한다.

8.3.1 메모리 관리자 커널 전역 변수 선언

소스의 시작 부분에 memmng라는 커널 전역 변수를 선언한다. memmng는 이제 커널 안에서 유일하게 존재하는 메모리 관리자의 인스턴스가 된다. 메모리 관리자에 관계된 모든 접근은 초기화 함수를 제외하고는 모두 memmng 변수를 통해서만 접근하게 할 것이다. 이와 같은 접근 정책은 이후에 나빌눅스에 계속 추가되는 태스크 관리자나 메시지 관리자, 디바이스 드라이버 관리자 등에도 동일하게 적용된다. 그래야 나빌눅스가 계속 확장되어도 각 모듈에 대한 접근 방법에 일관성을 유지할 수 있다.

8.3.2 메모리 분할 크기 설정

7장에서 설계한 메모리 맵에 따라 사용자 태스크에 할당되는 사용자 스택 영역의 시작 위치는 4메가바이트가 되는 부분인 0xA0400000 번지다. 이 값을 STARTUSRSTACKADDR이라는 이름으로 정의하였다. 개별 사용자 태스크에 할당되는 스택 공간의 크기는 1메가바이트로 결정하였으므로 USRSTACKSIZE는 1메가바이트를 나타내는 0x00100000으로 정의하였다.

8.3.3 mem_init() 함수 설명

mem_init( ) 함수는 메모리 관리자를 초기화 해주는 함수다. 함수의 앞부분에 나

그림 8-2 메모리 관리자

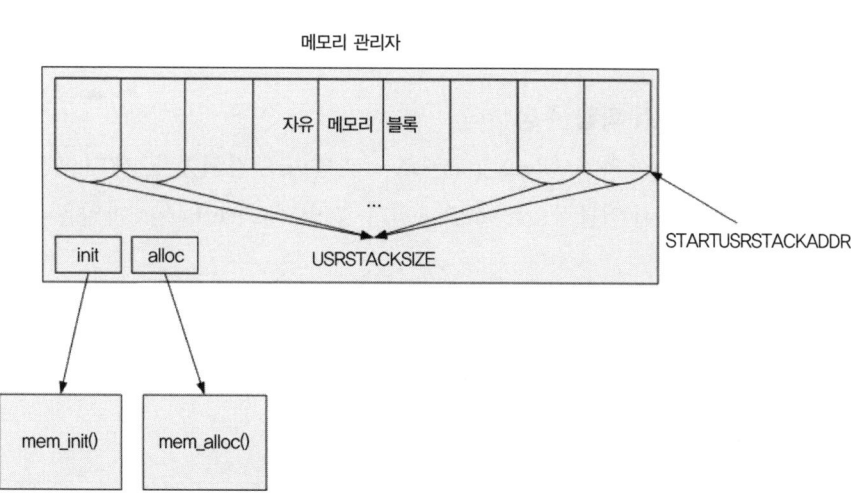

오는 for 루프에서 navilnux_memory.h에 정의한 MAXMEMBLK 개수만큼 루프를 돌며 자유 메모리 블록을 초기화한다. 루프를 다 돌고 나면 자유 메모리 블록의 함수 포인터를 실제 함수와 연결한다.

그림 8-2를 보면, 각 루프마다 설정해주는 자유 메모리 블록의 시작 주소는 사용자 스택 영역의 시작 주소인 STARTUSRSTACKADDR부터 시작하여 USRSTACKSIZE 만큼씩 더해 가며 값을 하나씩 할당한다. 그리고 각 블록의 끝 주소를 설정할 때는 커널 스택 영역을 초기화 할 때와 마찬가지로 4바이트를 빼서 각 스택 영역이 서로 겹치지 않게 여유 공간을 두었다. 이어서 초기 실행시 자유 메모리 블록을 비우기 위해, 자유 메모리 블록의 사용 플래그를 0으로 설정하였다. 그 아랫부분에서는 함수 포인터를 연결한다.

8.3.4 mem_alloc() 함수 설명

mem_alloc( ) 함수는 사용자 태스크에 스택의 시작 위치를 리턴해 주는 스택 할당자다. 함수의 구현은 지극히 간단하다. 자유 메모리 블록 리스트를 돌면서 사용 중인지 아닌지를 본 다음, 가장 먼저 나오는 비어있는 자유 메모리 블록의 끝 주소를 리턴해 준다.

앞서 설명했듯이 gcc는 별다른 설정이 없을 경우에 스택을 아래로 자라는 방향(메모리 주소가 감소하는 방향)으로 사용한다. 그러므로 사용자 태스크에 전달하는 스택 초기 값도 자유 메모리 블록의 시작 주소(주소 값이 작은 주소)를 넘겨주는 것이 아니라, 끝 주소(주소 값이 큰 주소)를 넘겨주어야 한다. 그래야만 스택의 확장 방향이 사용자 태스크에 할당된 영역 안에 제대로 들어가게 된다.

8.3.5 navilnux.h 파일 수정

navilnux_memory.h와 navilnux_memory.c 파일이 추가되었다. 헤더 파일은 navilnux.h 파일에서 일괄적으로 #include한다. 그러므로 navilnux.h 파일을 아래와 같이 수정한다.

```
chap8/navilnux.h
#ifndef _KERNEL_H_
#define _KERNEL_H_

#include <pxa255.h>
#include <time.h>
```

```
#include <gpio.h>
#include <stdio.h>
#include <string.h>
#include <navilnux_memory.h>

#endif
```

navilnux_memory.h 파일을 #inlcude하는 문장이 한 줄 추가되었다.

8.3.6 Makefile 수정

navilnux_memory.c 파일이 추가되었으므로 navilnux_memory.c 파일을 빌드하여 커널 이미지에 포함시키기 위해 Makefile을 아래 소스코드처럼 수정한다.

`chap8/Makefile`
```
CC = arm-linux-gcc
LD = arm-linux-ld
OC = arm-linux-objcopy

CFLAGS    = -nostdinc -I. -I./include
CFLAGS   += -Wall -Wstrict-prototypes -Wno-trigraphs -O0
CFLAGS   += -fno-strict-aliasing -fno-common -pipe -mapcs-32
CFLAGS   += -mcpu=xscale -mshort-load-bytes -msoft-float -fno-builtin

LDFLAGS   = -static -nostdlib -nostartfiles -nodefaultlibs -p -X -T ./main-ld-script

OCFLAGS = -O binary -R .note -R .comment -S

CFILES = navilnux.c navilnux_memory.c
HFILES = include/navilnux_memory.h include/navilnux.h

all: $(CFILES) $(HFILES)
    $(CC) -c $(CFLAGS) -o entry.o entry.S
    $(CC) -c $(CFLAGS) -o gpio.o gpio.c
    $(CC) -c $(CFLAGS) -o time.o time.c
    $(CC) -c $(CFLAGS) -o vsprintf.o vsprintf.c
    $(CC) -c $(CFLAGS) -o printf.o printf.c
    $(CC) -c $(CFLAGS) -o string.o string.c
    $(CC) -c $(CFLAGS) -o serial.o serial.c
    $(CC) -c $(CFLAGS) -o lib1funcs.o lib1funcs.S
    $(CC) -c $(CFLAGS) -o navilnux.o navilnux.c
    $(CC) -c $(CFLAGS) -o navilnux_memory.o navilnux_memory.c
    $(LD) $(LDFLAGS) -o navilnux_elf entry.o gpio.o time.o vsprintf.o printf.o string.o serial.o lib1funcs.o navilnux.o navilnux_memory.o
    $(OC) $(OCFLAGS) navilnux_elf navilnux_img
    $(CC) -c $(CFLAGS) -o serial.o serial.c -D IN_GUMSTIX
    $(LD) $(LDFLAGS) -o navilnux_gum_elf entry.o gpio.o time.o vsprintf.o printf.o string.o serial.o lib1funcs.o navilnux.o navilnux_memory.o
```

```
        $(OC) $(OCFLAGS) navilnux_gum_elf navilnux_gum_img

clean:
    rm *.o
    rm navilnux_elf
    rm navilnux_img
    rm navilnux_gum_elf
    rm navilnux_gum_img
```

navilnux_memory.c를 빌드하여 navilnux_memory.o 파일을 만들고, 이 파일들을 합쳐서 navilnux_img와 navilnux_gum_img 파일을 만드는 명령이 추가되었다. make를 실행하면 빌드가 될 것이다. 이번 장에서 구현한 메모리 관리자는 실제 태스크 관리자가 완성되고 사용자 태스크를 추가할 다음 장에서야 제대로 동작하는지를 확인할 수 있다. 그러므로 이번 장에서 만든 나빌눅스 커널 이미지는 이지보드나 에뮬레이터에서 돌려봤자 지난 장에서의 결과와 다르지 않다.

8.4 정리

나빌눅스에서 메모리 관리자가 하는 일은 크게 두 가지다. 첫 번째는 사용자 태스크에게 스택 초기 값을 할당해 주는 역할, 즉 정적 메모리 할당이다. 두 번째는 동적 메모리 관리 기능이다. 동적 메모리 할당/해제 기능은 15장에서 다룰 것이다. 그래서 이번 장에서는 정적 메모리 할당 기능만을 구현하였다.

실제 작성한 자유 메모리 블록과 메모리 관리자의 자료 구조 그리고 스택 할당자와 메모리 관리자 초기화 함수의 내용을 보면 그다지 복잡하지도 어렵지도 않다. 오히려 수준 낮다고 느껴질 정도의 쉽고 짧은 코드다. 리눅스나 윈도의 그것과 비교할 수 없을 만큼 단순하고 이해하기 쉽다. 이렇듯 기능을 최소한으로 줄이고 의도적으로 코드를 쉽게 작성하려 한다면 운영체제를 만들어 가는 과정은 그렇게 어렵지 않다.

앞으로 나빌눅스에 기능들이 계속 추가되면서 확장될 것이다. 하지만 확장되는 기능들도 이번 장에서 구현한 메모리 관리자처럼 결코 어렵지 않을 것이다.

9장

Learning Embedded OS

태스크 관리자 구현하기

9.1 태스크 컨트롤 블록

태스크란 운영체제가 제어하는 프로그램의 기본 단위라고 말할 수 있다. 운영체제를 설계할 때 설계자가 태스크를 어떻게 정의하느냐에 따라 태스크는 개별 프로그램이 될 수도 있고 연속된 프로그램의 흐름이 될 수도 있다. 나빌눅스에서는 태스크를 개별 프로그램으로 정의한다.

하나의 운영체제에는 여러 개의 태스크가 존재하고 운영체제는 이 태스크들을 관리, 제어해야 한다. 운영체제가 CPU에게 동작시킬 태스크를 지정해 주면 CPU는 해당 태스크를 실행한다. 운영체제가 관리할 수 있는 태스크가 여러 개면 멀티태스킹 운영체제라고 하며, 한 개 뿐이면 싱글태스킹 운영체제라고 한다. 도스(DOS)는 대표적인 싱글태스킹 운영체제고 윈도나 리눅스 같은 운영체제는 대부분 멀티태스킹 운영체제다. 나빌눅스도 멀티태스킹 운영체제로 만들것이다. 멀티태스킹 운영체제를 만들기 위해서는 운영체제가 여러 개의 태스크를 관리할 수 있어야 하고 이를 위해 태스크에 대한 추상화된 자료 구조를 가지고 있어야 한다. 이렇게 커널 안에 존재하는 태스크를 추상화한 자료 구조를 태스크 컨트롤 블록이라고 한다. 태스크는 프로세스나 스레드의 형태로도 볼 수 있다고 하였으므로 리눅스에서는 프로세스 컨트롤 블록으로 부른다. 리눅스에서 PCB(Process Control Block)라고 부르는 것이나 나빌눅스에서 TCB(Task Control Block)라고 부르는 것이나 개념적으로는 같다.

운영체제에서 태스크라고 하는 것은 결국 태스크 컨트롤 블록의 인스턴스라고 봐도 무방하다. 그리고 운영체제는 이 태스크 컨트롤 블록에 포함된 여러 정보를 이용해서 태스크를 관리한다. 또한 태스크 컨트롤 블록 안에 포함된 컨텍스트 정보를 이용하여 컨텍스트 스위칭을 수행한다.

운영체제를 구성하는 많은 자료 구조 중에서도 태스크 컨트롤 블록은 가장 중요한 자료 구조 중 하나라고 말할 수 있다. 그래서 운영체제의 복잡도에 비례하여 필연적으로 태스크 컨트롤 블록의 자료 구조도 복잡해진다. 하지만 나빌눅스는 단순하고 간단한 임베디드 운영체제다. 그러므로 나빌눅스의 태스크 컨트롤 블록 역시 단순하고 간단하게 구현할 것이다.

9.1.1 태스크 컨텍스트 정보

운영체제가 태스크를 관리하려면 여러 데이터가 필요하다. 예를 들어, 태스크마다 우선순위를 부여하여 태스크를 관리하는 우선순위 스케줄링을 사용한다면, 해당 태스크에 부여된 우선순위 값이 태스크 컨트롤 블록에 포함되어야 한다. 또한 pid(Process ID)를 운영체제에서 관리한다면 그 역시 포함되어야 한다. 그리고 생

그림 9-1 ARM 프로세서의 레지스터 셋

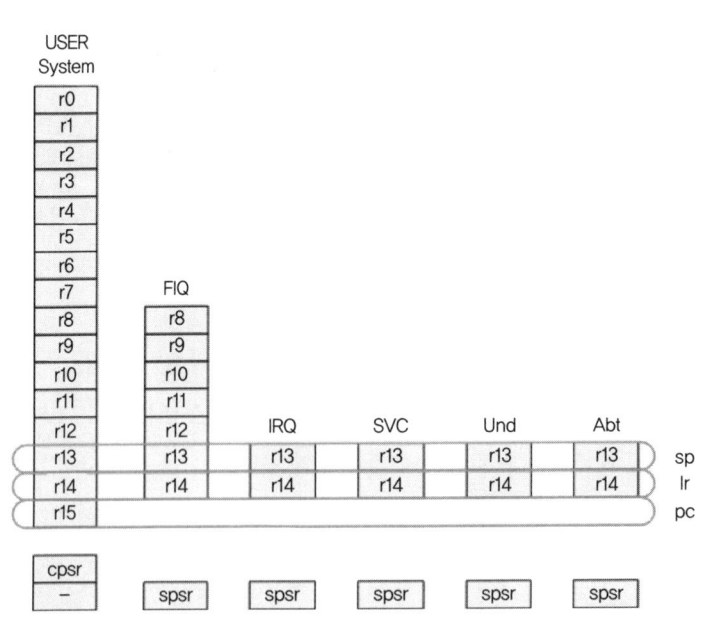

성시각, 동작시간, 실제 컨텍스트가 수행된 시간 등의 데이터가 포함될 수도 있다. 이 외에도 프로세스 관리에 필요하다고 생각되는 많은 데이터가 태스크 컨트롤 블록에 포함될 수 있다. 그 중에서 절대로 빠져서는 안 되는 정보가 바로 해당 태스크의 컨텍스트 정보다.

5장에서 태스크와 ISR간의 컨텍스트 스위칭을 구현할 때, 컨텍스트란 프로세서가 가지고 있는 값이라고 설명했다. 그리고 ARM에서는 좀더 정확하게 각 프로세서 동작 모드별로 정해져 있는 레지스터에 있는 값이라고 했다.

그림 9-1은 5장에 나왔던 ARM 프로세서의 각 동작 모드별로 할당된 레지스터를 나타낸 것이다. 태스크 컨트롤 블록 안에 포함되어야 하는 컨텍스트 정보란 그림에 있는 r0부터 r15까지의 레지스터에 있는 값과 cpsr(spsr)에 있는 값이다. 5장에서는 컨텍스트 정보가 스택에 있었지만 이젠 스택이 아니라 태스크 별로 할당된 공간에 들어있다. 태스크 컨트롤 블록이 육체라면 그 안에 들어가야 하는 컨텍스트 정보는 그 태스크의 영혼이라고 할까.

9.2 사용자 태스크

사용자 태스크(User Task)란 커널과는 별개로 사용자가 작성하여 커널에 포함시키는 태스크 함수들을 말한다. 만약 어떤 개발자가 자신의 임베디드 프로젝트에 나빌눅스를 사용하려 한다면, 그 개발자는 나빌눅스의 커널만으로는 아무것도 할 수 없고, 나빌눅스의 커널 위에서 동작하는 어떤 작업이 필요하다. 이 작업을 지정해 주는 것이 바로 사용자 태스크다.

우리가 리눅스나 윈도를 이용하여 프로그램을 개발할 때는 운영체제의 내부 구현을 몰라도 해당 운영체제가 지원하는 API만 알고 있으면 이들을 조합해서 응용 프로그램을 만들 수 있다. 마찬가지로 임베디드 운영체제에서도 API를 제공하고 제3자는 이를 조합하여 응용 프로그램의 역할을 하는 사용자 태스크를 작성할 수 있다.

다만 대부분의 임베디드 운영체제는 파일 시스템을 제공하지 않기 때문에 사용자 태스크가 실행 파일 형태로 존재하지 않고 커널 이미지에 포함된다. 커널 이미지에 포함되는 방식은 여러 가지가 있다. 그 중 가장 쉽고 간단한 방법은 그림 9-2처럼 함수를 커널 내부에 구현하고, 커널 내부에 위치한 포인터로 이 함수들을 가

그림 9-2 커널 이미지 안에 포함된 사용자 태스크

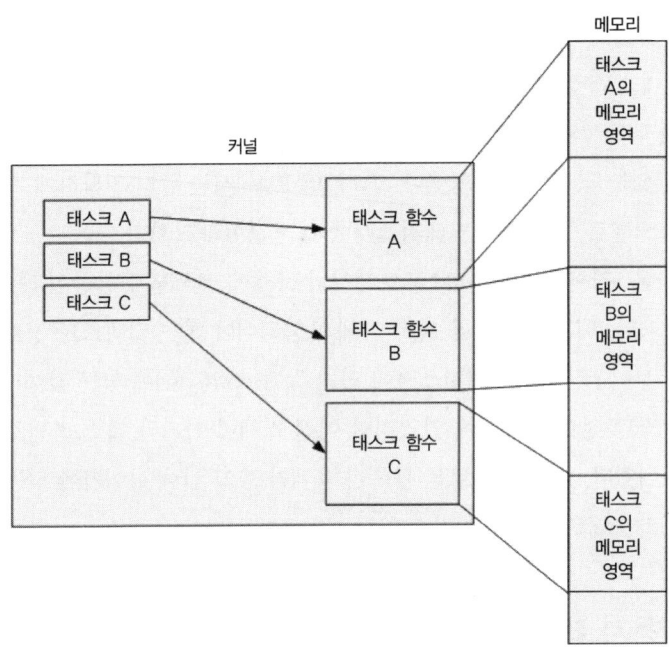

리키며, 개별 함수마다 별개의 메모리 공간을 가지게 하는 방식이다.

임베디드 운영체제에서의 사용자 태스크를 일종의 커널 스레드로 보는 사람들도 있다. 커널 스레드는 특권 모드에서 동작한다. 하지만 임베디드 운영체제에서 사용자 태스크가 실행되는 동안에는 프로세서 동작 모드가 USER 모드이고 시스템 콜을 통해서 커널 자원을 요청할 때만 특권 모드로 전환된다. 그리고 다시 사용자 태스크가 동작할 때는 USER 모드로 돌아오므로 엄밀한 의미에서 사용자 태스크를 커널 스레드의 일종이라고 보긴 어렵다. 다만 코드의 텍스트 이미지가 커널과 함께 빌드되어 보드에 올라갈 뿐이다.

9.2.1 사용자 태스크의 등록과 로딩

사용자 태스크가 함수 수준으로 구현되기는 하지만 개념상으로는 사용자 태스크 함수 자체가 개별적인 프로그램의 역할을 한다. 리눅스나 윈도에는 셸이 존재하여 파일 시스템에 있는 실행 파일을 실행시키면 로더가 실행 파일의 내용을 읽어서 메모리에 로드한다. 그리고 동시에 커널에 해당 프로그램이 프로세스로 등록된다. 임베디드 운영체제에는 대부분 셸이 없기 때문에 로더의 역할을 커널이 부팅시에 수행한다. 그래서 사용자 태스크 함수가 커널 이미지와 함께 빌드되어 있다. 또한 그렇기 때문에 커널이 부팅될 때 사용자 태스크 함수들도 적당한 위치에 로딩된다. 그러므로 로딩에 대해서는 별도로 해 주어야 할 작업이 없다.

다만 커널의 태스크 컨트롤 블록을 사용자 태스크에 할당하는 작업을 해주어야 한다. 그래서 커널 초기화 단계에서 사용자 태스크 함수의 함수 포인터를 커널에 넘겨 태스크 컨트롤 블록과 사용자 태스크 함수를 연결시킨다. 이 함수 포인터가 사용자 태스크의 시작점(Entry Point)이 된다.

스케줄링을 통해서 사용자 태스크를 처음으로 실행할 때, 커널은 태스크 컨트롤 블록에 등록된 사용자 태스크 함수의 시작점부터 실행한다. 이는 리눅스나 윈도에서 응용 프로그램을 실행할 때 로더가 실행 파일 이미지의 시작점을 커널에 알려주어 프로그램을 동작시키는 것과 완전히 동일한 개념이다.

9.3 실습 : 태스크 관리자 정의

9.3.1 태스크 컨트롤 블록 정의

태스크는 커널 안에서 태스크 컨트롤 블록으로 추상화되기 때문에, 태스크를 관리하는 태스크 관리자에도 태스크 컨트롤 블록이 포함되어야 한다. 여기서는 태스크 컨트롤 블록이 최소한의 정보만을 포함하도록 설계할 것이다. 이 최소한의 정보란 태스크의 컨텍스트다.

태스크 관리자는 운영체제에 추가되는 새로운 모듈이므로 파일을 새로 만든다. 프로토타입을 정의할 navilnux_task.h 파일을 만들고 먼저 태스크 컨트롤 블록부터 구현해 보자.

```
chap9/include/navilnux_task.h
```
```
#ifndef _NAVIL_TASK
#define _NAVIL_TASK

typedef struct _navil_free_task {
    unsigned int context_spsr;
    unsigned int context[13];
    unsigned int context_sp;
    unsigned int context_lr;
```

```
    unsigned int context_pc;
} Navil_free_task;

#endif
```

자유 메모리 블록과 이름 연관성을 유지하기 위해 태스크 컨트롤 블록 자료 구조의 구조체 이름을 Navil_free_task로 지었다. 자유 태스크 블록이라고 불러도 무방할 것이다. gcc는 구조체를 컴파일할 때 구조체의 멤버 변수가 선언된 순서대로 메모리 주소를 할당한다. 그러므로 위 Navil_free_task 구조체의 멤버 변수 중 context_spsr에서 4바이트를 더하면 context 배열의 첫 번째 인덱스가 된다. 그리고 거기서 (13 * 4)바이트 만큼 주소를 증가시키면 context_sp의 위치가 된다. 마찬가지로 4바이트씩 더하면 순서대로 context_lr, context_pc가 된다. 이 구조는 5.2절에서 살펴보았던 ARM 프로세서의 레지스터 구조와 같다. 즉, 자유 태스크 블록 구조체가 할당되는 메모리 위치에 ARM 프로세서의 r0부터 r15까지의 레지스터 값과 spsr의 값이 저장되는 것이다.

Navil_free_task 구조체의 선언을 보면 알겠지만 나빌눅스는 태스크 ID나 기타 태스크 관련 정보를 따로 포함하지 않는다. 오직 태스크의 컨텍스트 정보만 포함하고 있다. 왜냐하면 태스크의 컨텍스트 정보만 가지고도 충분히 태스크를 관리할 수 있기 때문이다. 물론 앞으로 나빌눅스에 기능이 추가됨에 따라 태스크에 추가 정보를 포함할 필요가 있다면, 그때 가서 관리할 데이터를 태스크 컨트롤 블록에 추가하면 된다. 현재까지는 컨텍스트 정보만으로도 충분하다.

9.3.2 사용자 태스크의 컨텍스트 자료형 크기

ARM의 모든 레지스터는 32비트다. 더 정확히는 1워드(word) 만큼의 값을 가진다. C 언어에서 크기가 1워드인 자료형은 int 형이다. 레지스터에 들어가는 데이터의 부호는 의미가 없으므로 컨텍스트의 자료형은 모두 unsigned int 형이다. 32비트 프로세서에서 unsigned int 형의 크기는 32비트다. 그러므로 레지스터에 있는 데이터를 손실없이 모두 담을 수 있다.

Navil_free_task 구조체에서는 변수를 구분했지만 사실 unsigned int context[17] 처럼 선언해도 상관없다. 어차피 gcc가 구조체에 선언된 순서대로 변수의 메모리 공간을 할당해 주기 때문에, 같은 크기만큼의 배열을 선언하는 것과 할당받는 공간의 크기는 같다. 다만 가독성을 위해서 위와 같이 선언했을 뿐이다.

9.3.3 태스크 관리자 구조체 정의

메모리 관리자를 설명할 때, 태스크마다 메모리 블럭이 하나씩 할당되는데 이 블록을 자유 메모리 블록이라고 불렀다. 태스크 관리자에서도 마찬가지로 각 태스크 자체를 추상화하는 하나의 블록을 리스트로 가지는 배열을 자유 태스크 블록이라고 부르겠다.

이제 자유 태스크 블록을 리스트에 포함하고 이를 초기화해주는 함수 그리고 커널에 태스크를 등록하는 함수의 포인터를 포함하는 태스크 관리자를 정의해야 한다. 계속해서 navilnux_task.h 파일을 수정하자.

```
chap9/include/navilnux_task.h
#ifndef _NAVIL_TASK
#define _NAVIL_TASK

#define MAXTASKNUM   40
#define CONTEXTNUM   13

typedef struct _navil_free_task {
    unsigned int context_spsr;
    unsigned int context[CONTEXTNUM];
    unsigned int context_sp;
    unsigned int context_lr;
    unsigned int context_pc;
} Navil_free_task;

typedef struct _navil_task_mng {
    Navil_free_task free_task_pool[MAXTASKNUM];

    int max_task_id;

    void (*init)(void);
    int (*create)(void(*startFunc)(void));
} Navil_task_mng;

void task_init(void);
int task_create(void(*startFunc)(void));

#endif
```

전체적인 골격은 메모리 관리자와 동일하다. 앞으로 추가되는 모듈들 역시 계속 이런 형식의 구조를 유지할 것이다. 메모리 관리자에서 할당 가능한 자유 메모리 블록의 최대 개수를 40개로 하였으므로 태스크 관리자에서도 자유 태스크 블록의 최대 개수는 40개다. 그래서 MAXTASKNUM은 40으로 정의하였다.

Navil_task_mng는 태스크 관리자의 본 모습이다. 메모리 관리자와 마찬가지로 포함하고 있는 정보는 많지 않다. 하지만 이 정도의 정보만으로도 충분한 기능을 발휘한다. 나빌눅스에는 태스크 ID가 따로 없다. 따로 두어도 상관이 없을 것 같지만 태스크 관리자에서 free_task_pool 배열로 자유 태스크 블록 리스트를 만들어 사용하므로, 별도로 태스크 ID를 둘 것 없이 자유 태스크 블록 리스트의 인덱스를 그대로 태스크 ID처럼 사용할 것이다(그림 9-3).

그림 9-3 자유 태스크 블록의 인덱스는 태스크 ID

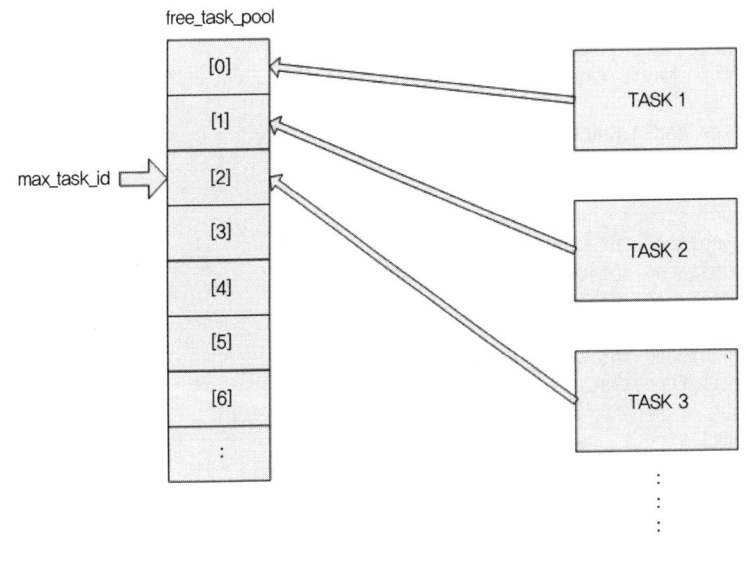

max_task_id는 커널에 태스크가 등록될 때마다 하나씩 증가하는 변수다. 그러므로 max_task_id는 자유 태스크 블록 리스트의 가장 위를 가리키고 있다.

task_init( ) 함수는 태스크 관리자를 초기화하는 함수다. mem_init( ) 함수와 마찬가지로 이 함수는 커널 초기화 함수에서 호출되어야 한다.

task_create( ) 함수는 사용자 태스크 함수를 커널에 등록시키고 사용자 태스크 함수의 함수 포인터와 태스크 컨트롤 블록을 연결시켜준다. 이 함수는 나빌눅스에 포함되는 사용자 태스크의 개수만큼 커널 초기화 함수에서 호출되어야 한다. 다른 임베디드 운영체제에도 task_create( )와 같은 역할을 하는 함수가 존재한다.

이런 함수에는 태스크 ID, 스택의 시작 주소, 우선순위, 스택의 진행 방향 등 십여 개의 매개변수가 전달되기도 한다. 하지만 기능을 최소화 한 나빌눅스에서는 함수 포인터 하나만 매개변수로 전달하면 된다.

9.4 실습 : 태스크 관리자 함수 구현

태스크 관리자의 초기화 함수에는 메모리 관리자의 초기화 함수와 마찬가지로 별로 특별한 내용이 없다. 자유 태스크 블록의 변수 값을 모두 0으로 초기화하고, init와 create 변수에 함수 포인터를 연결해 주는 것이 전부다.

함수 내부에는 메모리 관리자로부터 스택의 시작 값을 할당받는 로직이 들어가야 한다. 그리고 생성 가능한 태스크의 최대 개수를 넘었는지를 체크하는 코드도 필요하다.

태스크 관리자의 함수 본체는 navilnux_task.c 파일을 만들어서 구현한다. 새로 만드는 navilnux_task.c 파일의 내용은 아래와 같다.

```
chap9/navilnux_task.c
```
```c
#include <navilnux.h>

extern Navil_mem_mng memmng;
Navil_task_mng taskmng;

#define STARTUSRCPSR    0x68000050

int task_create(void(*startFunc)(void))
{
    int task_idx = 0;
    unsigned int stack_top = 0;

    taskmng.max_task_id++;
    task_idx = taskmng.max_task_id;

    if(task_idx >= MAXTASKNUM){
        return -1;
    }

    stack_top = memmng.alloc();

    if(stack_top == 0){
        return -2;
    }
```

```
            taskmng.free_task_pool[task_idx].context_spsr = STARTUSRCPSR;
            taskmng.free_task_pool[task_idx].context_sp = stack_top;
            taskmng.free_task_pool[task_idx].context_pc = (unsigned int)startFunc;

            return task_idx;
}
void task_init(void)
{
    int i;
    for(i = 0 ; i < MAXTASKNUM ; i++){
        taskmng.free_task_pool[i].context_spsr = 0x00;
            memset(taskmng.free_task_pool[i].context, 0, sizeof(unsigned int) * CONTEXTNUM);
        taskmng.free_task_pool[i].context_sp = 0x00;
        taskmng.free_task_pool[i].context_lr = 0x00;
        taskmng.free_task_pool[i].context_pc = 0x00;
    }

    taskmng.max_task_id = -1;

    taskmng.init = task_init;
    taskmng.create = task_create;
}
```

9.4.1 태스크 관리자 커널 전역 변수 선언

나빌눅스의 다른 커널 모듈과 마찬가지로 모든 헤더 파일은 navilnux.h에 몰아넣었다. 그리고 navilnux_memory.c에 선언되어 있는 memmng 커널 전역 변수를 extern으로 불러 왔다. 태스크를 생성할 때 스택 주소를 할당받기 위해서 메모리 관리자의 alloc( ) 함수를 이용해야 하기 때문이다. 이어서 태스크 관리자의 인스턴스인 커널 전역 변수 taskmng를 선언했다. memnng와 마찬가지로 태스크 관련 자료 구조나 함수들은 모두 taskmng를 통해서만 접근하게 할 것이다.

9.4.2 cpsr의 초기 값 설정

그 아래에 STARTUSRCPSR라는 레이블을 정의(define)했다. 이것은 사용자 태스크에 할당될 spsr의 초기 값이다. 그림 9-4에서 cpsr의 구조를 다시 살펴보면 32비트

그림 9-4 cpsr

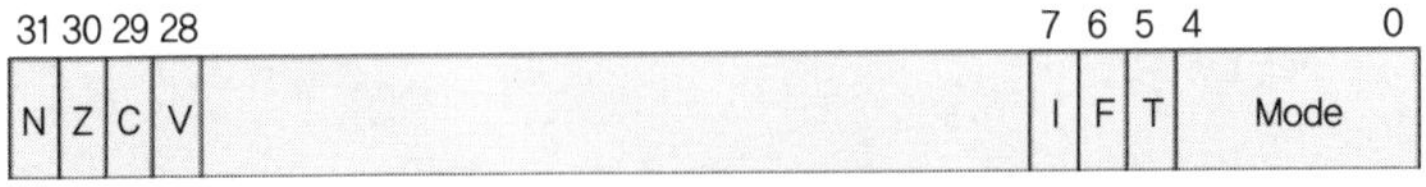

31 30 29 28		7 6 5 4	0
N Z C V		I F T	Mode

그림 9-5 STARTUSRCPSR

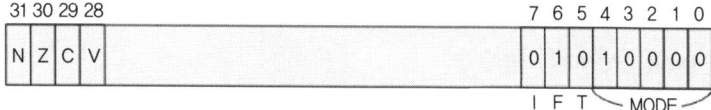

의 크기에 상위 4개 비트(28~31번 비트)에 NZCV의 오버플로우, 제로비트 등을 세팅하는 상태 플래그가 있고 하위 8개 비트(0~7번 비트)에 프로세서 모드와 IFT의 IRQ와 FIQ, Thumb 모드를 활성/비활성화하는 제어 비트들이 있다.

STARTUSRCPSR의 설정 값 0x68000050은 그림 9-5와 같이 하위 비트 0x50과 상위 비트 0x68로 구분해서 생각해 볼 수 있다. 하위 비트는 0x50으로 이진수로 01010000이다. 이 중 하위 5개 비트는 프로세서 모드로, 이진수 10000은 USER 모드다. 사용자 태스크이므로 프로세서 동작 모드는 USER 모드여야 한다. 그리고 FIQ와 Thumb 모드는 사용하지 않고, IRQ 모드만 사용할 것이므로 iFt(대문자로 표시하면 비트가 set(=1) 되었다는 의미다)로 세팅한다.

> **상위 비트 0×68**
>
> ARM 프로세서에서 cpsr의 상위 비트에 설정해야 하는 default 값이 무엇인지 찾아보았지만 찾을 수가 없어서, 아무것도 하지 않고 프로세서가 동작되자마자 cpsr의 값을 출력하는 펌웨어를 올려서 테스트 해 본 결과 cpsr의 상태 플래그가 0x68로 찍혔다. 실험적 결과이기 때문에 정확히 0x68 값을 써야 하는지에 대해서는 확신이 없으나, 0x68 값을 그대로 써도 별 문제는 없어 보인다.

9.4.3 task_init() 함수

task_create() 함수를 보기에 앞서 task_init() 함수를 보자. task_init() 함수는 단순하다. 자유 메모리 블록의 개수에 맞춰 정의된 MAXTASKNUM 만큼 자유 태스크 블록 리스트를 순회한다. 그러면서 내부의 컨텍스트 변수를 모두 0으로 만들어 준다. 그 다음에 max_task_id의 초기 값을 -1로 설정했다. 자유 태스크 블록 리스트는 배열로 구현되었기 때문에 첫 번째 자유 태스크 블록이 태스크 컨트롤 블록으로 할당되고 나면 max_task_id의 값이 0이 되어야 한다. 그래서 초기 값을 -1로 설정하였다. 그 밑으로는 함수 포인터를 연결해주는 코드가 나온다.

9.4.4 task_create() 함수

이어서 task_create() 함수다. 매개변수로는 사용자 태스크 함수의 함수 포인터를 받는다. 함수 포인터는 그 함수의 코드 텍스트 영역의 첫 번째 주소다. 즉, 그 함수의 시작 위치다. 그러므로 인자로 받은 함수 포인터는 태스크 컨트롤 블록의 pc의 초기 값이 된다. 코드의 앞부분에서는 max_task_id를 증가시키고 그 값이 MAXTASKNUM보다 큰지 확인하여 허용 가능한 태스크의 생성 개수를 넘겼는지 체크한다. 커널은 MAXTASKNUM에 정의된 개수보다 많은 태스크를 생성할 수 없다.

생성될 태스크의 개수를 체크하고 나면, 이제 메모리 관리자에게 스택 영역을 하나 할당받는다. 메모리 관리자 커널 전역 변수인 memmng를 통해 8장에서 만든 mem_alloc() 함수에 접근하여 stack_top에 주소를 할당받는다. 메모리 관리자 안에서 어떤 오류가 생긴다면 0을 받을 것이고 그렇게 되면 에러다. 제대로 스택 주소를 할당받았다면, 그 값을 컨텍스트의 sp에 할당한다. sp는 스택 포인터다. 즉 사용자 태스크는 sp에 설정된 주소 위치부터 스택을 사용하게 된다. 이어서 pc에는 매개변수로 받은 사용자 태스크 함수의 함수 포인터가 들어간다.

제대로 할당이 되었다면 커널이 부팅되어 초기화 과정을 마친 후 사용자 태스크를 동작시킬 때 pc에 저장된 주소에 있는 코드를 수행한다. 그리고 스택을 사용할 일이 생길 때 sp에 저장된 주소 위치부터 스택을 사용하게 될 것이다.

9.5 실습 : 사용자 태스크의 추가

임베디드 운영체제에서 사용자 서비스의 주체는 태스크다. 사용자 서비스란 임베디드 운영체제에서 시스템 자원을 제어해서 어떤 작업을 하는 코드다. 즉, 보드에 달린 LED를 점멸시키는 일, 터미널에 메시지를 출력하는 일, 모터를 돌리는 일, 센서를 제어하는 일 따위를 말한다. 이런 작업은 태스크에서 시스템 자원을 이용해서 하는 일이다. 그래서 우리가 만드는 그 운영체제가 제대로 돌아가는지를 확인하려면 확인용 태스크를 만들어서 이 태스크들이 제대로 동작하는지를 봐야 한다. 지금까지 아홉 개 장에 걸쳐 운영체제를 만들어 오는 과정 모두가 결과적으로는 사용자 태스크를 동작시키기 위한 준비 과정에 속한다. 하지만 아직도 태스크간 컨텍스트 스위칭은 구현하지 않았으므로 사용자 태스크를 완전히 사용할 수는 없다. 다만 사용자 태스크를 작성하고 커널에 등록시킬 수 있을 뿐이다.

9.5.1 사용자 태스크 함수의 추가

사용자 태스크는 의미상 커널과 완전히 별개다. 그러므로 파일도 분리되어야 한다. navilnux_user.c 파일을 만들자. 파일의 내용은 아래와 같다.

```
chap9/navilnux_user.c
```
```c
#include <navilnux.h>

extern Navil_task_mng taskmng;

void user_task_1(void)
{
    int a, b, c;

    a = 1;
    b = 2;
    c = a + b;

    printf("TASK1 - a:%p\tb:%p\tc:%p\n", &a, &b, &c);
}

void user_task_2(void)
{
    int a, b, c;

    a = 1;
    b = 2;
    c = a + b;

    printf("TASK2 - a:%p\tb:%p\tc:%p\n", &a, &b, &c);
}

void user_task_3(void)
{
    int a, b, c;

    a = 1;
    b = 2;
    c = a + b;

    printf("TASK3 - a:%p\tb:%p\tc:%p\n", &a, &b, &c);
}

void navilnux_user(void)
```

```
{
    taskmng.create(user_task_1);
    taskmng.create(user_task_2);
    taskmng.create(user_task_3);
}
```

사실상 같은 내용의 user_task_1 ~ 3이 있고, 이들 세 사용자 태스크를 커널에 등록하는 navilnux_user( ) 함수가 있다. navilnux_user( ) 함수는 커널 main( ) 함수에서 호출된다.

그림 9-6 사용자 태스크에 할당되는 메모리 주소

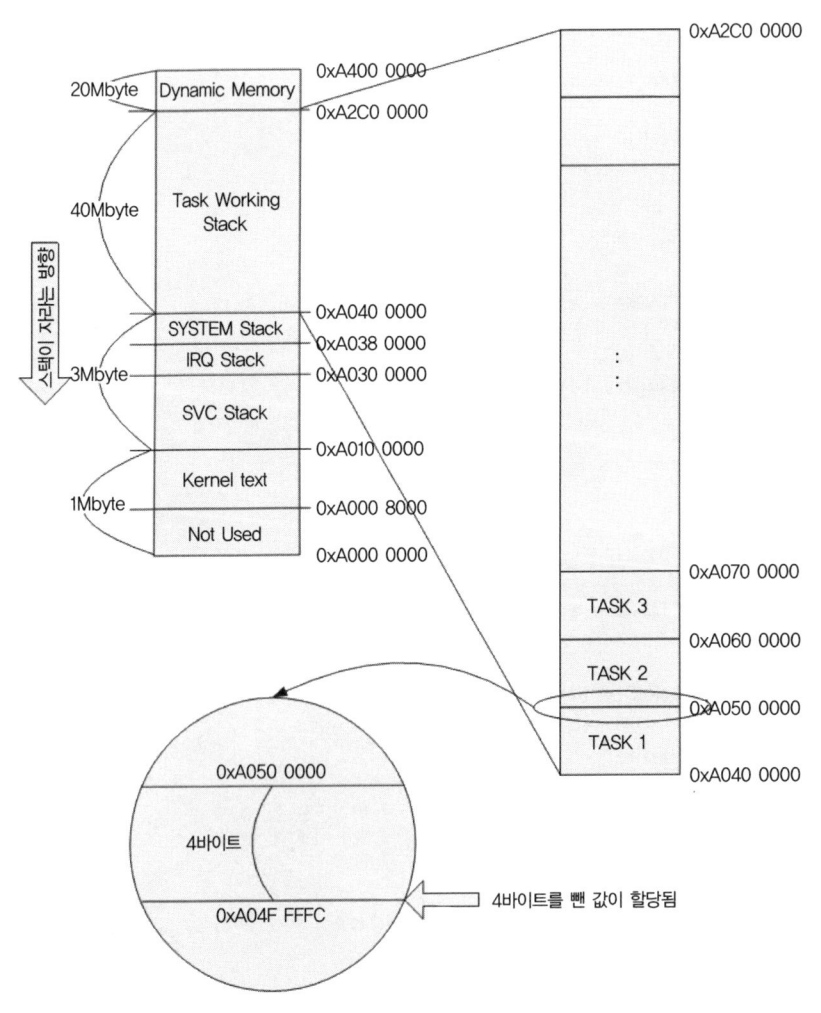

사용자 태스크 함수의 내용은 크게 의미가 없다. 세 개의 지역 변수를 선언하고, 두 변수의 값을 더한 다음, 각 변수의 주소를 출력한다. 각 사용자 태스크는 고유의 스택 영역을 가진다. 따라서 지역 변수는 앞에서부터 변수의 크기만큼 아래로 자란(감소한) 주소 값이 출력될 것이다(그림 9-6).

사용자 스택의 시작 주소는 0xA0400000이다. 그리고 각 스택별 사용자 영역의 크기는 1메가바이트다. 스택은 아래로 자란다고 하였으므로 사용자 태스크의 스택 시작 값은 스택 블록의 끝 값을 받는다. 그러므로 user_task_1은 0xA0500000번지의 스택을 할당받는다. 그러므로 user_task_2는 0xA0600000번지의 스택을 시작 주소로 할당 받고, user_task_3은 1메가바이트를 더 올라간 0xA0700000번지를 스택 시작 주소로 할당받는다. 사실 8장의 스택 할당자 코드를 보면 정확히 위에 서술한 주소가 아니라 4바이트를 뺀 주소를 할당한다.

소스 파일이 추가되었으니 헤더 파일을 하나 만들자. 이름은 navilnux_user.h이다. 만약 실제 장치를 활용하는 데 나빌눅스를 플랫폼으로 사용한다면 navilnux_user.c와 navilnux_user.h 두 파일만 수정하여 사용자 태스크를 추가할 수 있을 것이다.

`chap9/include/navilnux_user.h`

```c
#ifndef _NAVIL_USER
#define _NAVIL_USER

void user_task_1(void);
void user_task_2(void);
void user_task_3(void);

#endif
```

사용자 태스크의 프로토타입을 선언해 주었을 뿐이다. 혹시라도 사용자 태스크에서 필요로 하는 define 문 등이 필요하다면 이 헤더 파일에 선언하면 된다.

9.5.2 navilnux.h 파일 수정

이번 장에서는 총 네 개의 파일이 새로 추가되었다. 태스크 관리자와 관련해서 navilnux_task.h와 navilnux_task.c 파일이 추가되었다. 그리고 사용자 태스크와 관련해서 navilnux_user.h와 navilnux_user.c 파일이 추가되었다. 헤더 파일은 navilnux.h에서 통합하여 #include하므로 navilnux.h를 수정한다.

`chap9/include/navilnux.h`

```
#ifndef _KERNEL_H_
#define _KERNEL_H_

#include <pxa255.h>
#include <time.h>
#include <gpio.h>
#include <stdio.h>
#include <string.h>

#include <navilnux_memory.h>
#include <navilnux_task.h>

#include <navilnux_user.h>

void navilnux_init(void);
void navilnux_user(void);

#endif
```

navilnux_init( ) 함수는 아직 구현되지 않은 함수인데, 앞으로 나빌눅스 커널의 초기화를 전담할 것이다. 벌써 메모리 관리자, 태스크 관리자, 사용자 태스크 이렇게 세 개의 초기화를 수행해야 할 정도로 기능이 추가되었으므로 이 시점에서 커널 초기화 함수를 만드는 것이 적당하다고 생각한다.

9.5.3 navilnux.c 파일 수정 - navilnux_init( ) 함수 추가

이제 커널의 중심 파일인 navilnux.c 파일을 수정하자. main( ) 함수에 변화가 생겼다.

`chap9/navilnux.c`

```
#include <navilnux.h>

extern Navil_mem_mng memmng;
extern Navil_task_mng taskmng;

void swiHandler(unsigned int syscallnum)
{
    printf("system call %d\n", syscallnum);
}

void irqHandler(void)
{
    if( (ICIP&(1<<27)) != 0 ){
        OSSR = OSSR_M1;
        OSMR1 = OSCR + 3686400;
        printf("Timer Interrupt!!!\n");
    }
```

```c
}

void os_timer_init(void)
{
    ICCR = 0x01;

    ICMR |= (1 << 27);
    ICLR &= ~(1 << 27);

    OSCR = 0;
    OSMR1 = OSCR + 3686400;

    OSSR = OSSR_M1;
}

void os_timer_start(void)
{
    OIER |= (1<<1);
    OSSR = OSSR_M1;
}

void irq_enable(void)
{
    __asm__("msr    cpsr_c,#0x40|0x13");
}

void irq_disable(void)
{
    __asm__("msr    cpsr_c,#0xc0|0x13");
}

void navilnux_init(void)
{
    mem_init();
    task_init();

    os_timer_init();
    os_timer_start();
}

int main(void)
{
    navilnux_init();
    navilnux_user();

    irq_enable();

    int i;
    for(i = 0 ; i <= taskmng.max_task_id ; i++){
        printf("TCB : TASK%d - init PC(%p) \t init SP(%p)\n", i+1,
                taskmng.free_task_pool[i].context_pc,
                taskmng.free_task_pool[i].context_sp);
```

```
    }
    printf("REAL func TASK1 : %p\n", user_task_1);
    printf("REAL func TASK2 : %p\n", user_task_2);
    printf("REAL func TASK3 : %p\n", user_task_3);

    while(1){
        msleep(1000);
    }

    return 0;
}
```

이전과 달라진 부분이 몇 군데 보인다. 먼저 navilnux_init( ) 함수를 보자. 메모리 관리자와 태스크 관리자를 순서대로 초기화한다. 그리고 종전에는 main( ) 함수에서 직접 호출했던 os_timer_init( ) 함수와 os_timer_start( ) 함수를 navilnux_init( ) 함수 안으로 옮겨 놓았다. 앞으로도 초기화 관련 함수 및 코드들은 모두 navilnux_init( ) 함수로 일원화 한다.

9.5.4 main( ) 함수 수정

이제 main( ) 함수를 보면, navilnux_init( ) 함수를 실행해서 커널을 초기화한다. 그리고 navilnux_user( ) 함수를 실행해서 사용자 태스크를 모두 커널에 등록한다. 그런 다음 ARM 프로세서의 IRQ를 활성화한다.

IRQ를 활성화하는 irq_enable( ) 함수는 navilnux_user( ) 함수 다음에 호출한다. 왜냐하면 IRQ가 활성화 되면 커널 타이머가 동시에 동작하는데, 커널 타이머는 스케줄러를 동작시키기 때문에, IRQ를 navilnux_user( )보다 먼저 활성화하면 사용자 태스크가 커널에 등록되기도 전에 스케줄러가 동작하게 되어 커널이 제대로 동작하지 않는다. 그래서 실제 커널의 초기화가 모두 다 끝난 다음에 마지막으로 IRQ를 활성화시킨다.

irq_enable( ) 함수 아랫부분은 태스크가 제대로 등록되었는지를 확인하기 위한 일종의 디버그 메시지다. TCB에 등록된 context_pc의 값과 실제 사용자 태스크 함수의 값을 출력해서 같은지 보고, context_sp의 값을 출력하여 제대로 등록이 되었는지를 확인한다. 마지막에 나오는 무한루프에서는 아무것도 하지 않고, msleep( ) 함수로 지연시킨다.

9.5.5 Makefile의 수정

navilnux_task.c와 navilnux_user.c 파일이 추가되었으므로 Makefile을 수정한다.

chap9/Makefile

```
CC = arm-linux-gcc
LD = arm-linux-ld
OC = arm-linux-objcopy

CFLAGS   = -nostdinc -I. -I./include
CFLAGS  += -Wall -Wstrict-prototypes -Wno-trigraphs -O0
CFLAGS  += -fno-strict-aliasing -fno-common -pipe -mapcs-32
CFLAGS  += -mcpu=xscale -mshort-load-bytes -msoft-float -fno-builtin

LDFLAGS  = -static -nostdlib -nostartfiles -nodefaultlibs -p -X -T ./main
-ld-script

OCFLAGS = -O binary -R .note -R .comment -S

CFILES = navilnux.c navilnux_memory.c navilnux_task.c navilnux_user.c
HFILES = include/navilnux.h include/navilnux_memory.h include/
navilnux_task.h include/navilnux_user.h

all: $(CFILES) $(HFILES)
    $(CC) -c $(CFLAGS) -o entry.o entry.S
    $(CC) -c $(CFLAGS) -o gpio.o gpio.c
    $(CC) -c $(CFLAGS) -o time.o time.c
    $(CC) -c $(CFLAGS) -o vsprintf.o vsprintf.c
    $(CC) -c $(CFLAGS) -o printf.o printf.c
    $(CC) -c $(CFLAGS) -o string.o string.c
    $(CC) -c $(CFLAGS) -o serial.o serial.c
    $(CC) -c $(CFLAGS) -o lib1funcs.o lib1funcs.S
    $(CC) -c $(CFLAGS) -o navilnux.o navilnux.c
    $(CC) -c $(CFLAGS) -o navilnux_memory.o navilnux_memory.c
    $(CC) -c $(CFLAGS) -o navilnux_task.o navilnux_task.c
    $(CC) -c $(CFLAGS) -o navilnux_user.o navilnux_user.c
    $(LD) $(LDFLAGS) -o navilnux_elf entry.o gpio.o time.o vsprintf.o
printf.o string.o serial.o lib1funcs.o navilnux.o navilnux_memory.o
navilnux_task.o navilnux_user.o
    $(OC) $(OCFLAGS) navilnux_elf navilnux_img
    $(CC) -c $(CFLAGS) -o serial.o serial.c -D IN_GUMSTIX
    $(LD) $(LDFLAGS) -o navilnux_gum_elf entry.o gpio.o time.o
vsprintf.o printf.o string.o serial.o lib1funcs.o navilnux.o
navilnux_memory.o navilnux_task.o navilnux_user.o
    $(OC) $(OCFLAGS) navilnux_gum_elf navilnux_gum_img

clean:
    rm *.o
    rm navilnux_elf
    rm navilnux_img
    rm navilnux_gum_elf
    rm navilnux_gum_img
```

위 소스코드처럼 Makefile을 수정하고 make를 실행해서 이미지 파일을 생성한 다음 에뮬레이터나 이지보드에 올려서 결과를 확인해 보자. 실행 결과는 아래와 같다.

```
TCB : TASK1 - init PC(a000ba40)     init SP(a04ffffc)
TCB : TASK2 - init PC(a000ba94)     init SP(a05ffffc)
TCB : TASK3 - init PC(a000bae8)     init SP(a06ffffc)
REAL func TASK1 : a000ba40
REAL func TASK2 : a000ba94
REAL func TASK3 : a000bae8
Timer Interrupt!!!
Timer Interrupt!!!
Timer Interrupt!!!
        :
        :
```

0xA000BA40, 0xA000BA94, 0xA000BAE8 세 주소 값은 사용자 태스크 함수가 로딩된 메모리 주소다. 커널이 로딩될 때 함께 로딩되므로 주소의 위치는 커널이 시작하는 위치인 0xA0008000 번지에서 멀지 않은 곳으로 지정된다. 그리고 각 태스크 별로 출력되는 sp의 값은 각각 첫 번째 자유 메모리 블록의 끝 값에서 4바이트를 뺀 0xA04FFFFC, 두 번째 자유 메모리 블록의 끝 값에서 4바이트를 뺀 0xA05FFFFC, 세 번째 자유 메모리 블록의 끝 값에서 4바이트를 뺀 0xA06FFFFC이다.

9.6 정리

임베디드 운영체제든 범용 운영체제든 사용자 서비스의 주체는 태스크(프로세스)다. 이번 장에서는 임베디드 운영체제에서 태스크를 관리하기 위해 태스크 관리자를 구현해 보았다. 그리고 태스크 관리자를 구현하면서 태스크 자체를 커널 안에서 관리하기 위해 추상화 자료 구조인 태스크 컨트롤 블록(TCB: Task Control Block)을 설계/구현해 보았다. 태스크 관리자는 태스크 컨트롤 블록의 리스트를 관리하며, 태스크에 대한 모든 것을 담당한다.

이렇게 커널에 사용자 태스크를 등록할 준비를 모두 마쳤으므로 실제로 사용자 태스크 함수를 작성하여 커널에 등록시켜 보았다. 그리고 태스크 컨트롤 블록의 값을 출력해 봄으로써 값이 제대로 들어가 있는지를 확인해 보았다.

다음 장에서는 운영체제의 핵심이라고 할 수 있는 컨텍스트 스위칭을 구현해 볼 것이다.

10장

Learning Embedded OS

컨텍스트 스위칭 구현하기

10.1 컨텍스트 스위칭과 스케줄러

10.1.1 멀티태스킹

멀티태스킹이라는 말을 한 번쯤은 들어봤을 것이다. 윈도나 리눅스 같은 운영체제는 멀티태스킹 운영체제다. 그래서 이 운영체제를 사용할 때 우리는 동시에 여러 개의 작업을 할 수 있다. 음악을 들으면서 워드프로세서로 문서를 작성하고, 문서 작성에 필요한 참고 자료를 찾기 위해 웹 브라우저를 띄워서 웹사이트를 검색하다가, 친구가 메신저로 말을 걸면 한동안 수다를 떨기도 한다. 우리는 이 모든 작업을 동시에 하는 것처럼 느낀다. 하지만 동시에 동작하는 것처럼 느낄 뿐이지 실제로 여러 개의 프로그램이 동시에 동작하는 것은 아니다. 프로세서(CPU)는 한 번에 하나의 프로그램만 실행시킬 수 있기 때문이다. 물리적으로 프로그램이 동시에 동작하려면 동시에 동작하는 프로그램 개수만큼 프로세서가 필요하다. 하지만 프로세서가 하나인 컴퓨터에서도 멀티태스킹은 잘 동작한다. 프로세서는 한 번에 하나의 명령만 수행할 수 있는데 어떻게 동시에 여러 개의 명령을 수행하는 것일까?

프로세서가 하나인 컴퓨터에서도 멀티태스킹이 무리 없이 동작하는 이유는 프로세서가 매우 빠르기 때문이다. 프로세서는 현재 동작 중인 태스크들을 매우 빠른 속도로 번갈아가며 실행시킨다. 그러면 프로세서에 비해 인지 속도가 느린 사람이 보기에는 태스크들이 동시에 동작하는 것으로 보인다. 일종의 시분할 시스템이라고 보면 된다.

10.1.2 컨텍스트 스위칭

멀티태스킹을 지원하는 운영체제는 일정한 규칙에 따라, 현재 프로세서에 컨텍스트를 가지고 있는 태스크를 일정 시간 간격으로 계속 전환해 준다. 여기서 프로세서에 있는 태스크의 컨텍스트를 다른 태스크의 컨텍스트로 바꿔주는 동작을 컨텍스트 스위칭이라고 한다. 또한 태스크 전환시 일정한 규칙이 필요한데, 이는 아래에 설명할 스케줄러에서 담당한다.

ARM에서 컨텍스트는 r0부터 r15까지의 레지스터와 상태 레지스터인 spsr이다. 5장에서 태스크-ISR간 컨텍스트 스위칭을 구현할 때는 다뤄야 할 태스크가 하나뿐이었기에 태스크의 컨텍스트를 ISR의 스택에 백업했다가 복구했었다. 그렇지만 태스크 간 컨텍스트 스위칭을 구현할 때는 현재 프로세서의 컨텍스트를 태스크 컨트롤 블록에 백업한다. 그런 다음 다른 태스크의 태스크 컨트롤 블록에서 컨텍스트를 가져와서 프로세서에 복구한다. 이와 같은 과정을 준비하기 위해서 9장에서 태스크 컨트롤 블록을 구현했던 것이다.

컨텍스트 스위칭은 일정 시간 간격으로 이루어져야 한다. 그러므로 6장에서 구현한 OS 타이머와도 연관된다. OS 타이머는 IRQ로 동작하므로 컨텍스트 스위칭은 IRQ 핸들러에서 구현하게 된다.

10.1.3 스케줄러

스케줄러는 컨텍스트 스위칭으로 전환될 다음 태스크를 결정해 주는 역할을 한다. 나중에 설명하겠지만 스케줄링 기법은 여러 종류가 개발되어 있으며 운영체제는 개발 목적에 따라 하나를 택해서 사용하면 된다.

전체적인 태스크 전환 과정은 다음과 같다. 현재 프로세서에서 동작 중인 태스크의 컨텍스트를 해당 태스크의 태스크 컨트롤 블록에 백업한다. 그리고 스케줄러를 호출해서 다음에 동작할 태스크를 스케줄러가 택하게 한다. 이렇게 선택된 태스크의 태스크 컨트롤 블록에서 컨텍스트를 가져와서 프로세서의 레지스터에 넣어준다. 그러면 새로 바뀐 태스크가 실행된다.

10.2 실습 : 컨텍스트 스위칭 구현

10.2.1 IRQ 핸들러 수정

컨텍스트 스위칭 동작은 운영체제에서 주기적으로 발생해야 한다. 따라서 운영체제는 OS 타이머가 동작할 때마다 컨텍스트 스위칭을 처리한다. 6장에서 OS 타이머를 구현할 때 IRQ 핸들러에서 스택을 이용하여 ISR과 컨텍스트 스위칭을 처리하였다. 이 부분을 태스크 컨트롤 블록을 이용한 컨텍스트 스위칭 코드로 바꿔보자. 수정할 파일은 entry.S다.

```
chap10/entry.S
.global navilnux_irqHandler
navilnux_irqHandler:
    msr     cpsr_c, #0xc0|0x12

    ldr     sp, =navilnux_current
    ldr     sp, [sp]

    sub     lr, lr, #4
    add     sp, sp, #4
    stmia   sp!, {r0-r12}^
    stmia   sp!, {sp,lr}^
    stmia   sp!, {lr}

    sub     sp, sp, #68
    mrs     r1, spsr
    stmia   sp!, {r1}

    ldr     sp,=irq_stack

    bl      irqHandler

    ldr     sp, =navilnux_next
    ldr     sp, [sp]

    ldmia   sp!, {r1}
    msr     spsr_cxsf, r1
    ldmia   sp!, {r0-r12}^
    ldmia   sp!, {r13,r14}^

    ldmia   sp!, {pc}^
```

IRQ 핸들러에서 구현한 컨텍스트 스위칭 과정은 크게 세 부분으로 나눌 수 있다. 먼저 인터럽트가 중첩되지 않도록 IRQ를 비활성화하고 프로세서의 레지스터 값을 태스크 컨트롤 블록에 백업한다. 그리고 발생한 IRQ 종류에 따라서 C 언어 핸들러 함수가 태스크 전환 여부를 결정하며, 마지막으로 다음에 수행될 태스크의 태스크 컨트롤 블록에서 컨텍스트 데이터를 받아서 프로세서에 넣어주고 해당 태스크의 작업 위치로 점프한다. 각 부분별로 살펴보자.

10.2.2 태스크 컨텍스트 백업

먼저 현재 동작 중인 태스크의 컨텍스트를 백업하는 부분이다.

```
chap10/entry.S
    msr     cpsr_c, #0xc0|0x12

    ldr     sp, =navilnux_current
    ldr     sp, [sp]

    sub     lr, lr, #4
    add     sp, sp, #4
    stmia   sp!, {r0-r12}^
    stmia   sp!, {sp,lr}^
    stmia   sp!, {lr}

    sub     sp, sp, #68
    mrs     r1, spsr
    stmia   sp!, {r1}
```

첫 줄에 cpsr을 수정하는 부분은 인터럽트가 발생하지 않게 IRQ를 비활성화 하는 부분이다. 인터럽트의 중첩을 처리하려면 너무 많은 상황을 고려해야 하고 코드도 복잡해지기 때문에 나빌눅스는 인터럽트 중첩을 허용하지 않는다. 인터럽트가 발생해서 ISR에 진입하고 나면 ISR이 끝날 때까지 다음 인터럽트는 발생하지 않는다. 그러므로 ISR을 작성할 때는 수행 시간이 너무 긴 연산을 수행하거나 잘못해서 무한루프를 도는 등의 작업이 생기지 않도록 주의해야 한다.

navilnux_current 변수는 10.3절 스케줄러 부분에서 다시 설명할 것이다. 지금은 일단 현재 동작 중인 태스크의 태스크 컨트롤 블록을 가리키는 커널 전역 포인터 변수라고만 알아두면 된다.

```
chap10/entry.S
    ldr     sp, =navilnux_current
    ldr     sp, [sp]
```

위 두 줄은 navilnux_current라는 포인터의 값을 읽어서 스택 포인터(sp)에 넣는

그림 10-1 navilnux_current 포인터 변수

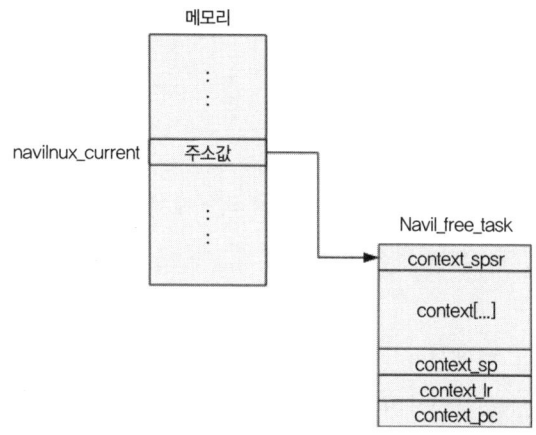

다. 즉, 포인터의 주소 값을 가져온다. 포인터 변수의 값은 메모리의 주소 값이다. 그러므로 navilnux_current에서 가져온 주소 값은 현재 동작 중인 태스크의 태스크 컨트롤 블록의 주소다. 다시 말하면 Navil_free_task 구조체의 변수가 있는 메모리의 주소 값이다(그림 10-1).

그림 5-1에서 보았듯 USER 모드와 IRQ 모드는 스택 포인터와 링크 레지스터(lr)를 제외한 레지스터를 서로 공유한다. 게다가 링크 레지스터에도 ISR이 복귀해야 할 주소가 저장되어 있다. 그러므로 IRQ 모드에서 자유롭게 사용할 수 있는 레지스터는 스택 포인터 뿐이다. 이런 이유로 stmia의 인덱스 주소로 스택 포인터를 사용한다.

chap10/entry.S
```
    sub     lr, lr, #4
    add     sp, sp, #4
    stmia   sp!, {r0-r12}^
    stmia   sp!, {sp,lr}^
    stmia   sp!, {lr}

    sub     sp, sp, #68
    mrs     r1, spsr
    stmia   sp!, {r1}
```

```
chap10/include/navilnux_task.h
```
```c
typedef struct _navil_free_task {
    unsigned int context_spsr;
    unsigned int context[CONTEXTNUM];
    unsigned int context_sp;
    unsigned int context_lr;
    unsigned int context_pc;
} Navil_free_task;
```

태스크 컨트롤 블록에 있는 컨텍스트 영역에 프로세서의 레지스터를 백업하는 부분이다. 그 아래에 태스크 컨트롤 블록의 정의 부분도 참고용으로 다시 적어보았다.

첫 줄에 링크 레지스터에서 4바이트를 빼는 이유는 6.4.6항에서 태스크-ISR간 컨텍스트 스위칭 코드를 작성하며 설명하였다. 다음 줄에서는 태스크 컨트롤 블록의 시작 위치를 가리키는 스택 포인터에 4를 더한다. 그러면 스택 포인터는 context_spsr 변수의 공간을 건너뛰고 context[CONTEXTNUM] 배열의 첫 번째 주소를 가리키게 된다. context 배열에 r0부터 r12까지 레지스터 값 13개를 백업하는 명령이 stmia sp!, {r0-r12}^ 명령이다. 이어서 context_sp, context_lr에 USER 모드의 스택 포인터와 링크 레지스터를 백업한다. 마지막으로, 남아 있는 context_pc에는 돌아가야 할 주소인 IRQ 모드의 링크 레지스터를 백업한다.

```
chap10/entry.S
```
```
    stmia    sp!, {sp,lr}^
    stmia    sp!, {lr}
```

위 두 줄에서 각 줄의 링크 레지스터는 서로 다른 레지스터다. stmia에서 주소 지정시 맨 뒤에 캐럿(^)을 붙여서 지정되는 레지스터는 USER 모드의 레지스터다. 아무것도 없으면 cpsr에 지정된 동작 모드(위 소스에서는 IRQ 모드)의 레지스터를 읽는다. 그러므로 코드의 첫 줄은 USER 모드의 스택 포인터와 링크 레지스터를 메모리에 저장하는 명령이다. 그리고 아래 줄은 IRQ 모드의 링크 레지스터를 메모리에 저장하는 명령이다.

이어서 스택 포인터에서 68바이트를 뺐다. 현재 context_pc까지 값을 채운 상태이므로 스택 포인터가 context_spsr을 가리키려면 17워드(word)만큼 뒤로 가야한다. 32비트 환경에서 17워드는 68바이트다. 그 상태에서 spsr의 값을 r1에 읽은 후, r1을 스택 포인터가 가리키는 메모리에 쓴다. r1은 앞 단계에서 이미 백업했으므로 다른 값을 넣어도 상관없다. 그러면 결과적으로 context_spsr에 IRQ 모드의 spsr이 백업된다.

위와 같은 과정을 거쳐 현재 프로세서에 저장되어 있는 컨텍스트가 태스크 컨트롤 블록에 모두 백업되었다. 이어서 C 언어로 작성된 IRQ 핸들러 함수에 진입한다.

10.2.3 IRQ 핸들러 함수에 진입

`chap10/entry.S`
```
    ldr     sp,=irq_stack
    bl      irqHandler
```

스택 포인터는 위쪽 소스에서 컨텍스트를 백업하는 데 사용하였으므로 다시 irq_stack 값을 넣어서 IRQ 모드에 할당된 스택 초기 값으로 돌려놓는다. 그리고 bl 명령으로 irqHandler( ) 함수로 진입한다. irqHandler( ) 함수의 내용은 잠시 후에 다룰 것이다.

C 언어로 작성된 IRQ 핸들러 함수를 모두 수행하고 나면 이제 다시 컨텍스트를 복구해야 한다.

10.2.4 태스크 컨텍스트 복구

`chap10/entry.S`
```
    ldr     sp, =navilnux_next
    ldr     sp, [sp]

    ldmia   sp!, {r1}
    msr     spsr_cxsf, r1
    ldmia   sp!, {r0-r12}^
    ldmia   sp!, {r13,r14}^

    ldmia   sp!, {pc}^
```

navilnux_next 변수 역시 커널 전역 포인터 변수다. 스케줄러는 현재 태스크가 백업된 후 동작할 태스크를 결정한다. 나빌눅스에서는 이렇게 스케줄러에 의해서 결정된 태스크의 태스크 컨트롤 블록 포인터를 navilnux_next 변수에 지정한다. 처음 두 줄은 포인터 변수를 통해 태스크 컨트롤 블록의 주소를 스택 포인터에 얻어오며, navilnux_current 변수를 다룰 때와 동일한 원리로 동작한다.

그림 10-2 태스크 컨트롤 블록으로부터 컨텍스트 복구

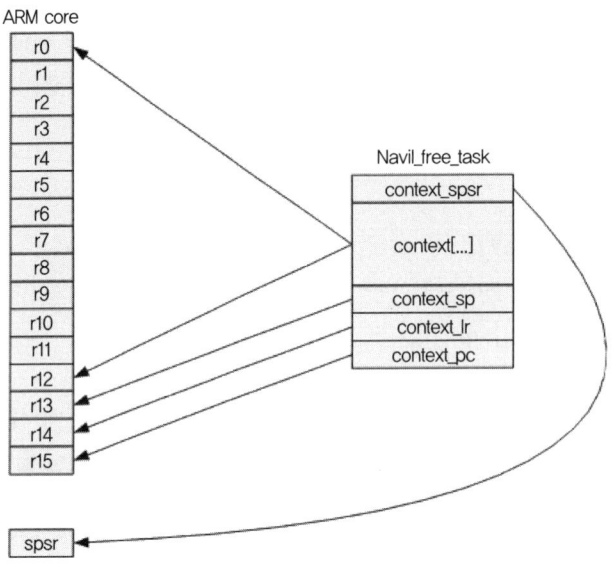

그림 10-2에서 보듯이 spsr을 복구하기 위해서는 작업 레지스터를 하나 사용해야 한다. 그러므로 작업 레지스터를 복구하기 전에 spsr을 먼저 복구해야 한다. 그래야만 작업 레지스터를 손상 없이 온전히 복구할 수 있다. 그래서 태스크 컨트롤 블록에서도 context_spsr이 가장 위에 위치하는 것이다.

그 다음에 태스크 컨트롤 블록의 가장 처음 4바이트를 r1로 읽는다. 태스크 컨트롤 블록의 가장 첫 워드(32bit 시스템에서는 4바이트)는 context_spsr이다. 이렇게 하면 r1에는 해당 태스크의 spsr이 백업된다. 이 spsr을 프로세서의 spsr에 복구한다.

그리고 r0부터 r12까지의 레지스터 13개를 태스크 컨트롤 블록에서 프로세서로 복구한다. 같은 로직으로 r13(sp), r14(lr)를 복구한다. 앞서 컨텍스트를 백업할 때 context_pc에 넣었던 복귀 주소를 pc에 복구한다. 그러면 해당 명령이 끝남과 동시에 프로세서의 실행 흐름이 복귀 주소로 점프한다. 또한 spsr을 cpsr에 복구하면서 USER 모드로 복귀한다. ldmia 명령의 주소지정 부분에 캐럿(^)을 사용할 때 레지스터 목록에 pc가 있으면, pc에 저장된 값으로 점프함과 동시에 spsr이 cpsr에 복구된다.

로드(load), 스토어(store) 관련 ARM 명령

프로세서가 가지고 있는 레지스터의 개수와 크기는 한정되어 있기 때문에 레지스터의 값을 메모리에 적절히 저장하고 불러오며 작업하는 과정은 필수적이다. 메모리에 있는 값을 레지스터로 가져오는 작업을 로드(load)라고 하고, 레지스터에 있는 값을 메모리에 저장하는 작업을 스토어(store)라고 하는데, 이때 사용하는 명령에는 크게 두 종류가 있다.

먼저, 레지스터 하나 단위로 작업하는 경우 ldr, str을 사용한다.
다음으로 여러 레지스터를 대상으로 작업할 때는 스택 작업과 관련된 ldmfd/stmfd, ldmed/stmed, ldmfa/stmfa, ldmea/stmea 명령과, 스택과 관련 없는 ldmia/stmia, ldmda/stmda, ldmib/stmib, ldmdb/stmdb를 사용한다. 여기서 명령어의 앞부분이 ldm으로 시작하는 명령어는 메모리의 값을 레지스터로 가져오는(load) 작업과 관련이 있고, stm으로 시작하는 명령어는 레지스터의 값을 메모리에 저장(store)하는 작업과 관련이 있다.

stm, ldm에서 캐럿(^)?

ARM에서 명령어 주소지정 방식에 캐럿(^)을 사용하는 경우는 세 가지로 구분한다.

- LDM 계열에서 대상 레지스터에 PC가 있는 경우
- LDM 계열에서 대상 레지스터에 PC가 없는 경우
- STM 계열에서 레지스터 지정 뒤에 ^를 사용

기본적으로 LDM이나 STM에서 레지스터 목록 지정 뒤에 캐럿(^)을 붙이면 User 모드의 레지스터를 읽거나 쓴다. 예를 들어 현재 프로세서 동작 모드가 IRQ 모드라면 IRQ 모드의 레지스터에 값을 쓰거나 IRQ 모드의 레지스터에서 값을 읽어와야 하지만, 캐럿(^)을 붙이면 IRQ 모드인 채로 User 모드의 레지스터에서 값을 읽어오거나 쓴다.

LDM 계열에서 대상 레지스터에 PC가 있는 경우는 아래와 같다.

```
ldmfd sp!, {r0-r14, pc}^
```

명령은 한 줄이지만 세 가지 동작을 동시에 하게 된다. sp가 가리키는 주소에서 값을 읽어와 r0~r14까지의 레지스터에 쓴다. 그리고 pc에 저장되는 주소로 자동으로 분기한다. 그러면서 해당 프로세서 동작 모드의 spsr 값이 cpsr에 복사된다.

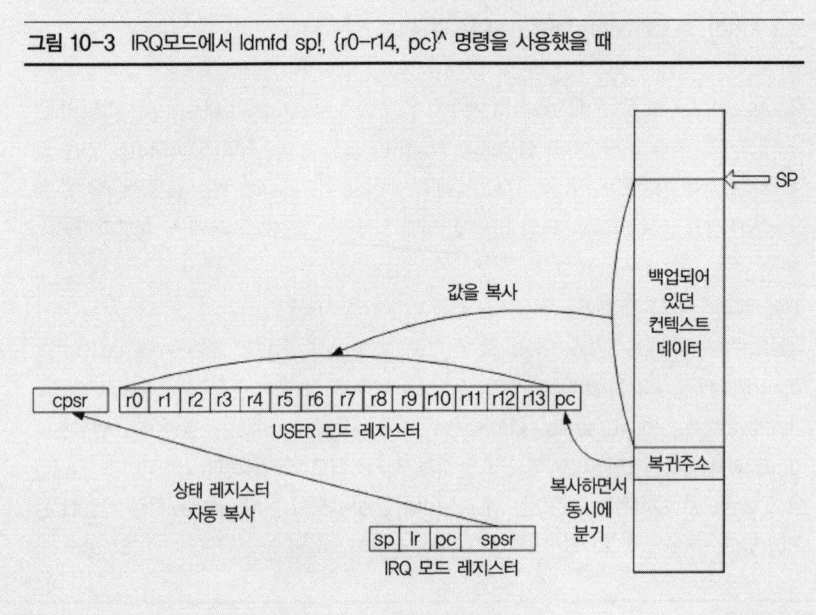

그림 10-3 IRQ모드에서 ldmfd sp!, {r0-r14, pc}^ 명령을 사용했을 때

ldm 계열 명령에서는 캐럿(^)을 여러 경우에 사용할 수 있다. 나빌눅스에서는 exception을 처리하고 난 후에 USER 모드로 복귀할 때 백업해 놓은 컨텍스트들을 복구하는 명령으로 사용한다.

그림 10-3은 IRQ 모드에서 USER 모드로 복귀하기 직전에 ldmfd sp!, {r0-r14, pc}^ 명령을 사용했을 때 ARM 코어 내부에서 어떤 동작을 하는지 나타낸 그림이다. IRQ 모드로 진입하면서 백업했던 값을 원래 위치인 레지스터(r0~r14)에 다시 저장한다. 이때 캐럿(^)을 사용했기 때문에 온전히 USER 모드의 레지스터에 잘 복구된다. 만약 캐럿(^)을 사용하지 않는다면 IRQ 모드에 따로 할당된 sp, lr에 해당 값이 들어가게 되어 정작 USER 모드의 sp, lr에는 엉뚱한 값이 존재하게 된다. (이렇게 되면 운이 아주 좋지 않은 이상 운영체제가 비정상적으로 동작한다.) 그리고 메모리에 있는 값이 프로그램 카운터(PC)에 저장된다. 단순히 저장만 되는 것이 아니라 저장되면서 동시에 pc에 저장된 주소로 분기한다. 분기하면서 한 가지 일을 더 한다. IRQ 모드의 spsr에 있는 값을 cpsr에 저장하는 것이다. 나빌눅스의 경우 IRQ 모드의 spsr에는 USER 모드에 대한 정보가 들어 있으므로 IRQ 모드의 spsr 값이 cpsr에 복사되는 것과 동시에 프로세서 동작 모드가 IRQ에서 USER 모드로 바뀐다.

LDM 계열에서 대상 레지스터에 PC가 없는 경우

```
ldmfd sp!, {sp, lr}^
```

> 대상 레지스터 목록에 pc가 없다. 그러므로 분기 동작은 하지 않는다. 분기 동작을 하지 않으면서 spsr을 cpsr에 복사하는 작업도 역시 하지 않는다. 그냥 메모리에 있는 데이터 값을 USER 모드의 레지스터에 쓰기만 한다.
>
> STM 계열에서 레지스터 지정 뒤에 사용하는 경우
>
> ```
> stmfd sp!, {r0-r14}^
> ```
>
> 위 코드는 USER 모드의 레지스터에서 값을 읽어 와서 sp가 가리키는 메모리 주소에 쓴다. 현재 프로세서 모드가 IRQ 모드이고 USER 모드의 sp, lr 레지스터의 값을 읽어오려면 ^를 붙여서 stm 명령을 사용해야 한다.

10.3 스케줄러 구현

태스크를 전환하는 컨텍스트 스위칭과는 별개로, 전환할 태스크를 결정하는 과정인 스케줄링에 대해 알아보자. 운영체제마다 고유의 스케줄링 정책이 있다. 그리고 이 스케줄링 정책을 최대한 만족하는 형태로 스케줄러 알고리즘이 구성된다.

10.3.1 다른 운영체제의 스케줄링 정책

예를 들면 RTOS는 태스크에 우선순위를 부여하고 우선순위별로 실행시간을 보장하는 스케줄링 정책을 사용한다. 이 경우 스케줄러에서 우선순위를 고려하여 높은 우선순위의 태스크가 계속 프로세서를 점유하게 해 주어야 한다. 그리고 예외적으로 낮은 우선순위의 태스크가 높은 우선순위의 태스크보다 먼저 실행되어야 할 경우 등을 처리해 주어야 한다. 이를 원활하게 처리하기 위한 여러 경우의 수를 고려해서 스케줄러의 알고리즘을 작성해야 한다.

이 외에도 우선순위를 사용하는 운영체제의 경우 낮은 우선순위의 어떤 태스크가 오랜 기간 스케줄링을 받지 못하여 실행 대기 상태에서 계속 머물러 있는 경우가 생길 수 있다. 이런 태스크들을 골라내어 우선순위를 조정해서 실행되게 하는 것도 스케줄러의 몫이다. 또한 스케줄러는 디스크 입출력 등 오랜 시간을 작업하는 태스크의 우선순위는 일시적으로 떨어뜨려, 연산이 많은 태스크를 먼저 수행하게 한다. 이렇게 시스템의 전체적인 응답성을 높이는 작업도 스케줄러의 역할이다.

10.3.2 가장 기본적인 스케줄러

이렇듯 스케줄러가 해야 하는 일은 매우 많다. 하지만 가장 기본적이고 본질적인 역할은 현재 수행 중인 태스크 다음에 수행될 태스크를 결정하는 일이다. 이 책에서 구현하는 나빌눅스의 모든 기능은 가장 기본적인 역할만을 포함하기에 스케줄러 역시 가장 기본적인 기능인, '다음에 수행될 태스크'를 결정하기만 하도록 작성하겠다.

스케줄링 정책에 따라서 많은 스케줄링 알고리즘이 존재한다. 그 수많은 알고리즘 중에서 가장 간단하고 구현하기 쉬운 알고리즘은 단연 라운드로빈(round robin) 알고리즘이라고 할 수 있다. 그림 10-4를 보면 알 수 있듯, 라운드로빈 알고리즘은 원형 리스트에 존재하는 아이템을 뱅글뱅글 돌면서 하나씩 선정한다.

그림 10-4 라운드로빈 알고리즘

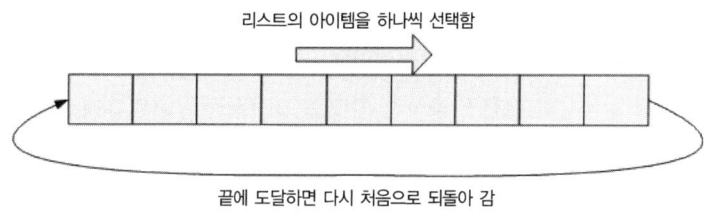

아주 단순한 형태의 알고리즘이며, 태스크의 현재 상태나 우선순위와는 상관없이 무조건 순서대로 다음 태스크를 선택하는 방식이다.

10.3.3 라운드로빈 스케줄러 구현

스케줄러 코드는 navilnux.c 파일에 넣는다. navilnux.c 파일에 아래 함수를 추가한다.

```
chap10/navilnux.c
Navil_free_task *navilnux_current;
Navil_free_task *navilnux_next;
Navil_free_task dummyTCB;
int navilnux_current_index;

void scheduler(void)
{
```

```
        navilnux_current_index++;
        navilnux_current_index %= (taskmng.max_task_id + 1);

        navilnux_next = &taskmng.free_task_pool[navilnux_current_index];
        navilnux_current = navilnux_next;
}
```

먼저 커널 전역 변수 4개가 추가되었다.

chap10/navilnux.c

```
Navil_free_task *navilnux_current;
Navil_free_task *navilnux_next;
Navil_free_task dummyTCB;
int navilnux_current_index;
```

Navil_free_task 구조체 포인터 변수인 navilnux_current와 navilnux_next는 앞서 컨텍스트 스위칭 코드를 설명할 때 등장했던 변수들이다. 현재 동작하고 있는 태스크의 태스크 컨트롤 블록은 navilnux_current 포인터 변수로 항상 포인팅된다. 스케줄러에 의해서 선택되는, 다음에 실행될 태스크의 태스크 컨트롤 블록은 navilnux_next 포인터 변수로 포인팅 된다.

dummyTCB에는 커널이 처음 부팅되고 여러 초기화 작업을 마친 후에 버려지는 첫 사용자 태스크를 할당하며, 컨텍스트 스위칭을 할 때 이전까지 프로세서에 들어있던 레지스터 값을 버리기 위해 일종의 휴지통과 같이 사용한다.

navilnux_current_index는 자유 태스크 블록 리스트에서 현재 실행 중인 태스크의 인덱스를 가지고 있는 변수다. 라운드로빈 스케줄링을 할 때 이 변수를 하나씩 증가시키면서 다음에 선택될 태스크를 결정한다. 그러나 navilnux_current_index의 값이 태스크 관리자의 max_task_id보다 커지면 안 된다. navilnux_current_index가 max_task_id보다 커지면 다시 0번 인덱스로 돌아가게 해야 한다.

그러면 스케줄러 함수 본체를 보자.

chap10/navilnux.c

```
void scheduler(void)
{
    navilnux_current_index++;
    navilnux_current_index %= (taskmng.max_task_id + 1);

    navilnux_next = &taskmng.free_task_pool[navilnux_current_index];
    navilnux_current = navilnux_next;
}
```

라운드로빈 스케줄링이므로 다음에 수행될 태스크는 자유 태스크 블록의 다음 인덱스에 위치하는 태스크다. 그러므로 navilnux_current_index 변수를 하나 증가한다. 하지만 마냥 증가하기만 하면 라운드로빈이 되지 않는다. 그러므로 navilnux_current_index 변수와 taskmng.max_task_id 변수를 mod 연산하여 인덱스 변수의 크기가 최대 값보다 커지면 다시 0이 되게 하였다.

navilnux_next 포인터에는 확정된 navilnux_current_index 변수를 인덱스로 가지는 태스크 컨트롤 블록의 포인터를 할당한다. 앞 코드에서 navilnux_current_index를 증가하였으므로 navilnux_next 포인터에는 다음에 수행되어야 할 태스크의 태스크 컨트롤 블록 주소가 들어가게 된다. 스케줄러의 구현은 이걸로 끝이다.

이렇게 간단한 코드 몇 줄로 스케줄러가 완성되었다. 더 세련되게 만들려면 원형 링크드 리스트를 이용할 수도 있다.

10.3.4 스케줄러 초기화 코드 작성

커널에 스케줄러가 추가되었다. 새로운 기능이 추가되면 그 기능을 초기화하는 코드가 필요하다. navilnux.c 파일에 아래 함수를 추가한다.

`chap10/navilnux.c`
```c
int sched_init(void)
{
    if(taskmng.max_task_id < 0){
        return -1;
    }
    
    navilnux_current = &dummyTCB;
    navilnux_next = &taskmng.free_task_pool[0];
    navilnux_current_index = -1;
    
    return 0;
}
```

태스크가 등록될 때마다 하나씩 증가하는 taskmng.max_task_id가 0보다 작으면 사용자 태스크가 하나도 등록되어 있지 않다는 의미이므로 스케줄링을 할 대상이 없다. 사용자 태스크가 하나도 없다면 임베디드 운영체제가 부팅될 의미도 없다. 그러므로 에러를 의미하는 -1을 리턴한다.

그리고 navilnux_current 포인터의 초기 값은 휴지통 같이 사용하기로 한 전역 변수 dummyTCB의 주소다. 10.2.2항의 컨텍스트 스위칭 코드를 떠올려 보자. 처음에 컨텍스트 스위칭에 들어가면 navilnux_current 포인터가 가리키는 주소 위치에 현재 프로세서의 레지스터 값을 백업한다. 최초의 컨텍스트 스위칭에서 프로세서에 들어 있는 레지스터 값은 사용자 태스크와는 아무 상관없는 값이기 때문에 navilnux_current 포인터의 초기 값을 dummyTCB에 할당하는 방식으로 쓰레기 값을 버린다.

navilnux_next의 초기 값은 자유 태스크 블록 리스트의 첫 번째 인덱스다. 부팅 시 최초 프로세서에 있는 레지스터 값을 일단 버린 후 프로세서의 레지스터에 들어가야 하는 값들은 첫 번째 태스크의 컨텍스트여야 한다. 그러므로 navilnux_next의 초기 값은 첫 번째 태스크의 태스크 컨트롤 블록의 포인터다. 스케줄러 코드에 들어가자마자 navilnux_current_index를 하나 증가시키므로 이 변수의 초기 값은 -1로 지정한다.

10.3.5 커널 main() 함수 수정

스케줄러의 초기화 함수인 sched_init( ) 함수는 사용자 태스크가 커널에 등록된 이후에 수행되어야 한다. 그래야만 taskmng.max_task_id의 값을 정확하게 받아올 수 있기 때문이다. 그래서 호출하는 위치도 navilnux_user( ) 함수 다음에 위치해야 한다. main( ) 함수를 아래와 같이 수정한다.

```
chap10/navilnux.c
int main(void)
{
    navilnux_init();
    navilnux_user();

    if(sched_init() < 0){
        printf("Kernel Panic!\n");
        return -1;
    }

    int i;
    for(i = 0 ; i <= taskmng.max_task_id ; i++){
        printf("TCB : TASK%d - init PC(%p) \t init SP(%p)\n", i+1,
                taskmng.free_task_pool[i].context_pc,
                taskmng.free_task_pool[i].context_sp);
    }

    printf("REAL func TASK1 : %p\n", user_task_1);
    printf("REAL func TASK2 : %p\n", user_task_2);
    printf("REAL func TASK3 : %p\n", user_task_3);
```

```
    irq_enable();

    while(1){
        msleep(1000);
    }

    return 0;
}
```

sched_init( ) 함수를 호출한 다음 그 반환 값이 음수이면 'Kernel Panic' 메시지를 출력하면서 부팅을 중지한다. 작업을 수행할 주체가 없기 때문에 더이상 커널을 진행하지 못한다.

10.3.6 OS 타이머 핸들러 수정

이렇게 스케줄러를 만들었는데 스케줄러는 어디에 위치해야 할까. 여러 번 강조했듯이 컨텍스트 스위칭 작업은 OS 타이머와 연동된다. 그러므로 스케줄러도 OS 타이머 핸들러에서 호출되어야 한다. navilnux.c의 irqHandler( ) 함수를 아래처럼 수정한다.

chap10/navilnux.c
```
void irqHandler(void)
{
    if( (ICIP&(1<<27)) != 0 ){
        OSSR = OSSR_M1;
        OSMR1 = OSCR + 3686400;

        scheduler();
    }
}
```

스케줄러가 호출되기 전까지는 navilnux_current와 navilnux_next의 값이 같다. 그러므로 OS 타이머가 아닌 다른 IRQ가 발생하면 IRQ 핸들러에 들어갔다 나오더라도 태스크 전환이 발생하지 않는다. 현재 태스크와 다음 태스크가 같은 태스크로 지정되어 있기 때문이다. 오직 OS 타이머가 발생하여 IRQ 핸들러에 들어갔다 나올 경우에만 스케줄러가 navilnux_next를 선택한다. 즉 현재 태스크와 다음 태스크가 서로 다른 태스크로 지정된다. 그러므로 태스크 전환이 이루어진다.

10.3.7 navilnux.c 전체 내용 다시 보기

navilnux.c 파일이 군데군데 많이 수정되었다. navilnux.c 파일의 전체 코드는 아래와 같다.

chap10/navilnux.c

```c
#include <navilnux.h>

extern Navil_mem_mng memmng;
extern Navil_task_mng taskmng;

Navil_free_task *navilnux_current;
Navil_free_task *navilnux_next;
Navil_free_task dummyTCB;
int navilnux_current_index;

void scheduler(void)
{
    navilnux_current_index++;
    navilnux_current_index %= (taskmng.max_task_id + 1);

    navilnux_next = &taskmng.free_task_pool[navilnux_current_index];
    navilnux_current = navilnux_next;
}

void swiHandler(unsigned int syscallnum)
{
    printf("system call %d\n", syscallnum);
}

void irqHandler(void)
{
    if( (ICIP&(1<<27)) != 0 ){
        OSSR = OSSR_M1;
        OSMR1 = OSCR + 3686400;

        scheduler();
    }
}

void os_timer_init(void)
{
    ICCR = 0x01;

    ICMR |= (1 << 27);
    ICLR &= ~(1 << 27);

    OSCR = 0;
    OSMR1 = OSCR + 3686400;

    OSSR = OSSR_M1;
```

```c
}

void os_timer_start(void)
{
    OIER |= (1<<1);
    OSSR = OSSR_M1;
}

void irq_enable(void)
{
    __asm__("msr     cpsr_c,#0x40|0x13");
}

void irq_disable(void)
{
    __asm__("msr     cpsr_c,#0xc0|0x13");
}

int sched_init(void)
{
    if(taskmng.max_task_id < 0){
        return -1;
    }

    navilnux_current = &dummyTCB;
    navilnux_next = &taskmng.free_task_pool[0];
    navilnux_current_index = -1;

    return 0;
}

void navilnux_init(void)
{
    mem_init();
    task_init();

    os_timer_init();
    os_timer_start();
}

int main(void)
{
    navilnux_init();
    navilnux_user();

    if(sched_init() < 0){
        printf("Kernel Pannic!\n");
        return -1;
    }

    int i;
    for(i = 0 ; i <= taskmng.max_task_id ; i++){
        printf("TCB : TASK%d - init PC(%p) \t init SP(%p)\n", i+1,
```

```
                    taskmng.free_task_pool[i].context_pc,
                    taskmng.free_task_pool[i].context_sp);
    }

    printf("REAL func TASK1 : %p\n", user_task_1);
    printf("REAL func TASK2 : %p\n", user_task_2);
    printf("REAL func TASK3 : %p\n", user_task_3);

    irq_enable();

    while(1){
        msleep(1000);
    }

    return 0;
}
```

10.3.8 사용자 태스크 수정

이제 9장에서 작성했던 사용자 태스크 함수들을 수정해야 한다. 임베디드 운영체제에서 사용자 태스크는 운영체제와 마찬가지로 종료되지 않는 프로그램이다. 그러므로 사용자 태스크 함수도 종료되는 것이 아니라 내부에 무한루프 코드를 포함하고 있어야 한다.

navilnux_user.c 파일의 사용자 태스크 함수들을 아래처럼 수정한다.

chap10/navilnux_user.c

```
void user_task_1(void)
{
    int a, b, c;

    a = 1;
    b = 2;
    c = a + b;

    while(1){
        printf("TASK1 - a:%p\tb:%p\tc:%p\n", &a, &b, &c);
        msleep(1000);
    }
}

void user_task_2(void)
{
    int a, b, c;

    a = 1;
    b = 2;
    c = a + b;
```

```
    while(1){
        printf("TASK2 - a:%p\tb:%p\tc:%p\n", &a, &b, &c);
        msleep(1000);
    }
}

void user_task_3(void)
{
    int a, b, c;

    a = 1;
    b = 2;
    c = a + b;

    while(1){
        printf("TASK3 - a:%p\tb:%p\tc:%p\n", &a, &b, &c);
        msleep(1000);
    }
}
```

10.3.9 빌드와 테스트

이번 장에서는 추가된 파일이 없으므로 Makefile을 수정할 필요가 없다. 각 소스 파일을 모두 수정했으면 make를 실행해서 커널 이미지를 빌드하자. 그리고 에뮬레이터나 이지보드를 통해서 커널을 부팅해 보면 아래와 같은 결과가 나온다.

```
TCB : TASK1 - init PC(a000bbe4)        init SP(a04ffffc)
TCB : TASK2 - init PC(a000bc40)        init SP(a05ffffc)
TCB : TASK3 - init PC(a000bc9c)        init SP(a06ffffc)
REAL func TASK1 : a000bbe4
REAL func TASK2 : a000bc40
REAL func TASK3 : a000bc9c
TASK1 - a:a04fffe8      b:a04fffe4      c:a04fffe0
TASK2 - a:a05fffe8      b:a05fffe4      c:a05fffe0
TASK3 - a:a06fffe8      b:a06fffe4      c:a06fffe0
TASK1 - a:a04fffe8      b:a04fffe4      c:a04fffe0
TASK2 - a:a05fffe8      b:a05fffe4      c:a05fffe0
TASK3 - a:a06fffe8      b:a06fffe4      c:a06fffe0
TASK1 - a:a04fffe8      b:a04fffe4      c:a04fffe0
TASK2 - a:a05fffe8      b:a05fffe4      c:a05fffe0
TASK3 - a:a06fffe8      b:a06fffe4      c:a06fffe0
TASK1 - a:a04fffe8      b:a04fffe4      c:a04fffe0
TASK2 - a:a05fffe8      b:a05fffe4      c:a05fffe0
TASK3 - a:a06fffe8      b:a06fffe4      c:a06fffe0
                :
                :
```

출력 값의 태스크 번호가 1, 2, 3 순서대로 나온다. 그리고 3까지 태스크를 실행한 다음에 다시 1, 2, 3을 반복한다. 라운드로빈 스케줄링이 제대로 동작한다는 뜻이다. 그리고 위 출력 값이 제대로 나온다는 것 자체가 컨텍스트 스위칭 역시 제대로 동작한다는 뜻이다. 그러므로 이번 장에서 구현한 컨텍스트 스위칭과 스케줄러가 모두 제대로 동작하고 있음을 확인할 수 있다.

10.4 실습 : 사용자 스택 할당 검증

이번 장에서 구현한 내용은 앞에서 모두 검증을 마쳤다. 그러면 8장에서 구현한 메모리 관리자의 스택 할당자가 스택을 제대로 할당하였는지, 9장에서 구현한 태스크 관리자의 태스크 생성자가 할당받은 스택 주소를 태스크 컨트롤 블록에 제대로 넘겨주었는지를 확인해 보자.

사용자 태스크 함수 중 일부를 다시 보자.

```
chap10/navilnux_user.c
    while(1){
        printf("TASK1 - a:%p\tb:%p\tc:%p\n", &a, &b, &c);
        msleep(1000);
    }
```

무한루프를 돌면서 지역 변수인 a, b, c의 주소 값을 계속 출력한다. 7장에서 메모리 맵을 구성하고 커널 스택이 제대로 할당되었는지를 확인할 때와 같은 형식의 코드다. 그 출력 값 중 일부를 보자.

```
TASK1 - a:a04fffe8      b:a04fffe4      c:a04fffe0
TASK2 - a:a05fffe8      b:a05fffe4      c:a05fffe0
TASK3 - a:a06fffe8      b:a06fffe4      c:a06fffe0
```

각 태스크 별로 자기 자신의 지역 변수 주소가 찍혔다. 각 태스크 별로 할당된 스택 주소는 아래와 같다.

표 10-1 각 태스크에 할당된 스택

태스크	스택 범위	sp의 초기 값
TASK1	0xA0400000 ~ 0xA040FFFC	0xA040FFFC
TASK2	0xA0500000 ~ 0xA050FFFC	0xA050FFFC
TASK3	0xA0600000 ~ 0xA060FFFC	0xA060FFFC

출력 결과를 보면 각 태스크의 지역 변수 주소는 모두 개별 태스크의 스택 범위 안에 들어가 있다. 그러므로 모두 스택이 제대로 할당되어 동작하고 있음을 확인할 수 있다.

사용자 스택에서 출력하는 지역 변수는 각 사용자 스택 함수에서 가장 먼저 선언한 변수다. 그럼에도 스택 시작 값과 비교해 20바이트만큼 차이가 난다. 7장에서와 마찬가지로 gcc가 함수의 코드를 수행하기 전에 미리 백업해 놓는 몇몇 레지스터들 때문이다. 확인해 보자.

커널 이미지의 elf 파일 형식인 navilnux_elf 파일을 역어셈블해서 user_task_1 함수를 찾아보자.

```
a000bbe4 <user_task_1>:
a000bbe4:    e1a0c00d    mov    ip, sp
a000bbe8:    e92dd800    stmdb  sp!, {fp, ip, lr, pc}
a000bbec:    e24cb004    sub    fp, ip, #4  ; 0x4
a000bbf0:    e24dd00c    sub    sp, sp, #12 ; 0xc
a000bbf4:    e3a03001    mov    r3, #1  ; 0x1
a000bbf8:    e50b3010    str    r3, [fp, -#16]
a000bbfc:    e3a03002    mov    r3, #2  ; 0x2
a000bc00:    e50b3014    str    r3, [fp, -#20]
a000bc04:    e51b2010    ldr    r2, [fp, -#16]
a000bc08:    e51b3014    ldr    r3, [fp, -#20]
a000bc0c:    e0823003    add    r3, r2, r3
a000bc10:    e50b3018    str    r3, [fp, -#24]
a000bc14:    e24b3010    sub    r3, fp, #16 ; 0x10
a000bc18:    e24b2014    sub    r2, fp, #20 ; 0x14
a000bc1c:    e24bc018    sub    ip, fp, #24 ; 0x18
a000bc20:    e59f0014    ldr    r0, [pc, #20]   ; a000bc3c <user_task_1+0x58>
a000bc24:    e1a01003    mov    r1, r3
a000bc28:    e1a0300c    mov    r3, ip
a000bc2c:    ebfff65c    bl     a00095a4 <printf>
a000bc30:    e3a00ffa    mov    r0, #1000  ; 0x3e8
a000bc34:    ebfff228    bl     a00084dc <msleep>
a000bc38:    eaffffff5   b      a000bc14 <user_task_1+0x30>
a000bc3c:    a000be68    andge  fp, r0, r8, ror #28
```

세 개의 사용자 태스크 함수는 그 구조가 완전히 동일하므로 user_task_1( ) 함수의 내용만 봐도 무방하다.

함수를 시작하자마자 네 개의 레지스터(fp, ip, lr, pc)를 스택에 백업한다. 스택 포인터가 16바이트만큼 내려가게 된다. 그리고 2행을 보면 스택 포인터를 ip에 복사하면서 함수가 시작한다. 4행을 보면 ip에서 4를 뺀 다음, 그 값을 fp에 넣는다. 이후 함수 내부 변수를 스택에 할당할 때는 스택 포인터를 기준 주소로 사용하지

그림 10-5 사용자 태스크에 할당된 스택 영역 사용

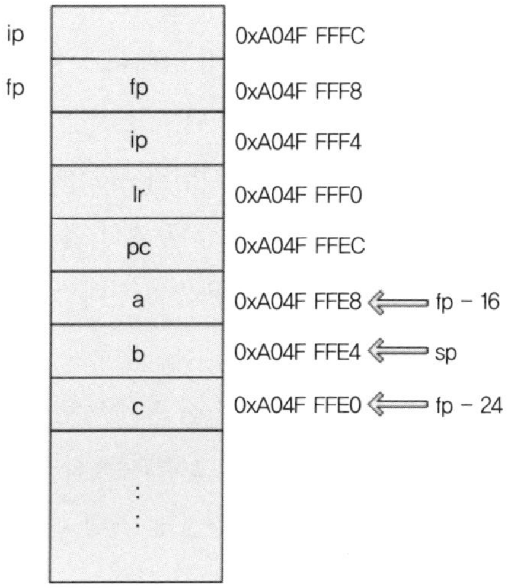

```
ip                    0xA04F FFFC
fp      fp            0xA04F FFF8
        ip            0xA04F FFF4
        lr            0xA04F FFF0
        pc            0xA04F FFEC
        a             0xA04F FFE8  ⇐ fp - 16
        b             0xA04F FFE4  ⇐ sp
        c             0xA04F FFE0  ⇐ fp - 24
        ⋮
```

않는다. 대신 fp를 기준 주소로 사용하여 fp에서 16바이트를 뺀 주소에 지역 변수 a를 할당한다.

정리하면 처음에 ip에서 4를 뺀 값이 fp에 들어가고, 거기서 다시 16을 뺀 위치에 첫 번째 지역 변수인 a가 할당된다.

```
ip = sp
fp = (ip - 4) - 16
그러므로 fp = sp - 20
```

그래서 위와 같은 간단한 산술식에 의해 20바이트만큼 차이나는 것을 확인할 수 있다(그림 10-5).

컴파일러가 fp, ip, lr, pc 등을 스택의 상단에 백업하는 명령이 stmdb(address descending before stm)이다. 먼저 주소 값을 감소시킨 다음, 감소된 주소에 데이터를 저장하는 명령어다. 그러므로 첫 번째로 저장되는 fp는 인덱스 레지스터인 스택 포인터가 가지고 있는 0xA04FFFFC부터 저장되는 것이 아니라 먼저 4바이트를 내려가 0xA04FFFF8부터 저장되게 된다.

10.5 정리

멀티태스킹 운영체제가 되기 위해서는 필수적으로 컨텍스트 스위칭과 스케줄러가 구현되어야 한다. 나빌눅스도 멀티태스킹 임베디드 운영체제를 표방하기 때문에 컨텍스트 스위칭과 스케줄러를 구현하였다.

이번 장에서는 컨텍스트 스위칭에 대한 개념과 ARM에서 컨텍스트 스위칭을 어떤 전략으로 구현해야 하는지를 실제 코드를 통해서 실습해 보았다. 그리고 가장 간단한 형태의 라운드로빈 알고리즘을 사용하여 컨텍스트 스위칭과 연관되는 스케줄러를 구현하였다.

컨텍스트 스위칭과 스케줄러를 구현하고 전 장에서 만들어 놓았던 사용자 태스크 함수를 무한루프로 동작하게 수정하여 그 결과를 확인해 보았다. 그리고 사용자 태스크 함수가 출력하는 결과 값을 바탕으로 스택 할당을 제대로 하였는지를 검증해 보았다.

이번 장까지 구현한 내용만으로도 나빌눅스가 어느 정도 쓸 만한 임베디드 운영체제의 모양을 갖추었다고 생각한다. 이후 11장부터 구현하는 내용은 운영체제의 서비스를 구현하는 내용이다.

다음 장에서는 이지보드에 외부 스위치를 연결해서 외부 인터럽트(External Interrupt)를 처리하는 방법에 대해 알아보자.

11장

Learning Embedded OS

외부 인터럽트

11.1 PXA255의 GPIO 레지스터 계층

11.1.1 대표적인 외부 인터럽트 : 입력 장치

외부 인터럽트(External Interrupt)란 외부 스위치, 외부 센서와 같이 입력 장치로부터 들어오는 인터럽트를 말한다.

 외부 입력 없이 혼자서 묵묵히 자기 일만 하는 임베디드 장비도 있을 수 있겠지만 거의 대부분의 임베디드 장비는 외부 입력을 받아 상호작용한다. MP3 플레이어 같은 경우만 봐도 외부에 재생, 정지 버튼이 존재한다. 터치패드를 통해 들어오는 입력도 외부 입력이다. 그러므로 임베디드 장비에 들어가는 소프트웨어는 어떤 방식으로든 이러한 입력 장치의 입력을 처리해야 한다. 그 처리 방법 중 가장 일반적인 방법이 인터럽트를 이용하는 방식이다.

 입력 장치의 입력은 일반적으로 프로세서의 처리 속도보다 매우 느리다. 또한 입력 빈도가 비정기적이고 불규칙하다. 그래서 언제 들어올지 모르는 입력을 운영체제가 무한정 기다리다가는 정작 필요한 다른 작업을 할 수 없게 된다. 그러므로 운영체제는 평소에 일상적인 작업을 하다가 인터럽트를 통해서 입력이 들어오면 그때 관련 처리를 해 주는 것이다.

 일반 PC에서도 마찬가지다. 키보드나 마우스 같은 외부 입력 장치에서 입력이 발생할 때마다 운영체제에서는 인터럽트가 발생한다. 운영체제는 이 인터럽트를 처리하기 위해 ISR(Interrupt Service Routine) 안으로 진입한다. 입력 장치에 대한 ISR

에서는 별다른 작업 없이 각 입력 장치별 입력 버퍼에 해당 입력 값을 채워 넣는다. ISR이 끝나고 원래 동작하던 프로그램으로 돌아가면 해당 프로그램은 입력 버퍼로부터 방금 들어온 입력 값을 받게 되는 것이다.

11.1.2 GPIO

보통 MCU의 외부 핀들은 쓰임새가 각각 다르다(USART, JTAG ... 등). 또한 이 핀들을 GPIO(General Purpose Input Output)로 쓸 수도 있다. GPIO는 이름 그대로 범용 입출력 핀이다. 해당 핀을 표시하는 레지스터 비트를 0 혹은 1로 세팅하여 Logic low나 Logic high 전압을 출력하거나, 전압 입력을 받아서 프로세서 내부에서 0이나 1의 값을 받는다. 즉, GPIO를 이용하면 외부로 값을 내보내거나 외부로부터 값을 받아들일 수 있다는 말이다.

이 책에서 사용하는 PXA255의 여러 핀 중 하나를 GPIO로 설정하였다면 이제부터 그 핀은 입력 혹은 출력을 할 수 있게 된다. GPIO로 설정한 후에는 이 핀을 입력으로 사용할지 출력으로 사용할지 결정해야 한다. 해당 핀을 입력용 핀으로 설정한다면 그 핀은 단지 0과 1을 받아들일 뿐이다. PXA255 칩에서는 GPIO로 입력이 들어왔을 때 이 입력을 처리할 인터럽트를 설정할 수 있다. 또한 GPIO의 핀에서 입력된 값을 프로그램 상에서 읽을 수도 있지만, 인터럽트 컨트롤러 레지스터를 설정해 줄 수도 있다. 이렇게 하면 GPIO의 핀에 0이나 1의 입력이 들어올 경우 인터럽트를 발생시킨다. 이 인터럽트를 받아서 적절히 처리하면 GPIO를 통해 들어오는 입력 신호를 즉각 받아 볼 수 있다.

11.1.3 PXA255 칩의 GPIO 인터럽트 처리

6장에서 OS 타이머를 설명하기 위해 PXA255의 인터럽트 컨트롤러 레지스터 계층을 설명했었다. 거기에서 ICPR(Interrupt Controller Pending Register)의 각 비트별 인터럽트 종류를 보면 8번과 9번 그리고 10번 비트가 GPIO를 인터럽트 소스로 받는다. (책을 들추는 불편함을 줄이기 위하여 표 6-1에서 소개했던 PXA255의 비트별 인터럽트 종류를 표 11-1에 한 번 더 소개하겠다.)

ICPR의 10번 비트는 Level 2 인터럽트까지 내려가야 정확한 값을 찾을 수 있다. 이렇게 되면 인터럽트를 처리하기 위해 더 많은 레지스터를 공부해야 하고 처리가 복잡해진다. 우리의 목적은 최대한 쉽게 운영체제를 만들어 보는 것이다. 그래서 ICPR의 8번 비트에 해당하는 GPIO〈0〉을 사용하도록 하겠다.

표 11-1 PXA255의 인터럽트

비트	인터럽트 소스	설명
31	RTC	알람
30	RTC	TIC 발생
29	OS timer	OS timer 3
28	OS timer	OS timer 2
27	OS timer	OS timer 1
26	OS timer	OS timer 0
25	DMA controller	DMA 채널 서비스 요청
24	Sync Serial Port	SSP 서비스 요청
23	Multi Media Card	MMC 상태/에러 감지
22	FFUART	FFUART 에러, 도착, 제어
21	BTUART	BTUART 에러, 도착, 제어
20	STUART	STUART 에러, 도착, 제어
19	ICP	ICP 에러, 도착, 제어
18	I2C	I2C 서비스 요청
17	LCD controller	LCD 컨트롤러 서비스 요청
16		예약됨
15		예약됨
14	AC97	AC97 인터럽트
13	I2S	I2S 인터럽트
12	Core	PMU 인터럽트
11	USB	USB 인터럽트
10	**GPIO**	**GPIO⟨80-2⟩ edge detect**
9	**GPIO**	**GPIO⟨1⟩ edge detect**
8	**GPIO**	**GPIO⟨0⟩ edge detect**
7	Hardware UART	하드웨어 UART 서비스 요청
6		예약됨
5		예약됨
4		예약됨
3		예약됨
2		예약됨
1		예약됨
0		예약됨

11.1.4 Edge Detect

표 11-1의 ICPR 8번 비트에 바인딩 되는 인터럽트의 설명을 보면 GPIO〈0〉 edge detect라고 되어 있다. edge detect라는 용어를 이해하려면 Falling edge와 Rising edge라는 용어를 알아야 한다.

Rising Edge는 전압 레벨이 logic low에서 logic high로 올라가는 순간을 말한다.

그림 11-1 Rising edge

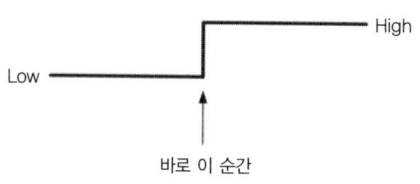

예를 들면 GPIO 핀에 pull-down 저항을 연결한다. 그리고 스위치를 접지에 연결해 두어 평소에 스위치가 눌리지 않았을 때는 logic low 전압이 계속 걸리게 만든다. 그러다가 스위치를 누르면 GPIO 핀에 걸리는 전압이 logic low에서 logic high로 바뀌게 되는데 이 순간을 Rising edge라고 말한다.

Falling edge는 그 의미가 Rising edge와 정확히 반대다. logic high에서 logic low로 전압 레벨이 바뀌는 순간을 말한다.

그림 11-2 Falling edge

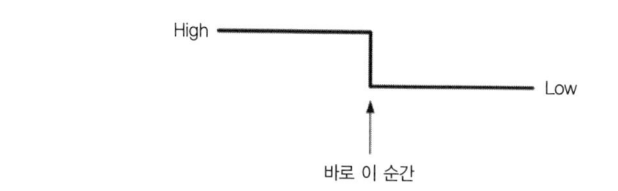

Falling edge에서는 pull-up 저항을 GPIO 핀에 연결한다. 그러면 평소에는 logic high 전압이 GPIO 핀에 입력으로 계속 들어온다. 그러다가 스위치가 눌리는 순간 logic low로 전압 입력이 바뀌게 된다. 이 순간을 Falling edge라고 말한다.

Edge detect라는 말은 바로 위에서 말한 Falling edge나 Rising edge가 발생했을 때, 그 순간을 감지해서 인터럽트를 발생시킨다는 말이다.

11.1.5 PXA255 칩에서 GPIO를 설정하는 레지스터들

인터럽트 컨트롤러와 OS 타이머 그리고 UART와 마찬가지로 GPIO 관련 레지스터도 PXA255 칩에 종속된다. 따라서 같은 ARM 계열 MCU라 할지라도 PXA255가 아니라면 포팅 작업을 해 주어야 한다. 혹시라도 이 책의 내용을 PXA255가 아닌 다른 ARM 계열 MCU에서 테스트하고 계신 독자들은 이 점을 염두에 두기 바란다.

PXA255 칩은 85개의 핀을 GPIO로 사용할 수 있다. 물론 GPIO로 설정한 핀은 다른 동작을 하지 못하고 GPIO로만 쓸 수 있다. 또한 GPIO 핀이 입력용으로 설정되었을 경우 GPIO 핀은 모두 외부 인터럽트로 사용할 수 있다.

PXA255 칩의 데이터 시트에 GPIO 관련 레지스터의 설명이 상세하게 잘 나와 있다. 임베디드 개발자는 제어하려는 부품 혹은 칩의 데이터 시트와 친해질 필요가 있다. USB 펌웨어를 만드는 개발자가 USB 컨트롤러 칩의 데이터시트를 확실하게 공부한 상태에서 펌웨어를 개발해야만 시행착오 없이 프로그램을 개발할 수 있듯, 운영체제를 개발하는 개발자는 프로세서의 데이터시트를 익숙하게 보고 이해할 수 있어야만 개발에 어려움이 없다.

PXA255는 GPIO를 모두 여덟 개의 레지스터로 제어한다. GPIO 핀의 수가 85개나 되므로 32비트 레지스터 한 개로는 85개의 핀을 모두 제어할 수 없다. 그래서 각 종류별로 레지스터를 세 개씩 할당했다.

PXA255의 데이터 시트에서 GPIO 관련 레지스터 부분을 보면, 먼저 GPDR(GPIO Pin Direction Register: 그림 11-3의 ①번)이 나온다. 레지스터의 이름만 봐도 방향을 설정하는 레지스터라는 것을 알 수 있다. 방향을 설정한다는 것은 해당 GPIO 핀을 입력으로 할지 출력으로 할지 결정한다는 뜻이다.

핀의 방향을 출력으로 한다면 어떻게 해야 해당 핀에서 logic high와 logic low 값을 출력할 수 있을까. GPIO 핀에서 logic high를 출력하려면 GPSR(GPIO Pin Output Set Register: 그림 11-3의 ②번)에 해당하는 핀과 바인딩 되는 비트에 1을 설정한다. 반대로 해당 GPIO 핀에서 logic low를 출력하려면 GPCR(GPIO Pin Output Clear Register: 그림 11-3의 ②번)을 1로 설정한다. 또한 GPCR은 해당 핀이 입력이든 출력이든 관계없이 핀의 값을 클리어하는 데 사용한다.

GPIO 핀을 입력 모드로 사용하면 GPLR(GPIO Pin Level Register: 그림 11-3의 ③번)을 이용해서 해당 핀의 레벨 값을 읽을 수 있다. 그리고 GRER(GPIO Rising Edge Detect Enable Register: 그림 11-3의 ④번)과 GFER(GPIO Falling Edge Detect Enable Register: 그림 11-3의 ⑤번)을 세팅하면 해당 핀의 전압 값이 Rising Edge 혹은 Falling Edge가 될 때마다 GEDR(GPIO Edge Detect Register: 그림 11-3의 ⑥번)에 Edge Detect 상태가 기록된다. 이 Edge Detect 기능이 비로소 인터럽트를 감지하는 데 사용된다.

마지막으로 나오는 레지스터는 GAFR(GPIO Alternate Function Register: 그림 11-3의 ⑦번)이다. 앞서 하나의 핀이 GPIO로 사용될 수도 있고 다른 특수 목적 핀으로 사용될 수도 있다고 설명하였다. 여기서 해당 핀을 어떻게 사용할지를 결정하는 레지스터가 있어야 한다. 바로 그 역할을 하는 레지스터가 GAFR이다.

그러면 우리가 외부 스위치의 인터럽트를 받기 위해 설정해야 할 레지스터들을 알아보자. 우리는 GPIO〈0〉을 사용할 것이기 때문에 각 레지스터 묶음 중 0번 레

그림 11-3 PXA255의 GPIO 관련 레지스터 (출처: PXA255 developers manual)

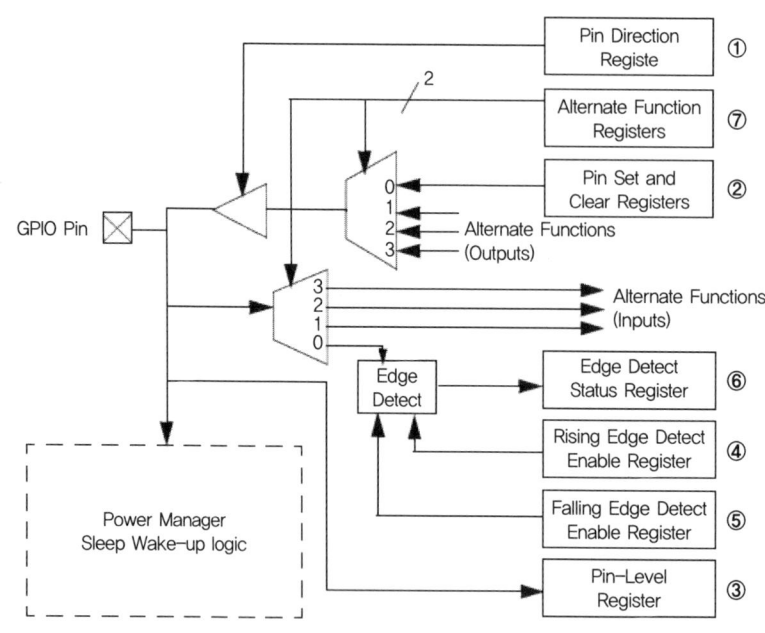

지스터만 사용할 것이다. 또한 입력 모드로 설정할 것이기 때문에 GPSR과 GPCR은 사용하지 않는다. 그리고 GPDR을 입력 모드로 설정해 주어야 한다. 마지막으로 GRER이나 GFER, 둘 중 하나를 사용하여 Falling edge에서 인터럽트를 감지할지 Rising edge에서 인터럽트를 감지할지 결정한다.

11.1.6 GPDR

가장 먼저 우리가 사용할 GPIO 핀의 방향을 입력으로 할지 출력으로 할지 결정해야 한다. 우선은 GPIO⟨0⟩을 사용할 것이기 때문에 GPDR0만 보면 된다.

그림 11-4 GPDR0 (출처: PXA255 developers manual)

| 물리 주소 0x40E0_000C | GPDR0 | 시스템 구성 요소 |

| Bit | 31 30 29 28 27 26 25 24 23 22 21 20 19 18 17 16 15 14 13 12 11 10 9 8 7 6 5 4 3 2 1 0 |
| PD31 PD30 PD29 PD28 PD27 PD26 PD25 PD24 PD23 PD22 PD21 PD20 PD19 PD18 PD17 PD16 PD15 PD14 PD13 PD12 PD11 PD10 PD9 PD8 PD7 PD6 PD5 PD4 PD3 PD2 PD1 PD0 |
| Reset | 0 0 0 0 0 0 0 0 0 0 0 0 0 0 0 0 0 0 0 0 0 0 0 0 0 0 0 0 0 0 0 0 |

그림 11-4를 보면 GPIO⟨0⟩은 GPDR0의 0번 비트에 바인딩 되어 있다. GPDR의 비트 값을 0으로 하면 입력 모드이고 1로 하면 출력 모드다. 인터럽트 입력을 받는 것이 목적이므로 GPDR0의 0번 비트를 0으로 하여 GPIO⟨0⟩ 핀을 입력 모드로 설정한다.

11.1.7 GFER과 GRER

GPIO⟨0⟩ 핀이 입력 모드로 설정되었으므로 이지보드 외부에 입력을 주는 주체가 있을 것이다. 필자는 간단히 버튼을 연결하였다. 이번 장을 실습하기 위해 이지보드에 연결한 회로는 이지보드 양옆에 있는 커넥터 중 U1 커넥터의 65번 핀(이 핀이 PXA255의 GPIO⟨0⟩과 연결되어 있다)과 5번 핀(3.3V 입력)을 pull-up 저항으로 연결한다. 그리고 스위치를 연결한 다음 스위치의 반대편은 6번 핀(접지)에 연결한다. 그러면 평소에는 logic high 전압이 GPIO⟨0⟩에 인가되고 있다가, 스위치를 누르는 순간 falling edge가 발생하게 된다. 이 falling edge를 인지하여 인터럽트가 발생하게 된다.

간단한 회로 연결이다. 회로 연결에 대한 자세한 내용은 잠시 후에 다루도록 하고 지금은 레지스터를 세팅하는 데 집중하도록 하자.

그림 11-5 GFER0 (출처: PXA255 developers manual)

그림 11-6 GRER0 (출처: PXA255 developers manual)

GPIO⟨0⟩의 Falling edge를 활성화하려면 GFER0의 0번 비트를 1로 해서 GPIO⟨0⟩의 Falling edge detect를 활성화해야 한다(그림 11-5). 그리고 GRER0의 0번 비트를 0으로 해서 GPIO⟨0⟩의 Rising edge detect를 비활성화한다(그림 11-6). 만약 GRER0의 0번 비트도 1로 하면 GPIO⟨0⟩에 대해 Falling edge와 Rising edge 모두에서 인터럽트가 발생하게 된다. 따라서 스위치를 누를 때와 뗄 때 인터럽트가 각각 한 번씩 발생하게 된다. 스위치를 한 번 누를 때 인터럽트가 한 번만 발생하게 하려면 연결 방식에 따라 Falling edge와 Rising edge 중 하나만 활성화시키는 것이 좋다.

11.1.8 GEDR

GEDR은 GRER이나 GFER을 세팅한 핀에 edge detect가 발생하면 자동으로 비트가 1로 세팅되는 레지스터다. 6장에서 OS 타이머의 레지스터를 설명할 때 언급했던 OSSR과 마찬가지로 인터럽트가 발생하면 해당 인터럽트 발생을 먼저 통지해 주는 일종의 상태 레지스터다.

그림 11-7 GEDR0 (출처: PXA255 developers manual)

| 물리 주소 0x40E0_0048 | GEDR0 | 시스템 구성 요소 |

Bit	31	30	29	28	27	26	25	24	23	22	21	20	19	18	17	16	15	14	13	12	11	10	9	8	7	6	5	4	3	2	1	0
	ED31	ED30	ED29	ED28	ED27	ED26	ED25	ED24	ED23	ED22	ED21	ED20	ED19	ED18	ED17	ED16	ED15	ED14	ED13	ED12	ED11	ED10	ED9	ED8	ED7	ED6	ED5	ED4	ED3	ED2	ED1	ED0
Reset	0	0	0	0	0	0	0	0	0	0	0	0	0	0	0	0	0	0	0	0	0	0	0	0	0	0	0	0	0	0	0	0

GRER에 의해서건 GFER에 의해서건 edge detect가 발생하면 해당 핀에 바인딩되는 GEDR의 비트에 1이 자동으로 쓰인다. 그러면 이것이 인터럽트 소스가 되어 ICPR에 전달된다. GPIO⟨0⟩의 경우에는 ICPR의 8번 비트에 바인딩되어 있다. OSSR과 마찬가지로 GEDR도 해당 비트에 1을 직접 쓰면 직전에 발생했던 인터럽트는 지워진다.

11.1.9 GAFR

위에서 설명한 GPDR, GFER 등은 GPIO 핀을 어떻게 사용할지 설정하는 레지스터다. 물리적으로 하나만 존재하는 핀을 특수 목적용으로 사용할지 아니면 GPIO로 사용할지를 결정하는 레지스터가 추가로 필요하다. 핀의 기능을 지정해주는 레지스터는 GAFR_L(Lower), GAFR_U(Upper)다. 거듭 말하지만 PXA255에서는 핀 하나에 기능을 네 개까지 설정할 수 있으며 각 기능이 무슨 기능인지는 GAFR에 적어준다. 그래서 PXA255의 GAFR은 비트 두 개를 핀 하나에 할당해서 최대 네 개까지의 기능을 선택할 수 있다. 예를 들어 GPIOn번 핀이 기능 네 개를 모두 가지고 있다고 가정하자. 그러면 GAFR에는 이 GPIOn번 핀이 어떤 역할을 해야 하는지에 대한 표시가 있어야 한다. 0은 GPIO, 1은 첫 번째 기능, 2는 두 번째 기능, 3은 세 번째 기능을 할당하는 식으로 값을 설정한다.

그림 11-8 GAFR0_L (출처: PXA255 developers manual)

| 물리 주소 0x40E0_0054 | GAFR0_L | 시스템 구성 요소 |

Bit	31 30	29 28	27 26	25 24	23 22	21 20	19 18	17 16	15 14	13 12	11 10	9 8	7 6	5 4	3 2	1 0
	AF15	AF14	AF13	AF12	AF11	AF10	AF9	AF8	AF7	AF6	AF5	AF4	AF3	AF2	AF1	AF0
Reset	0 0	0 0	0 0	0 0	0 0	0 0	0 0	0 0	0 0	0 0	0 0	0 0	0 0	0 0	0 0	0 0

하나의 핀에 두 개의 비트를 할당했으므로 32비트 레지스터 하나로는 16개의 핀을 설정할 수 있다. 그래서 GAFR0_L(Lower)과 GAFR0_U(Upper)로 GAFR0을 나누었다. GPIO〈0〉은 GAFR0_L의 0번, 1번 비트를 설정해서 기능을 지정한다. 그런데 GPIO〈0〉은 sleep mode와 관련해서 기능이 예약되어 있기 때문에 별도의 특수 목적을 가지고 있지 않다. 즉, GPIO〈0〉은 기능이 하나 뿐이다. 어찌 보면 그 자체로 특수한 핀이라고 볼 수 있다.

어쨌든 GPDR0, GAFR0_L, GRER0, GFER0 레지스터를 설정하면 GPIO〈0〉의 인터럽트 입력을 받을 수 있다. 그리고 부가적으로 ICMR, ICLR을 설정해 주면 IRQ를 통해서 GPIO 인터럽트를 받을 수 있다.

11.1.10 버튼 회로 연결

소프트웨어적인 준비는 끝났으니 하드웨어 연결을 어떻게 하는지 알아보자. 이지보드는 PXA255 칩의 거의 모든 신호선을 다 연결해 놓았다. 그리고 양 옆에 달린 커넥터를 통해서 모든 신호선에 추가로 회로를 연결할 수 있다. GPIO〈0〉 핀은 이

그림 11-9 이지보드의 U1 커넥터 (출처: 이지보드 매뉴얼)

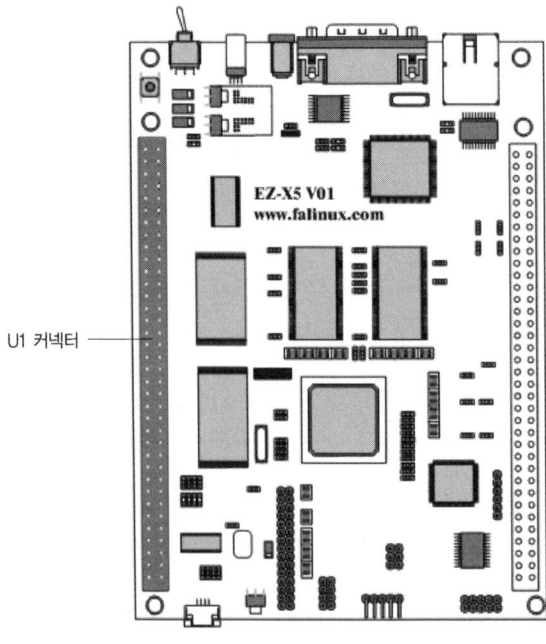

지보드의 U1 커넥터 65번 핀에 연결되어 있다.

그림 11-9에서 회색 음영으로 처리된 왼쪽의 긴 커넥터가 U1 커넥터다. 앞에 잠깐 설명했듯이, U1 커넥터의 5번 핀은 3.3V의 전압 입력이 들어오는 핀이다. 이 핀과 GPIO⟨0⟩으로 연결되는 65번 핀을 연결하여 pull-up되게 만든다. 그리고 6번 접지 핀과 스위치를 연결하여 스위치가 닫힐 때 GPIO⟨0⟩ 핀에는 logic low가 인가되게끔 회로를 만든다. 설명은 복잡해 보이지만 아주 간단한 회로다.

실제로 해 보면 스위치와 저항만 연결하면 된다.

그림 11-10 U1 커넥터에 스위치 연결

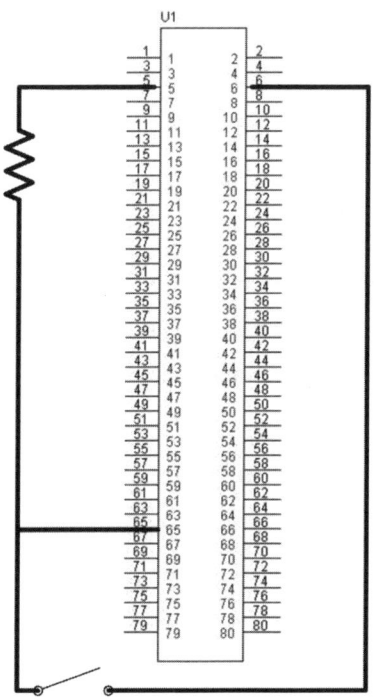

11.2 GPIO 인터럽트 처리

코드에서 GPIO를 설정하는 작업은 OS 타이머를 구현했을 때와 마찬가지로 실제로 몇 줄 되지 않는다.

11.2.1 GPIO 초기화 코드 작성

navilnux.c 파일에 GPIO⟨0⟩을 초기화하는 코드를 추가한다.

`chap11/navilnux.c`
```
void gpio0_init(void)
{
    GPDR0 &= ~( 1 << 0 );
    GAFR0_L &= ~( 0x03 );

    GRER0 &= ~( 1 << 0 );
    GFER0 |= ( 1 << 0 );

    ICMR |= ( 1 << 8 );
    ICLR &= ~( 1 << 8 );
}
```

GPIO⟨0⟩은 입력으로 동작해야 한다. 그러므로 GPDR0의 0번 비트만 0(입력 모드)으로 바꾸어야 한다. 그래서 0번 비트만 0으로 and 연산하였다. 그러면 다른 비트의 값은 바뀌지 않고 0번 비트만 0이 된다. GPIO⟨0⟩는 다른 특수 기능을 가지지 않는다. 그래서 GAFR0_L에 별다른 설정을 하지 않고 0번과 1번 비트를 0으로 설정한다. 0x03에 not 연산을 하면 0번과 1번 비트만 0으로 바뀐다. 그런 다음 GAFR0_L 레지스터와 and 연산하였다.

다음으로 Rising Edge Detect는 비활성화하고 Falling Edge Detect는 활성화하기 위해 GRER0의 0번 비트는 0으로, GFER0의 0번 비트는 1로 설정하였다. 여기까지 GPIO⟨0⟩ 관련 레지스터의 설정이 끝났다.

이제 인터럽트 컨트롤러 관련 레지스터를 설정한다. GFER은 활성화, GRER은 비활성화로 설정하면 해당 핀에 Falling edge가 발생했을 때 이를 감지해서 GEDR에 자동으로 1이 쓰인다. 이 값은 인터럽트 컨트롤러 레지스터와 연결된다. GPIO⟨0⟩는 ICPR의 8번 비트에 바인딩되어 있다. 그러므로 ICMR의 8번 비트에 1을 설정해서 마스크를 풀어준다. 그리고 ICLR의 8번 비트에 0을 써서 해당 인터럽트를 IRQ 모드로 받아들이도록 설정하였다.

11.2.2 초기화 함수 추가

초기화 함수가 또하나 생겼으므로 나빌눅스의 각 부분 초기화 함수를 통합해서 처리하는 navilnux_init( ) 함수에 gpio0_init( ) 함수를 호출하는 부분을 추가한다.

```
chap11/navilnux.c
```
```c
void navilnux_init(void)
{
    mem_init();
    task_init();

    os_timer_init();
    gpio0_init();

    os_timer_start();
}
```

OS 타이머가 동작한 후에는 스케줄러가 동작하기 때문에 OS 타이머를 동작시키기 전에 gpio0_init( ) 함수를 호출하였다.

11.2.3 인터럽트 처리 코드 추가

그리고 GPIO〈0〉에서 인터럽트가 들어왔을 때 이를 처리하는 코드를 irqHandler( ) 함수에 추가한다. 지금은 일단 스위치 입력에 반응해서 딱히 할 일이 없으므로 화면에 메시지를 출력하는 코드를 넣도록 하자.

```
chap11/navilnux.c
```
```c
void irqHandler(void)
{
    if( (ICIP&(1<<27)) != 0 ){
        OSSR = OSSR_M1;
        OSMR1 = OSCR + 3686400;

        scheduler();
    }

    if ( (ICIP&(1<<8)) != 0 ){
        GEDR0 = 1;
        printf("Switch Push!!\n");
    }
}
```

ICIP의 8번 비트, 즉 GPIO〈0〉에 대한 인터럽트 처리 구문이 if 문으로 작성되어 있다. GEDR0의 0번 비트에 1을 써서 Edge Detect 비트를 클리어하는 문장이 먼저 나온다. 아래 줄에 인터럽트가 발생했음을 알리는 printf( ) 문장이 있다.

11.2.4 수정된 전체 코드

이상으로 소스코드를 모두 수정했다. 이번 장에서 수정한 파일은 navilnux.c 하나 뿐이다. 수정이 끝난 navilnux.c 파일은 아래와 같다.

chap11/navilnux.c

```c
#include <navilnux.h>

extern Navil_mem_mng memmng;
extern Navil_task_mng taskmng;

Navil_free_task *navilnux_current;
Navil_free_task *navilnux_next;
Navil_free_task dummyTCB;
int navilnux_current_index;

void scheduler(void)
{
    navilnux_current_index++;
    navilnux_current_index %= (taskmng.max_task_id + 1);

    navilnux_next = &taskmng.free_task_pool[navilnux_current_index];
    navilnux_current = navilnux_next;
}

void swiHandler(unsigned int syscallnum)
{
    printf("system call %d\n", syscallnum);
}

void irqHandler(void)
{
    if( (ICIP&(1<<27)) != 0 ){
        OSSR = OSSR_M1;
        OSMR1 = OSCR + 3686400;

        scheduler();
    }

    if ( (ICIP&(1<<8)) != 0 ){
        GEDR0 = 1;
        printf("Switch Push!!\n");
    }
}

void os_timer_init(void)
{
    ICCR = 0x01;

    ICMR |= (1 << 27);
```

```c
        ICLR &= ~(1 << 27);

        OSCR = 0;
        OSMR1 = OSCR + 3686400;

        OSSR = OSSR_M1;
}

void os_timer_start(void)
{
        OIER |= (1<<1);
        OSSR = OSSR_M1;
}

void gpio0_init(void)
{
        GPDR0 &= ~( 1 << 0 );
        GAFR0_L &= ~( 0x03 );

        GRER0 &= ~( 1 << 0 );
        GFER0 |= ( 1 << 0 );

        ICMR |= ( 1 << 8 );
        ICLR &= ~( 1 << 8 );
}

void irq_enable(void)
{
        __asm__("msr     cpsr_c,#0x40|0x13");
}

void irq_disable(void)
{
        __asm__("msr     cpsr_c,#0xc0|0x13");
}

int sched_init(void)
{
        if(taskmng.max_task_id < 0){
            return -1;
        }

        navilnux_current = &dummyTCB;
        navilnux_next = &taskmng.free_task_pool[0];
        navilnux_current_index = -1;

        return 0;
}

void navilnux_init(void)
{
        mem_init();
```

```
        task_init();

        os_timer_init();
        gpio0_init();

        os_timer_start();
}

int main(void)
{
        navilnux_init();
        navilnux_user();

        if(sched_init() < 0){
            printf("Kernel Pannic!\n");
            return -1;
        }

        int i;
        for(i = 0 ; i <= taskmng.max_task_id ; i++){
            printf("TCB : TASK%d - init PC(%p) \t init SP(%p)\n", i+1,
                        taskmng.free_task_pool[i].context_pc,
                        taskmng.free_task_pool[i].context_sp);
        }

        printf("REAL func TASK1 : %p\n", user_task_1);
        printf("REAL func TASK2 : %p\n", user_task_2);
        printf("REAL func TASK3 : %p\n", user_task_3);

        irq_enable();

        while(1){
            msleep(1000);
        }

        return 0;
}
```

11.2.5 테스트

추가한 파일이 없으므로 Makefile은 수정하지 않아도 된다. 그대로 make를 실행해서 커널 이미지를 만들자. 이번 장은 외부에 스위치를 연결하여 테스트해야 하기 때문에 에뮬레이터에서는 테스트가 불가능하다. 그러므로 이지보드에 커널 이미지를 올리고 부팅해 보자. 부팅이 완료된 다음 스위치를 눌러 보면 아래와 같은 결과를 얻을 수 있다.

```
TCB : TASK1 - init PC(a000bcd0)         init SP(a04ffffc)
TCB : TASK2 - init PC(a000bd2c)         init SP(a05ffffc)
TCB : TASK3 - init PC(a000bd88)         init SP(a06ffffc)
```

```
REAL func TASK1 : a000bcd0
REAL func TASK2 : a000bd2c
REAL func TASK3 : a000bd88
Switch Push!!
TASK1 - a:a04fffe8      b:a04fffe4      c:a04fffe0
TASK1 - a:a04fffe8      b:a04fffe4      c:a04fffe0
TASK1 - a:a04fffe8      b:a04fffe4      c:a04fffe0
TASK1 - a:a04fffe8      b:a04fffe4      c:a04fffe0
TASK1 - a:a04fffe8      b:a04fffe4      c:a04fffe0
Switch Push!!
TASK1 - a:a04fffe8      b:a04fffe4      c:a04fffe0
Switch Push!!
Switch Push!!
Switch Push!!
TASK1 - a:a04fffe8      b:a04fffe4      c:a04fffe0
TASK1 - a:a04fffe8      b:a04fffe4      c:a04fffe0
```

잘 동작하는 것을 확인하였다. 쉽게 만들고 빠르게 확인하기 위해 GPIO에 스위치를 연결하였다. 그러나 같은 원리를 이용하여 센서 등으로부터 값을 받을 수도 있고, 반대로 캐릭터 LCD나 LED 등으로 출력을 내보낼 수도 있을 것이다.

11.3 정리

임베디드 운영체제는 임베디드 장비에 탑재되어 동작하는 만큼 다양한 입력 장치를 고려해야 한다. 수많은 입력 장치 중 가장 전형적인 입력 장치는 스위치 입력이다. 그래서 이번 장에서는 스위치 입력을 외부 인터럽트로 하여 IRQ로 받아 처리하는 방법을 알아보았다.

GPIO를 통해 스위치 입력을 처리하기 위해 PXA255의 GPIO 관련 레지스터의 설정법을 알아보았다. 여기에 6장에서 공부한 인터럽트 컨트롤러 레지스터를 연결해서 IRQ로 받아 처리하였다.

다음 장에서는 시스템 콜을 구현해 보겠다.

12장

Learning Embedded OS

시스템 콜 구현하기

12.1 리눅스의 시스템 콜

리눅스나 유닉스, 윈도 등 대형 상용 운영체제들은 기본적으로 사용자 프로세스가 시스템 자원에 함부로 접근하지 못하게 되어 있다. 메모리 주소 영역이 커널 주소 영역과 사용자 주소 영역으로 명확히 구분되어 있기 때문에, 사용자 프로세스에서 커널 영역에 접근을 시도하면 당장에 Segmentation Fault 메시지를 출력하면서 프로세스가 종료된다. 오직 커널 스레드나 디바이스 드라이버 계층에서만 커널 메모리 주소 영역에 접근할 수 있다. 즉, 특권을 가지고 있는 프로세스만 커널의 메모리 주소에 접근할 수 있다. 그래서 사용자 프로세스가 시스템 자원을 이용하려면 직접 시스템 자원에 접근하는 것이 아니라 커널에게 해당 자원에 대한 서비스를 요청해야 한다. 그럴 때 사용하는 일종의 커널 API가 바로 시스템 콜이다. 우리가 많이 쓰는 open( ), read( ), write( ), close( ), fork( ), exit( ) 등이 시스템 콜이다. 리눅스에는 약 280개 정도의 시스템 콜이 있다.

시스템 콜은 특권 모드에서 동작한다. 따라서 USER 모드에서 특권 모드로 전환할 방법이 필요하다. ARM에는 시스템 콜을 위해서 아예 SWI 명령이 준비되어 있다. SWI 명령을 사용하면 내부 인터럽트가 발생한다. 그러면 인터럽트 핸들러로 진행 흐름이 이동하게 되고 자동으로 프로세서 동작 모드를 특권 모드로 전환한다.

x86에서는 eax에 시스템 콜 번호를 넣고 0x80번 인터럽트를 발생시킨다. ARM과 마찬가지로 x86에서의 0x80번 인터럽트도 내부 인터럽트다. 인터럽트 발생 이

후 특권 모드에서 시스템 콜 관련 처리를 하는 하드웨어적인 내용은 ARM이나 x86이나 비슷하다.

하지만 ARM이 활용성 면에서 훨씬 편하게 되어 있는 듯하다. USER 모드의 태스크에서 SWI 명령을 사용해서 특권 모드인 SVC 모드로 진입하고, SWI 핸들러는 SWI 명령의 인자로 넘어오는 시스템 콜 번호를 보고서 어떻게 동작할지 결정하면 된다.

예를 들어, 리눅스에서는 시스템 콜 1번이 exit( ), 2번은 fork( ), 3번 read( ), 4번 write( ), 5번 open( ), 6번 close( )로 설정되어 있다.

12.1.1 fork() 시스템 콜

리눅스 커널에 선언되어 있는 fork() 역할을 하는 함수의 이름은 sys_fork( )다. 하지만 우리는 fork( )를 호출해서 사용한다. 사실 fork( )는 리눅스 커널에 선언된 함수가 아니라 libc 표준 라이브러리에 선언되어 있는 래퍼(wrapper) 함수다. 래퍼 함수는 매개변수 세팅과 'SWI 0x02' 정도의 간단한 코드로 구현되어 있어서, SWI 0x02가 처리되는 시점에 ARM 프로세서의 동작 모드가 SVC 모드로 변환된다. 동작 모드 변환과 함께 Software Interrupt가 발생하고 exception vector table을 따라서 SWI 명령에 대한 핸들러로 진입하게 된다. 여기에는 보통 System Call Vector Table이라는 것이 있다. fork( )의 시스템 콜 번호가 0x02이므로 여기에 4를 곱해, 해당 시스템 콜을 처리하는 핸들러 함수의 주소가 System Call Vector Table의 어느 위치에 있는지 계산한다. 이곳에는 커널 내부에 존재하는 sys_fork( ) 함수로 분기하는 명령이 존재한다. 그러면 sys_fork( )로 진입해서 실질적인 fork( ) 작업을 커널이 수행하게 된다.

그림 12-1은 ARM에 포팅된 리눅스 커널 2.6.11 버전에서 fork( ) 시스템 콜을 호출했을 때의 호출 흐름을 그린 것이다. 사용자 프로세스에서 fork( )를 호출하면 glibc에 래핑되어 있는 fork( )가 호출된다. fork( )는 내부적으로 vfork( )를 한 번 더 호출한다. 실제 vfork( ) 함수의 소스를 보면 SWI 명령으로 시스템 콜을 호출하는 구문을 찾을 수 있다. 그림에서처럼 swi __NR_vfork 명령으로 시스템 콜을 호출하면 4장에서 공부했던 ARM exception vector table로 들어간다.

ARM exception vector table부터는 커널 영역이다. 나빌눅스에서 구현한 것보다는 조금 복잡하지만 같은 개념의 exception vector table이 커널 코드 안에 존재하고, swi exception의 핸들러도 vector_swi라는 이름으로 존재한다. vector_swi에서

그림 12-1 ARM 리눅스의 시스템 콜 호출 순서

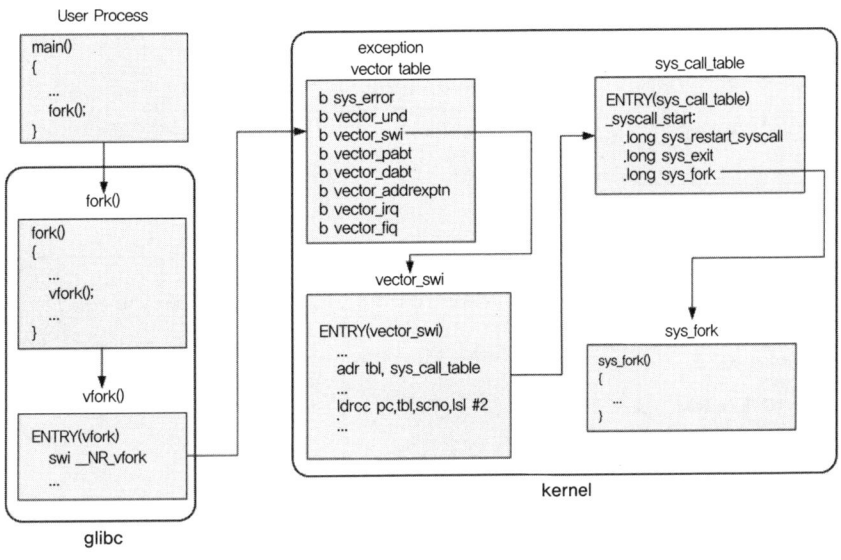

는 시스템 콜 번호를 분리해서 별도로 선언되어 있는 sys_call_table에 정의된 주소로 점프하게 된다. fork( ) 시스템 콜은 2번에 정의되어 있다. __NR_vfork는 어딘가에 2번으로 정의되어 있을 것이다. sys_call_table을 타고서 결과적으로 커널에 작성되어 있는 sys_fork( ) 함수에 진입하여 목적한 동작을 수행하게 된다.

12.2 실습 : 시스템 콜 계층 추가

이번 장에서 나빌눅스에 시스템 콜을 추가하는 작업은 그림 12-2처럼 리눅스의 시스템 콜 호출 계층을 최대한 모방해서 구현할 것이다. 사용자 태스크에서는 리눅스의 glibc와 같은 역할을 담당하는 나빌눅스 자체 라이브러리에 정의된 래퍼 함수를 호출한다. 래퍼 함수는 내부에서 swi 명령으로 software interrupt를 발생시킨다. 그러면 커널 안에서 software interrupt에 대한 ISR 코드를 수행하고 시스템 콜 벡터 테이블에 정의된 실제 시스템 콜 함수로 점프하여 코드를 수행한다.

리눅스의 시스템 콜 호출 계층을 모방하였기 때문에 사실상 리눅스의 그것과 같은 순서를 따른다. 다만 내부 구현이 약간 다르다. 시스템 콜 래퍼 함수나 시스

그림 12-2 나빌눅스의 시스템 콜 호출 순서

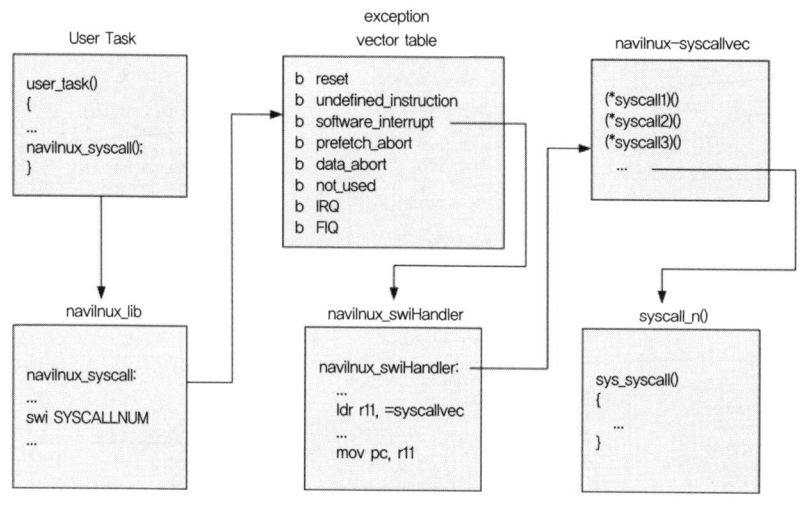

콜 벡터 테이블 같은 개별 요소는 최대한 단순하게 구현하겠다. 코드의 속도나 효율성, 안정성보다는 이해하기 쉬운 코드를 작성하는 데 중점을 두겠다.

12.2.1 시스템 콜 커널 함수 작성

이제부터 시스템 콜이라는 새로운 기능을 추가해야 한다. 파일을 하나 만들자. 파일 명은 navilnux_sys.c로 한다. 그리고 시스템 콜 벡터 테이블로 사용할 커널 전역 변수를 하나 선언한다.

chap12/navilnux_sys.c

```
#include <navilnux.h>

unsigned int navilnux_syscallvec[SYSCALLNUM];

int sys_mysyscall(int a, int b, int c)
{
    printf("My Systemcall - %d , %d , %d\n", a, b, c);
    return 333;
}

void syscall_init(void)
{
    navilnux_syscallvec[SYS_MYSYSCALL] = (unsigned int)sys_mysyscall;
}
```

navilnux_syscallvec 커널 전역 배열 변수가 시스템 콜 벡터 테이블이다. 그리고 sys_mysyscall( ) 함수는 커널 안에 작성된 시스템 콜의 본체다. 지금은 시스템 콜 계층을 추가하기 위해서 작성하는 테스트용 시스템 콜이기 때문에 아무것도 하는 일 없이 그냥 시리얼로 메시지를 출력하는 시스템 콜을 추가하였다. 그리고 시스템 콜의 매개변수 전달과 리턴 값 전달을 확인하기 위해서 의미는 없지만 333이라는 특이한 숫자를 리턴 값으로 선택하였다.

navilnux_syscallvec은 함수의 포인터를 가지는 배열 변수가 아니라 unsigned int 형의 값을 가지는 배열이다. unsigned int 형은 크기가 1워드다. 그런데 함수 포인터도 어차피 함수의 주소 위치를 말하기 때문에 크기가 1워드다. 그러므로 unsigned int 형 변수에 아무런 낭비나 손실 없이 저장될 수 있다. syscall_init( ) 함수를 보면 sys_mysyscall( ) 함수의 주소 값을 unsigned int 형으로 캐스팅해서 navilnux_syscallvec 변수에 넣는 것을 볼 수 있다. navilnux_syscallvec 배열의 인덱스로 사용되는 SYS_MYSYSCALL은 헤더 파일에 따로 정의되어 있는 시스템 콜 번호다. 리눅스에서 fork( )의 시스템 콜 번호가 2번이었듯이 나빌눅스에서도 시스템 콜은 모두 자신만의 시스템 콜 번호를 가진다.

12.2.2 시스템 콜 초기화 함수 호출

syscall_init( ) 함수는 navilnux.c 파일에 있는 커널 초기화 함수인 navilnux_init( ) 함수에서 호출한다. 커널을 초기화하는 과정 중 하나가 시스템 콜을 초기화하는 것이므로 커널 초기화 함수에서 시스템 콜을 초기화해 주는 것은 당연한 일이다.

```
chap12/navilnux.c
void navilnux_init(void)
{
    mem_init();
    task_init();
    syscall_init();

    os_timer_init();
    gpio0_init();

    os_timer_start();
}
```

12.2.3 시스템 콜 관련 헤더 파일 작성

시스템 콜에 관여하는 헤더 파일은 두 개로 나누었다. 하나는 시스템 콜 함수를 선언하는 헤더 파일이고, 다른 하나는 시스템 콜 번호를 정의하는 헤더 파일이다. 각각 navilnux_sys.h와 syscalltbl.h로 이름을 붙였다.

```
chap12/include/navilnux_sys.h
#ifndef _NAVIL_SYS
#define _NAVIL_SYS

#include <syscalltbl.h>

void syscall_init(void);

int sys_mysyscall(int, int, int);

#endif
```

위 코드를 보면 navilnux_sys.h 내부에서 syscalltbl.h를 포함하고 있음을 볼 수 있다. 그리고 현재 테스트 용도로 만들어 놓은 sys_mysyscall( ) 함수의 프로토타입이 선언되어 있다. 앞으로 시스템 콜이 추가될 때마다 해당 시스템 콜의 프로토타입을 이 파일에 추가하면 된다. 이어서 syscalltbl.h의 내용을 보자.

```
chap12/include/syscalltbl.h
#ifndef _NAVIL_SYS_TBL
#define _NAVIL_SYS_TBL

#define SYSCALLNUM 255

#define SYS_MYSYSCALL    0

#endif
```

시스템 콜이 추가될 때마다 syscalltbl.h 파일에 define 문을 하나씩 추가해서 해당 번호로 연결되는 시스템 콜을 만들어 갈 것이다. SYSCALLNUM을 255로 정의하였으므로 나빌눅스는 최대 255개의 시스템 콜을 사용할 수 있다. 물론 숫자를 바꾸면 그 숫자만큼의 시스템 콜을 사용할 수 있다. syscalltbl.h 파일은 나중에 어셈블리 소스코드에서도 include할 것이기 때문에 함수 프로토타입이나 변수 선언 등의 문장은 포함하지 않고 오로지 define 문장만 작성해 놓도록 한다.

12.2.4 사용자 태스크 함수 수정

커널에 시스템 콜 번호와 시스템 콜 벡터 테이블 그리고 시스템 콜 본체 함수를 작성하였다. 이제 사용자 태스크에서 시스템 콜을 호출하는 부분을 작성하자. 사용자 태스크는 모두 navilnux_user.c에 있다.

```
chap12/navilnux_user.c
        :
       중략
        :
void user_task_3(void)
{
    int a, b, c;

    a = 1;
    b = 2;
    c = a + b;

    while(1){
        printf("TASK3 - a:%p\tb:%p\tc:%p\n", &a, &b, &c);
        c = mysyscall(1,2,3);
        printf("Syscall return value is %d\n", c);
        msleep(1000);
    }
}
        :
       후략
        :
```

사용자 태스크 세 개 중 user_task_3( ) 사용자 태스크 함수를 수정하였다. 다른 부분은 바뀐 것 없이 while 문으로 무한루프를 도는 코드 안에서 시스템 콜에 1, 2, 3 세 개의 매개변수를 넘기고, 반환 값을 받아서 출력하는 코드가 들어갔다. 제대로 동작한다면 333이라는 숫자가 찍혀야 할 것이다. mysyscall( ) 함수는 위에서 구현한 sys_mysyscall( ) 시스템 콜 함수에 대한 래퍼 함수를 호출한 것이다. mysyscall( ) 함수는 래퍼 함수를 모아놓은 navilnux_lib.S에 구현될 것이다.

12.2.5 시스템 콜 래퍼 함수 작성

나빌눅스에서의 래퍼 함수는 별도로 하는 일 없이 SWI 명령으로 소프트웨어 인터럽트를 호출하는 것이 전부다. 그래서 C 언어로 작성하지 않고 간편하게 어셈블리어로 작성하였다. 만약에 래퍼 함수에서 별도로 할 일이 생긴다면 C 언어로 작성된 함수를 만들고 그 안에서 다시 SWI를 호출하는 래퍼 함수를 호출하는 식으로 두 번 감쌀 것이다. 쉽게 생각해서 fork( ) 래퍼 함수가 내부에서 vfork( ) 래퍼 함수를 호출하고, vfork( ) 안에서 비로소 SWI를 호출하는 것과 같은 원리다.

`chap12/navilnux_lib.S`
```
#include <syscalltbl.h>

.global mysyscall
mysyscall:
    swi SYS_MYSYSCALL
    mov pc, lr
```

syscalltbl.h 파일을 먼저 include한다. 그래야만 하나의 레이블에 대해 전체 커널 소스코드의 시스템 콜 일관성을 유지할 수 있다. 내용은 단순하다. 미리 정의한 시스템 콜 번호로 SWI 명령을 수행하여 ISR에 진입한다. IRQ에서 복귀한 후에는 링크 레지스터(lr)에 저장된 주소로 돌아간다. 컴파일러는 mysyscall 레이블이 호출될 때 링크 레지스터(lr)에 복귀 주소를 백업하므로, 자연스럽게 사용자 태스크 영역으로 되돌아 갈 수 있다.

어셈블리로 작성된 mysyscall 레이블을 C 언어 코드에서 함수로 호출하려면 프로토타입이 선언되어 있어야 한다. 파일 명은 navilnux_lib.h다.

`chap12/include/navilnux_lib.h`
```
#ifndef _NAVIL_LIB
#define _NAVIL_LIB

extern int mysyscall(int, int, int);

#endif
```

12.2.6 Software Interrupt의 ISR 수정

여기까지 평범한 코드는 작성했다. 이제 할 일은 Software Interrupt의 ISR을 수정해서 시스템 콜 번호를 분리해 낸 다음, 시스템 콜 번호에 따라 연결되어 있는 시스템 콜 벡터 테이블의 함수로 점프하는 코드를 작성해야 한다. Software Interrupt의 ISR은 entry.S에 있는 navilnux_swiHandler다.

```
chap12/entry.S
```
```
.global navilnux_swiHandler
navilnux_swiHandler:
    msr     cpsr_c, #0xc0|0x13

    ldr     sp, =svc_stack

    stmfd   sp!, {lr}
    stmfd   sp!, {r1-r14}^
    mrs     r10, spsr
    stmfd   sp!, {r10}

    ldr     r10, [lr,#-4]
    bic     r10, r10, #0xff000000
    mov     r11, #4
    mul     r10, r10, r11

    ldr     r11, =navilnux_syscallvec
    add     r11, r11, r10
    ldr     r11, [r11]
    mov     lr, pc
    mov     pc, r11

    ldmfd   sp!, {r1}
    msr     spsr_cxsf, r1
    ldmfd   sp!, {r1-r14}^
    ldmfd   sp!, {pc}^
```

코드 자체는 그다지 길지 않다. 전체 코드의 흐름을 보자. 먼저 ISR에 진입하자마자 IRQ를 비활성화시킨다. 그리고 스택을 SVC 모드의 스택 영역으로 지정한다. ISR에 진입했으므로 현재 사용자 태스크의 컨텍스트를 스택에 백업하고 시스템 콜 번호를 추출한다. 추출한 시스템 콜 번호를 기준으로 navilnux_syscallvec 커널 전역 배열 변수의 인덱스를 읽어오며, 여기에 저장되어 있는 시스템 콜 함수의 함수 포인터 주소로 점프한다. 시스템 콜 함수에 들어가서 구현된 작업을 다 하고 복귀하면 스택에 저장되었던 컨텍스트를 복구한다. 그런 다음 다시 사용자 영역으로 돌아간다. 이렇게 설명하면 다소 이해가 어려울 것이다. 위 코드를 한 부분씩 잘라서 보도록 하자.

```
chap12/entry.S
```
```
    msr     cpsr_c, #0xc0|0x13
```

나빌눅스는 인터럽트 중첩을 허용하지 않도록 설계되었다. 그것은 IRQ끼리의 중복뿐만 아니라, Software Interrupt와 IRQ 사이의 중첩도 마찬가지다. Software Interrupt를 수행하는 도중에 IRQ가 발생해서 IRQ 모드로 진입하게 되면 태스크 컨트롤 블록에 백업되는 데이터 정보가 꼬여서 Prefetch Abort(잘못된 주소에 접근할 때 발생하는 exception)가 발생할 가능성이 높다. 게다가 나빌눅스 커널은 현재 Prefetch Abort를 처리하지 않고 있다. 그래서 Prefetch Abort가 발생하면 그대로 보드를 리셋하기 때문에 11장에서 추가한 스위치를 누를 때마다 보드가 재부팅되는 사태가 발생할 수도 있다. 그래서 Software Interrupt의 ISR에 들어오자마자 우선 IRQ부터 비활성화시켜 놓는다.

`chap12/entry.S`

```
    ldr     sp, =svc_stack

    stmfd   sp!, {lr}
    stmfd   sp!, {r1-r14}^
    mrs     r10, spsr
    stmfd   sp!, {r10}
```

Software Interrupt는 SVC 모드에서 동작하므로 스택 영역을 SVC 모드의 스택으로 지정한다. 그리고 스택에 현재 프로세서의 USER 모드 태스크 컨텍스트를 백업한다. 여기서 유의할 점은 r0을 백업하지 않았다는 점이다. r0을 빼고 r1부터 r14까지를 스택에 백업한다. r0은 시스템 콜 함수가 리턴 값을 전달하는 데 사용한다. 그렇기 때문에 여기서 r0을 백업한다면 이후 컨텍스트를 복구할 때 시스템 콜에서 리턴하는 값을 사용자 태스크로 전달하지 못하게 된다. 그래서 애초에 r0은 백업하지 않는 것이다.

`chap12/entry.S`

```
    ldr     r10, [lr,#-4]
    bic     r10, r10, #0xff000000
    mov     r11, #4
    mul     r10, r10, r11
```

5장에서 Software Interrupt의 핸들러를 구현할 때 설명했던 시스템 콜 번호를 추출하는 코드다. 링크 레지스터(lr)에는 ISR을 빠져 나와 실행할 명령의 주소가 있다. 링크 레지스터(lr)에서 4바이트를 뺀 위치에는 SWI 명령 자체가 있다. 그래서 상위 1바이트를 제외하고 하위 3바이트를 마스크해서 추출하면 그 값이 바로 SWI

명령의 인자로 넘어가는 시스템 콜 번호다. 참고로 리눅스 커널 소스에서도 같은 방법으로 시스템 콜 번호를 추출한다. 그렇게 추출한 시스템 콜 번호에 4를 곱해서 r10에 넣는다. 4를 곱하는 이유는, 시스템 콜 번호가 0, 1, 2, 3, 4 …의 순서로 들어가는데 커널 전역 배열 변수로 선언된 navilnux_syscallvec 변수는 하나의 요소가 4바이트로 선언된(unsigned int 형) 배열이기 때문에 시스템 콜 번호로 인덱싱을 하려면 시스템 콜 번호에 4를 곱하는 것이다. 예를 들어 0번 시스템 콜의 함수는 navilnux_syscallvec의 첫 번째 요소다. 즉, navilnux_syscallvec의 시작 주소에 있는 함수의 주소다. 그러므로 아래와 같은 수식으로 시스템 콜 함수의 주소가 결정된다.

시스템 콜 함수의 주소 = (navilnux_syscallvec의 시작 주소) + (0 * 4)

마찬가지로 1번 시스템 콜 함수는 아래와 같은 수식으로 주소가 결정된다.

시스템 콜 함수의 주소 = (navilnux_syscallvec의 시작 주소) + (1 * 4)

정리해보면 시스템 콜 함수의 주소를 시스템 콜 번호에서 받아오는 수식을 아래와 같이 정리할 수 있다.

시스템 콜 함수의 주소 = (navilnux_syscallvec의 시작 주소) + (시스템 콜 번호 * 4)

그래서 시스템 콜 번호를 추출한 후 4를 곱해 놓는 것이다.

`chap12/entry.S`
```
ldr     r11, =navilnux_syscallvec
add     r11, r11, r10
ldr     r11, [r11]
mov     lr, pc
mov     pc, r11
```

r11에 navilnux_syscallvec 커널 전역 배열 변수의 시작 주소를 받아온 다음, 위에서 시스템 콜 번호에 4를 곱해 놓았던 r10과 더한다. 그러면 r11에는 시스템 콜 함수의 시작 주소가 들어가 있는 메모리 번지 위치가 들어간다. ldr 명령으로 해당 메모리의 값을 읽어오면 r11에는 시스템 콜 함수의 주소가 들어가게 된다. 시스템 콜 함수로 진입하기 전에 미리 링크 레지스터(lr)에 프로그램 카운터(pc)를 백업해 놓는다. 그래야만 시스템 콜 함수를 종료하고 돌아올 수 있다. 그리고 프로그램 카운터(pc)에 r11을 복사해서 시스템 콜 함수로 진입한다.

```
chap12/entry.S
    ldmfd   sp!, {r1}
    msr     spsr_cxsf, r1
    ldmfd   sp!, {r1-r14}^
    ldmfd   sp!, {pc}^
```

시스템 콜 함수를 수행하고 다시 ISR로 복귀하면, 사용자 태스크로 돌아가기 위해 스택에 백업해 놓았던 컨텍스트를 복구한다. 역시 r0은 건드리지 않는다. r0에는 시스템 콜의 리턴 값이 보관되어 있기 때문이다. 이 값은 그대로 사용자 태스크로 전달되어야 한다.

12.2.7 Makefile 수정

이렇게 해서 시스템 콜 계층이 나빌눅스 커널에 추가되었다. 시스템 콜 구현을 위해 파일이 추가되었으므로 Makefile을 수정한다.

```
chap12/Makefile
CC = arm-linux-gcc
LD = arm-linux-ld
OC = arm-linux-objcopy

CFLAGS   = -nostdinc -I. -I./include
CFLAGS  += -Wall -Wstrict-prototypes -Wno-trigraphs -O0
CFLAGS  += -fno-strict-aliasing -fno-common -pipe -mapcs-32
CFLAGS  += -mcpu=xscale -mshort-load-바이트s -msoft-float -fno-builtin

LDFLAGS  = -static -nostdlib -nostartfiles -nodefaultlibs -p -X -T ./main-ld-script

OCFLAGS = -O binary -R .note -R .comment -S

CFILES = entry.S navilnux.c navilnux_memory.c navilnux_task.c navilnux_user.c navilnux_lib.S navilnux_sys.c
HFILES = include/navilnux.h include/navilnux_memory.h include/navilnux_task.h include/navilnux_user.h include/navilnux_lib.h include/navilnux_sys.h include/syscalltbl.h

all: $(CFILES) $(HFILES)
    $(CC) -c $(CFLAGS) -o entry.o entry.S
    $(CC) -c $(CFLAGS) -o gpio.o gpio.c
    $(CC) -c $(CFLAGS) -o time.o time.c
    $(CC) -c $(CFLAGS) -o vsprintf.o vsprintf.c
    $(CC) -c $(CFLAGS) -o printf.o printf.c
    $(CC) -c $(CFLAGS) -o string.o string.c
    $(CC) -c $(CFLAGS) -o serial.o serial.c
    $(CC) -c $(CFLAGS) -o lib1funcs.o lib1funcs.S
```

```
        $(CC) -c $(CFLAGS) -o navilnux.o navilnux.c
        $(CC) -c $(CFLAGS) -o navilnux_memory.o navilnux_memory.c
        $(CC) -c $(CFLAGS) -o navilnux_task.o navilnux_task.c
        $(CC) -c $(CFLAGS) -o navilnux_user.o navilnux_user.c
        $(CC) -c $(CFLAGS) -o navilnux_lib.o navilnux_lib.S
        $(CC) -c $(CFLAGS) -o navilnux_sys.o navilnux_sys.c
        $(LD) $(LDFLAGS) -o navilnux_elf entry.o gpio.o time.o vsprintf.o printf.o
string.o serial.o lib1funcs.o navilnux.o navilnux_memory.o navilnux_task.o
navilnux_sys.o navilnux_lib.o navilnux_user.o
        $(OC) $(OCFLAGS) navilnux_elf navilnux_img
        $(CC) -c $(CFLAGS) -o serial.o serial.c -D IN_GUMSTIX
        $(LD) $(LDFLAGS) -o navilnux_gum_elf entry.o gpio.o time.o vsprintf.o
printf.o string.o serial.o lib1funcs.o navilnux.o navilnux_memory.o
navilnux_task.o navilnux_sys.o navilnux_lib.o navilnux_user.o
        $(OC) $(OCFLAGS) navilnux_gum_elf navilnux_gum_img

clean:
        rm *.o
        rm navilnux_elf
        rm navilnux_img
        rm navilnux_gum_elf
        rm navilnux_gum_img
```

make를 실행해서 커널 이미지를 생성한 다음, 에뮬레이터나 이지보드에 올려서 부팅해 보자. 결과는 아래와 같이 나온다.

```
TCB : TASK1 - init PC(a000bda4)         init SP(a04ffffc)
TCB : TASK2 - init PC(a000be00)         init SP(a05ffffc)
TCB : TASK3 - init PC(a000be88)         init SP(a06ffffc)
REAL func TASK1 : a000bda4
REAL func TASK2 : a000be00
REAL func TASK3 : a000be88
TASK1 - a:a04fffe8      b:a04fffe4      c:a04fffe0
TASK2 - a:a05fffe8      b:a05fffe4      c:a05fffe0
TASK3 - a:a06fffe8      b:a06fffe4      c:a06fffe0
My Systemcall - 1 , 2 , 3
Syscall return value is 333
TASK1 - a:a04fffe8      b:a04fffe4      c:a04fffe0
TASK2 - a:a05fffe8      b:a05fffe4      c:a05fffe0
                :
                :
```

사용자 태스크에서 매개변수로 전달한 1, 2, 3이 시스템 콜 함수 안에서 제대로 출력되었다. 그리고 시스템 콜에서 반환한 333이 사용자 태스크에서 제대로 출력되었다. 이렇게 새로 추가한 시스템 콜이 제대로 동작하는 것을 확인하였다.

정말 r0을 통해서 리턴 값이 전달될까?

본문에 구현했던 sys_mysyscall( ) 함수의 내용을 다시 보자.

```
int sys_mysyscall(int a, int b, int c)
{
    printf("My Systemcall - %d , %d , %d\n", a, b, c);
    return 333;
}
```

그리고 이 함수를 역어셈블해보면 결과 코드는 아래와 같다.

```
a000bccc <sys_mysyscall>:
a000bccc:       e1a0c00d        mov     ip, sp
a000bcd0:       e92dd800        stmdb   sp!, {fp, ip, lr, pc}
a000bcd4:       e24cb004        sub     fp, ip, #4      ; 0x4
a000bcd8:       e24dd00c        sub     sp, sp, #12     ; 0xc
a000bcdc:       e50b0010        str     r0, [fp, -#16]
a000bce0:       e50b1014        str     r1, [fp, -#20]
a000bce4:       e50b2018        str     r2, [fp, -#24]
a000bcec:       e51b1010        ldr     r1, [fp, -#16]
a000bcf0:       e51b2014        ldr     r2, [fp, -#20]
a000bcf4:       e51b3018        ldr     r3, [fp, -#24]
a000bcf8:       ebfff627        bl      a000959c <printf>
a000bcfc:       e3a03f53        mov     r3, #332        ; 0x14c
a000bd00:       e2833001        add     r3, r3, #1      ; 0x1
a000bd04:       e1a00003        mov     r0, r3
a000bd08:       e91ba800        ldmdb   fp, {fp, sp, pc}
a000bd0c:       a000c050        andge   ip, r0, r0, asr r0
```

단 두 줄짜리 C 언어 코드지만 어셈블리어로는 꽤 길다. 하지만 모두 볼 필요는 없고, 리턴 값으로 전달하는 333을 어떻게 처리하는지만 보면 된다. 그 부분은 아래 코드와 같다.

```
a000bcfc:       e3a03f53        mov     r3, #332        ; 0x14c
a000bd00:       e2833001        add     r3, r3, #1      ; 0x1
a000bd04:       e1a00003        mov     r0, r3
```

r3에 332를 넣고 1을 더해서 333을 만든 다음 그것을 r0에 넣는다. 이렇게 r0에 333이 들어간 다음, 링크 레지스터(lr)에 있던 값이 프로그램 카운터(pc)에 로드되면서 함수가 끝난다. 즉 리턴 값인 333은 최종적으로 r0에 있는 채로 끝난다는 것이다.
함수 쪽에서 r0에 리턴 값을 전달하는 것을 확인했다. 그럼 호출자 쪽에서 리턴 값을 r0으로 받는다면 리턴 값 전달에 r0이 사용됨을 확실히 증명할 수 있을 것이다.

```
void user_task_3(void)
{
    int a, b, c;
```

```
        a = 1;
        b = 2;
        c = a + b;

        while(1){
            printf("TASK3 - a:%p\tb:%p\tc:%p\n", &a, &b, &c);
            c = mysyscall(1,2,3);
            printf("Syscall return value is %d\n", c);
            msleep(1000);
        }
    }
```

역시 본문에 있는 user_task_3( ) 함수다. mysyscall( ) 함수를 호출하고 그 리턴 값을 c 변수에 받아서 이를 printf( )의 인자로 넘겨 화면에 출력한다.

```
            c = mysyscall(1,2,3);
            printf("Syscall return value is %d\n", c);
```

필요한 부분은 위 두 줄이므로 이 부분이 어셈블리어로 어떻게 표현되는지만 보도록 하자.

```
            :
            :
  a000beb8:    ebffffab    bl    a000bd6c <mysyscall>
  a000bebc:    e1a03000    mov   r3, r0
  a000bec0:    e50b3018    str   r3, [fp, -#24]
  a000bec4:    e59f0014    ldr   r0, [pc, #20]    ; a000bee0
  <user_task_3+0x80>
  a000bec8:    e51b1018    ldr   r1, [fp, -#24]
  a000becc:    ebfff5b2    bl    a000959c <printf>
            :
            :
```

bl 명령으로 mysyscall( ) 함수에 들어갔다 나오면 r0을 r3에 복사하는 명령이 바로 밑에 나온다.

```
  a000bebc:    e1a03000    mov    r3, r0
```

그리고 r3을 스택에 넣는다. "Syscall return value is %d\n" 문자열은 r0에 넣는다. 그리고 아까 스택에 넣어 두었던 r3의 값을 r1에 넣은 다음 printf( ) 함수를 호출하는 것을 볼 수 있다. gcc 컴파일러는 매개변수를 전달할 때 r0, r1, r2, r3을 순서대로 사용한다. 그러므로 r0에는 "Syscall return value is %d\n" 문자열의 메모리 주소가 들어간다. r1에는 아까 스택에 백업한 r3의 값(이 값은 리턴 값으로 받은 r0의 값이다), 다시 말해 sys_mysyscall( ) 함수에서 r0에 전달한 333이 들어가게 된다.
이렇게 arm-linux-gcc는 r0를 이용해 리턴 값을 전달한다.

12.3 실습 : 시스템 콜 추가 절차

이제까지 나빌눅스에 시스템 콜 계층을 추가하였다. 또한 시스템 콜 계층을 추가하면서 mysyscall( )이라는 0번 시스템 콜을 함께 구현하였다. 계층 자체를 구현하면서 시스템 콜을 추가했기 때문에 이후에 새로운 시스템 콜을 추가할 때 어떤 순서로 시스템 콜을 만들어야 할지 이해하기 어려울 수도 있다. 그러니 아래 설명을 따라하면서 다시 한 번 시스템 콜 추가 절차를 정리해 보자.

1. syscalltbl.h에 시스템 콜 번호를 추가한다.

```
chap12/include/syscalltbl.h
#ifndef _NAVIL_SYS_TBL
#define _NAVIL_SYS_TBL

#define SYSCALLNUM  255

#define SYS_MYSYSCALL   0
#define SYS_MYSYSCALL4  1

#endif
```

새로 추가한 시스템 콜은 1번으로 하고 이름은 SYS_MYSYSCALL4로 하였다. 인자가 4개짜리인 시스템 콜을 추가할 생각이라 SYS_MYSYSCALL4라고 이름 붙였다. 시스템 콜 번호를 추가할 때는 0에서 254까지의 숫자 중 기존에 사용된 숫자와 겹치지 않는 아무 숫자나 사용하면 되지만, 되도록이면 바로 직전에 사용한 시스템 콜 번호에 +1을 하여 지정하는 것이 좋다.

2. navilnux_sys.c에 시스템 콜 함수를 작성한다.

```
chap12/navilnux_sys.c
#include <navilnux.h>

unsigned int navilnux_syscallvec[SYSCALLNUM];

int sys_mysyscall(int a, int b, int c)
{
    printf("My Systemcall - %d , %d , %d\n", a, b, c);
    return 333;
}
```

```
int sys_mysyscall4(int a, int b, int c, int d)
{
    printf("My Systemcall4 - %d , %d , %d , %d\n", a, b, c, d);
    return 3413;
}
```

매개변수를 4개 받아서 이름을 sys_mysyscall4( )로 지었다. 역시 4개의 매개변수를 그냥 출력하고 리턴 값으로 3413을 리턴한다. 숫자에 의미는 없다. 단지 되도록 특이한 숫자를 리턴해서 알아보기 쉽게 하려는 것이 목적일 뿐이다.

3. syscall_init( ) 함수에서 navilnux_syscallvec에 새로 추가한 시스템 콜의 함수 포인터를 등록한다.

chap12/navilnux_sys.c
```
void syscall_init(void)
{
    navilnux_syscallvec[SYS_MYSYSCALL] = (unsigned int)sys_mysyscall;
    navilnux_syscallvec[SYS_MYSYSCALL4] = (unsigned int)sys_mysyscall4;
}
```

syscalltbl.h 파일에 정의한 시스템 콜 번호인 SYS_MYSYSCALL4를 배열의 인덱스로 하여 sys_mysyscall4( ) 함수의 함수 포인터 값을 시스템 콜 벡터 테이블에 저장한다.

4. navilnux_sys.h에 시스템 콜의 프로토타입을 선언한다.

chap12/include/navilnux_sys.h
```
#ifndef _NAVIL_SYS
#define _NAVIL_SYS

#include <syscalltbl.h>

void syscall_init(void);

int sys_mysyscall(int, int, int);
int sys_mysyscall4(int, int, int, int);

#endif
```

커널 내부의 다른 부분에서 호출할 때 컴파일러의 심벌 테이블에 이름이 등록되어야 하므로 시스템 콜의 프로토타입을 선언해 놓는다.

5. navilnux_lib.h에 시스템 콜 래퍼 함수의 프로토타입을 선언한다.

```
chap12/include/navilnux_lib.h
```
```
#ifndef _NAVIL_LIB
#define _NAVIL_LIB

extern int mysyscall(int, int, int);
extern int mysyscall4(int, int, int, int);

#endif
```

시스템 콜 래퍼 함수는 사실상 SWI 명령만 호출했다가 되돌아오는 일 밖에는 하지 않는다. 하지만 navilnux_lib.h에 시스템 콜 래퍼 함수의 프로토타입을 선언해 주어야만, 컴파일러에서 해당 래퍼 함수가 어떤 타입의 매개변수를 몇 개 전달하는지 알 수 있다. 따라서 래퍼 함수의 프로토타입 선언은 꽤 중요하다.

6. navilnux_lib.S에 시스템 콜 래퍼 함수를 작성한다.

```
chap12/navilnux_lib.S
```
```
#include <syscalltbl.h>

.global mysyscall
mysyscall:
    swi SYS_MYSYSCALL
    mov pc, lr

.global mysyscall4
mysyscall4:
    swi SYS_MYSYSCALL4
    mov pc, lr
```

반복되는 코드다. 미리 정의된 시스템 콜 번호를 매개변수로 하여 SWI 명령을 실행한다. ISR에서 돌아오면 링크 레지스터(lr)를 프로그램 카운터(pc)에 복사하여 사용자 태스크의 실행 위치로 되돌아가는 동작 밖에 하지 않는다.

7. 사용자 태스크에서 시스템 콜을 사용한다.

```
chap12/navilnux_user.c
```
```
        :
        :
void user_task_2(void)
{
```

```
    int a, b, c;

    a = 1;
    b = 2;
    c = a + b;

    while(1){
        printf("TASK2 - a:%p\tb:%p\tc:%p\n", &a, &b, &c);
        c = mysyscall4(4,5,6,7);
        printf("Syscall4 return value is %d\n", c);
        msleep(1000);
    }
}
            :
            :
```

이번에는 user_task_2( ) 함수를 사용하였다. 4, 5, 6, 7을 매개변수로 전달하였고, 역시 시스템 콜의 리턴 값을 변수 c에 받아서 출력한다.

새로 추가한 시스템 콜 동작 확인

이렇게 나빌눅스에서 시스템 콜을 추가하는 절차는 일곱 단계로 나누어 볼 수 있다. mysyscall4( ) 시스템 콜을 추가하는 코드를 다 작성하고 make를 실행해서 커널 이미지 파일을 만들어 부팅해 보자. 아래와 같은 메시지가 나오면 제대로 동작하는 것이다.

```
TCB : TASK1 - init PC(a000bda4)        init SP(a04ffffc)
TCB : TASK2 - init PC(a000be00)        init SP(a05ffffc)
TCB : TASK3 - init PC(a000be88)        init SP(a06ffffc)
REAL func TASK1 : a000bda4
REAL func TASK2 : a000be00
REAL func TASK3 : a000be88
TASK1 - a:a04fffe8     b:a04fffe4     c:a04fffe0
TASK2 - a:a05fffe8     b:a05fffe4     c:a05fffe0
My Systemcall4 - 4 , 5 , 6 , 7
Syscall4 return value is 3413
TASK3 - a:a06fffe8     b:a06fffe4     c:a06fffe0
My Systemcall - 1 , 2 , 3
Syscall return value is 333
TASK1 - a:a04fffe8     b:a04fffe4     c:a04fffe0
TASK2 - a:a05fffe8     b:a05fffe4     c:a05fffe0
My Systemcall4 - 4 , 5 , 6 , 7
Syscall4 return value is 3413
TASK3 - a:a06fffe8     b:a06fffe4     c:a06fffe0
My Systemcall - 1 , 2 , 3
Syscall return value is 333
            :
            :
```

시스템 콜 함수에서 4, 5, 6, 7이라는 네 개의 매개변수를 잘 출력하고 있고, 사용자 태스크에서 3413이라는 리턴 값을 잘 출력하고 있다. 이 두 개의 메시지를 통해 새로 추가한 시스템 콜 역시 제대로 동작하고 있음을 확인할 수 있다. 앞으로 시스템 콜을 계속 추가하여도 잘 동작할 것임을 미루어 확신할 수 있다.

앞으로 나빌눅스에서 추가하게 될 ITC(Inter Task Communication)나, 동기화(뮤텍스, 세마포어), 메모리 동적 할당, open( ), read( ), write( ), close( ) 등을 사용하는 디바이스 드라이버 모두 시스템 콜을 이용하여 구현된다. 그렇기 때문에 이번 장에서 구현한 시스템 콜은 앞으로의 기능을 구현하는 기반이 된다.

12.4 정리

사용자 태스크에서 커널에게 자원을 요청하는 모든 기능은 시스템 콜로 구현된다. 그래서 운영체제마다 고유의 시스템 콜 함수 목록을 가지고 있다. 흔히 이를 일컬어 커널 API라고 한다. 이 커널 API를 일관된 절차를 통해 등록하고 동작시키기 위해서 나빌눅스에 시스템 콜 계층을 추가하였다.

이번 장에서 나빌눅스에 추가한 시스템 콜 계층은 기본적인 구조를 리눅스의 시스템 콜 계층에서 차용하였다. 다만 개별 구현은 매우 단순화했기 때문에 나빌눅스의 시스템 콜 계층 자체를 이해하는 것은 비교적 어렵지 않을 것이다.

다음 장부터는 계속해서 시스템 콜 계층을 이용한 커널 API가 추가될 것이다. 시스템 콜 계층을 구현함으로 인해 커널에 본격적으로 기능을 추가할 수 있게 된 것이다.

13장

Learning Embedded OS

태스크 간 통신 구현하기

13.1 IPC(Inter-Process Communication)

IPC는 프로세스 간 통신(Inter-Process Communication)의 약자로 USER 모드 프로세스 간에 서로 데이터 교환과 동기화를 할 수 있게 해주는 시스템 콜 집합을 말한다. 리눅스나 유닉스 등 대부분의 유닉스 계열 시스템들은 파이프와 FIFO, 메시지 큐, 공유 메모리 같은 여러 가지 방법으로 프로세스 간 통신을 제공한다.

13.1.1 파이프

파이프는 흔히 부모, 자식 프로세스 사이에서 입력/출력 파일 디스크립터를 연결하여 데이터를 전송할 때 많이 사용한다. 프로그램을 작성할 때 pipe( ) 시스템 콜을 사용하여 구현할 수도 있고, 간단하게 셸 상에서 사용할 수도 있다. 이전 장에 몇 번 나왔던 역어셈블 명령어에도 파이프가 등장한다.

파일 디스크립터

아래 코드를 보자.

```
int fp = open("파일경로", O_RDONLY);
//... 중략
close(fp);
```

위 코드에서 변수 fp를 흔히 파일 디스크립터라고 부른다. 더 정확히 말하자면 fp가 아니

> 라 fp에 할당되는 고유 식별 번호가 파일 디스크립터다. 일반적인 유닉스 계열 운영체제에서는 I/O 자원 관리를 위해서 각 I/O 자원에 내부적인 고유 식별자를 부여해 관리한다. 응용 프로그램에서 open( ) 시스템 콜을 이용해서 파일을 열면 운영체제 안에 해당 파일의 자원이 할당되고 이 자원에는 식별 번호가 부여된다. 그리고 open( ) 시스템 콜을 통해서 식별 번호가 반환된다. 위 코드에서 fp에 할당되는 값이 바로 그 값이다. 이후 응용 프로그램에서는 식별 번호를 통해서 시스템 콜을 사용한다. close(fp)처럼 시스템 콜에 파일 디스크립터를 넘기면 운영체제 내부에서 파일 디스크립터 값(식별 번호)에 해당하는 내부 I/O 자원을 처리한다.
>
> 정리하자면, 파일 디스크립터는 운영체제 내부에서 관리하는 I/O 자원의 식별자 번호다.

```
$ arm-linux-objdump -D navilnux_elf | more
```

위 명령을 보면 arm-linux-objdump 명령의 결과(출력 내용)가 파이프를 통해서 more 명령의 입력으로 전달된다. arm-linux-objdump와 more는 분명 다른 프로그램이고 다른 프로세스로 동작하지만 파이프라는 IPC 수단을 이용해서 데이터를 주고받는다.

13.1.2 FIFO

FIFO는 이름 있는 파이프(Named pipe)라고도 부른다. 왜냐하면 명시적으로 파이프 역할을 하는 파일을 파일 시스템 상에 생성한 다음 write( ), read( ) 시스템 콜을 사용하여 데이터 통신을 하기 때문이다. 그림 13-2가 그림 13-1과 다른 점은 파이프에 데이터를 넣을 때 마치 일반 파일을 다루듯이 write( )를 하여 데이터를 써 넣는다는 점이다. 다른 프로세스에서도 해당 파일을 열고 read( )하여 데이터를 받아온다. FIFO는 부모자식 관계가 아닌 프로세스들 사이에서 데이터 통신을 할 때 유용하게 사용한다.

13.1.3 메시지 큐

메시지 큐는 사용자 프로세스에서 커널 내부에 메시지를 임시로 저장해 놓을 수 있는 공간을 요청한다. 커널 안에 생성되는 메시지 큐의 크기는 가변적이기는 하지만 어느 정도 한계가 있다. 프로세스는 메시지 큐를 통해 사용자 데이터를 전송할 수 있다. 서로 다른 사용자 프로세스라도 같은 식별자를 가지는 메시지 큐를 열

그림 13-1 파이프

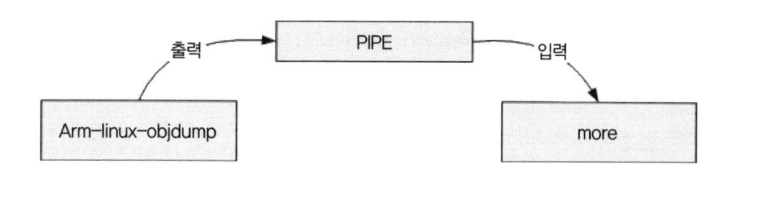

그림 13-2 FIFO

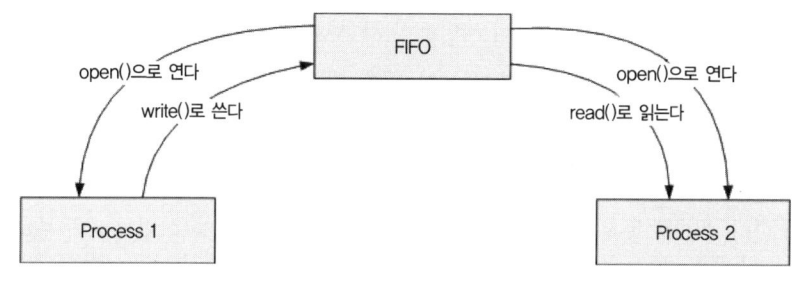

어서 메시지 큐에 저장되어 있는 데이터를 받아올 수 있다. 하지만 일반적으로 리눅스 커널은 메시지 큐에 있는 데이터를 프로세스가 읽어 가면 메시지 큐의 데이터를 지운다. 그래서 단 하나의 프로세스만이 주어진 메시지를 받게 된다.

13.1.4 공유 메모리

공유 메모리는 메모리의 특정 공간을 두 개 이상의 프로세스가 동시에 접근하게 하여 프로세스 간에 데이터를 공유할 수 있는 통신 방법이다. 일반적으로 리눅스 커널은 프로세스가 너무 큰 공유 메모리를 요청하거나 너무 많은 공유 메모리 식별자를 사용하는 것을 방지하기 위해 공유 메모리의 사용에 한계를 두고 있다. 공유 메모리는 메모리 영역 자체에 값을 쓰고, 읽어가는 방식이기 때문에 다른 IPC 방법들보다 융통성이 크고 많은 양의 데이터를 전송할 수 있다.

13.1.5 임베디드 운영체제의 ITC

임베디드 운영체제에서는 프로세스와 태스크를 같은 수준의 개념으로 이해한다고 했다. 그래서 나빌눅스에서는 ITC(Inter-Task Communication)라고 부르도록 하겠다.

사용자 태스크에는 각각 고유의 메모리 영역이 있다. 각 태스크는 서로 간에 메모리 영역을 침범해서는 안 된다. 이에 비해 커널은 메모리에 접근하는 데 제약이 없기 때문에 태스크 간에 데이터를 주고받으려면 커널의 도움을 받아야 한다. 커널 안에 데이터를 잠시 담아 놓을 수 있는 공간을 잡아 놓고, 데이터를 전송하는 태스크에게 데이터를 받아 커널에 저장해 놓았다가 데이터를 요청하는 태스크 쪽으로 데이터를 보내 준다. 커널이 개입해야 하므로 ITC는 시스템 콜로 구현된다.

운영체제에서는 ITC를 이용하여 여러 개의 태스크가 서로 다른 목적으로 통신을 할 수 있어야 한다. 그러므로 운영체제 안에는 여러 개의 ITC가 존재해야 한다. 그리고 개별 ITC는 어떤 형태로든 식별자를 가지고 있어서 서로 간에 구분이 가능해야 한다. ITC를 동적으로 생성하는 경우에는 커널 내부에서 식별자로 구분하고 사용자 태스크에서는 넘겨받은 포인터를 사용하면 된다. 정적으로 사용하는 경우에는 커널 안에 미리 지정된 식별자를 사용자 태스크에서 인덱스로 지정하여 사용하면 된다. 나빌눅스에서는 ITC를 정적으로 생성하여 사용할 것이다.

13.2 컨텍스트 스위칭 시스템 콜 만들기

13.2.1 블로킹 상태

ITC로 태스크 간 데이터 통신을 할 때는 단순하게 데이터를 보내고 받는 것이 아니다. ITC에 쌓여 있는 데이터가 없을 때 태스크는 데이터가 들어올 때까지 기다려야 한다. 기다리다가 ITC에 데이터가 들어오면 기다림을 끝내고 데이터를 읽는다. 이렇게 태스크가 동작 도중에 임의로 멈추는 상태를 블로킹(Blocking) 상태라고 한다.

우리가 read( ) 시스템 콜을 사용하여 파일이나 네트워크에서 데이터를 읽을 때, 읽을 데이터가 없거나 데이터가 전송 대기 중이면 프로그램은 흐름이 중지되고 read( ) 시스템 콜에서 블로킹된다. 물론 논 블로킹(non blocking)으로 설정할 수도 있지만 일반적으로 아무런 설정도 하지 않는 경우 read( ) 시스템 콜은 입력 대기일 때 블로킹된다.

같은 개념으로 ITC를 구현할 때도, 데이터를 읽는 태스크는 ITC에 데이터가 없는 경우 ITC로부터 데이터를 읽는 시스템 콜에서 블로킹되어야 한다. 물론 데이터를 전송하는 태스크는 블로킹 되지 않는다.

블로킹을 구현하는 방법에는 여러 가지가 있다. 쉽게 생각할 수 있는 방법은 그냥 블로킹이 걸린 상태에서 해당 태스크가 할당된 시간을 다 쓸 때까지 기다린 후 컨텍스트 스위칭을 하는 것이다. 하지만 이 방법은 해당 태스크가 시간을 쓰는 동안 시스템 전체가 아무것도 할 수 없기 때문에, 굉장히 낭비가 심하다.

다른 방법은 해당 태스크가 블로킹 걸려야 하는 상황에서 즉시 컨텍스트 스위칭을 발생시켜 다음 태스크로 컨텍스트를 넘겨 버리는 방식이다. 사용자 태스크에서 커널에 컨텍스트 스위칭과 스케줄링을 강제로 요청하는 것이다. 역시 사용자 태스크에서 커널에게 기능을 요청하는 것이므로 12장에서 구현한 시스템 콜 계층에 구현한다.

13.2.2 사용자 태스크에서 호출 가능한 컨텍스트 스위칭 시스템 콜 구현

컨텍스트 스위칭은 프로세서의 레지스터에 직접 접근해야 하는 작업이다. 앞에서도 설명했듯이 프로세서의 레지스터에 직접 접근하기 위해서는 어셈블리어를 사용해야 하므로 컨텍스트 스위칭 역시 어셈블리어로 작성된다. 그런데 이렇게 하면 C 언어로 작성된 일반적인 시스템 콜처럼 navilnux_syscallvec 커널 전역 배열에 함수 포인터로 등록되기엔 구현상의 일관성이 깨진다. 그러니 entry.S에 컨텍스트 스위칭과 스케줄러만 곧바로 호출하는 어셈블리어 레이블을 하나 만들도록 하자.

`chap13/entry.S`

```
.global sys_scheduler:
sys_scheduler:
    ldr     sp, =navilnux_current
    ldr     sp, [sp]

    add     sp, sp, #4
    stmia   sp!, {r0-r12}^
    stmia   sp!, {sp,lr}^
    stmia   sp!, {lr}

    sub     sp, sp, #68
    mrs     r1, spsr
    stmia   sp!, {r1}
```

```
ldr     sp, =svc_stack

bl      scheduler

ldr     sp, =navilnux_next
ldr     sp, [sp]

ldmia   sp!, {r1}
msr     spsr_cxsf, r1
ldmia   sp!, {r0-r12}^
ldmia   sp!, {r13,r14}^

ldmia   sp!, {pc}^
```

sys_scheduler는 시스템 콜 함수다. 컨텍스트 스위칭과 스케줄러를 호출하는 내용인데, 그 내용은 10장에서 구현한 내용과 동일하다. 그러므로 다시 설명하진 않겠다. 이제 시스템 콜 추가 절차를 밟아 사용자 태스크에서 호출하는 스케줄러를 추가하도록 하자.

13.2.3 스케줄러 시스템 콜 추가

먼저 syscalltbl.h 파일에 시스템 콜 번호를 추가한다.

```
chap13/include/syscalltbl.h
#ifndef _NAVIL_SYS_TBL
#define _NAVIL_SYS_TBL

#define SYSCALLNUM        255

#define SYS_MYSYSCALL     0
#define SYS_MYSYSCALL4    1

#define SYS_CALLSCHED     SYSCALLNUM

#endif
```

navilnux_syscallvec의 크기로 지정된 SYSCALLNUM을 sys_scheduler의 시스템 콜 번호로 할당하였다. 즉, 나빌눅스에서 지원하는 시스템 콜의 개수가 증가하더라도 sys_scheduler는 절대로 navilnux_syscallvec의 범위 안에 포함되지 않는다. 그러므로 navilnux_syscallvec 커널 전역 배열 변수에도 함수 포인터를 등록하지 않는다. sys_scheduler는 시스템 콜 벡터가 아닌 SWI의 ISR에서 직접 호출하게 구현할 예정이다.

이어서 navilnux_lib.h에 시스템 콜 래퍼 함수의 프로토타입을 선언한다.

`chap13/include/navilnux_lib.h`

```
#ifndef _NAVIL_LIB
#define _NAVIL_LIB

extern int mysyscall(int, int, int);
extern int mysyscall4(int, int, int, int);

extern void call_scheduler(void);

#endif
```

매개변수도 없고, 리턴 받을 값도 없기 때문에 모두 void 형으로 선언하였다. 래퍼 함수의 이름은 call_scheduler( )다. 이어서 래퍼 함수를 작성한다. 마찬가지로 래퍼 함수는 SWI 명령을 수행하는 것 외에 별다른 내용이 없다.

`chap13/navilnux_lib.S`

```
#include <syscalltbl.h>

.global mysyscall
mysyscall:
    swi SYS_MYSYSCALL
    mov pc, lr

.global mysyscall4
mysyscall4:
    swi SYS_MYSYSCALL4
    mov pc, lr

.global call_scheduler
call_scheduler:
    swi SYS_CALLSCHED
    mov pc, lr
```

13.2.4 entry.S 파일 수정

래퍼 함수가 작성되었으므로, 일단 커널의 흐름은 navilnux_swiHandler로 진입하게 된다. navilnux_swiHandler에는 다른 시스템 콜의 리턴 값과 매개변수를 처리하기 위하여 r0을 백업하지 않는 등의 코드가 작성되어 있다. 하지만 sys_scheduler는 컨텍스트 스위칭과 스케줄러가 동작해야 하기 때문에 다른 시스템 콜들과는 별도의 흐름을 타야한다. 그래서 navilnux_swiHandler를 아래 코드와 같이 수정하고, entry.S에 syscalltbl.h를 include한다. entry.S의 전체 코드를 보면 아래와 같다.

chap13/entry.S

```asm
#include <syscalltbl.h>

.globl _ram_entry
_ram_entry:
    b     kernel_init
    b     _ram_entry
    b     navilnux_swiHandler
    b     navilnux_irqHandler


#define svc_stack    0xa0300000
#define irq_stack    0xa0380000
#define sys_stack    0xa0400000

.global kernel_init
kernel_init:
    msr     cpsr_c,#0xc0|0x13    //SVC mode
    ldr     r0,=svc_stack
    sub     sp,r0,#4

    msr     cpsr_c,#0xc0|0x12    //IRQ mode
    ldr     r0,=irq_stack
    sub     sp,r0,#4

    msr     cpsr_c,#0xc0|0x1f    //SYSTEM mode
    ldr     r0,=sys_stack
    sub     sp,r0,#4

    msr     cpsr_c,#0xc0|0x13

    bl      main
    b       _ram_entry

.global navilnux_swiHandler
navilnux_swiHandler:
    msr     cpsr_c, #0xc0|0x13

    ldr     sp, =svc_stack

    stmfd   sp!, {lr}
    stmfd   sp!, {r1-r14}^
    mrs     r10, spsr
    stmfd   sp!, {r10}

    ldr     r10, [lr,#-4]
    bic     r10, r10, #0xff000000
    cmp     r10, #SYS_CALLSCHED
    beq     sys_scheduler

    mov     r11, #4
    mul     r10, r10, r11
```

```
        ldr     r11, =navilnux_syscallvec
        add     r11, r11, r10
        ldr     r11, [r11]
        mov     lr, pc
        mov     pc, r11

        ldmfd   sp!, {r1}
        msr     spsr_cxsf, r1
        ldmfd   sp!, {r1-r14}^
        ldmfd   sp!, {pc}^


.global navilnux_irqHandler
navilnux_irqHandler:
        msr     cpsr_c, #0xc0|0x12

        ldr     sp, =navilnux_current
        ldr     sp, [sp]

        sub     lr, lr, #4
        add     sp, sp, #4
        stmia   sp!, {r0-r12}^
        stmia   sp!, {sp,lr}^
        stmia   sp!, {lr}

        sub     sp, sp, #68
        mrs     r1, spsr
        stmia   sp!, {r1}

        ldr     sp, =irq_stack

        bl      irqHandler

        ldr     sp, =navilnux_next
        ldr     sp, [sp]

        ldmia   sp!, {r1}
        msr     spsr_cxsf, r1
        ldmia   sp!, {r0-r12}^
        ldmia   sp!, {r13,r14}^

        ldmia   sp!, {pc}^

.global sys_scheduler:
sys_scheduler:
        ldr     sp, =navilnux_current
        ldr     sp, [sp]

        add     sp, sp, #4
        stmia   sp!, {r0-r12}^
        stmia   sp!, {sp,lr}^
        stmia   sp!, {lr}
```

```
sub     sp, sp, #68
mrs     r1, spsr
stmia   sp!, {r1}

ldr     sp, =svc_stack

bl      scheduler

ldr     sp, =navilnux_next
ldr     sp, [sp]

ldmia   sp!, {r1}
msr     spsr_cxsf, r1
ldmia   sp!, {r0-r12}^
ldmia   sp!, {r13,r14}^

ldmia   sp!, {pc}^
```

entry.S에서 syscalltbl.h 파일을 직접 include하는 부분이 수정되었다. 다시 말하지만 sys_scheduler는 entry.S에 구현되어 있다. 위 코드에서 정말 중요한 부분은 navilnux_swiHandler에서 수정된 부분이다. 수정된 부분은 아래와 같다.

chap13/entry.S

```
ldr     r10, [lr,#-4]
bic     r10, r10, #0xff000000
cmp     r10, #SYS_CALLSCHED
beq     sys_scheduler
```

시스템 콜 번호를 추출하여 r10에 넣은 다음, 위에서 선언한 SYS_CALLSCHED와 비교한다. 그래서 그 값이 같다면, 즉 지금 구현 중인 나빌눅스에 정의된 대로 255라면, 커널의 시스템 콜 벡터 테이블에서 시스템 콜의 시작 주소를 받아서 점프하지 말고 대신 sys_scheduler로 직접 점프하라는 내용이다.

sys_scheduler로 들어가게 되면 기존에 스택에 백업했던 내용들은 전부 무시되고 다시 navilnux_current의 값을 받아서 메모리에 컨텍스트를 백업한다. 그리고 scheduler를 호출해서 navilnux_next를 받은 다음, 컨텍스트를 복구한다. 그러면 스케줄러에 의해 선택된 다음 태스크로 실행 흐름이 넘어가게 된다. 결론적으로 OS 타이머에 의해서가 아닌 사용자 태스크의 요청에 의해서 컨텍스트 스위칭이 발생하게 되는 것이다.

13.2.5 사용자 태스크에서 스케줄러 호출 테스트

이제 제대로 동작하는지 테스트해 볼 차례다. 지난 장에서 user_task_2( )와 user_task_3( )을 수정하였으므로 이번에는 user_task_1( )을 수정하자.

```
chap13/navilnux_user.c
void user_task_1(void)
{
    int a, b, c;

    a = 1;
    b = 2;
    c = a + b;

    while(1){
        printf("TASK1 - a:%p\tb:%p\tc:%p\n", &a, &b, &c);
        printf("before call Scheduler\n");
        call_scheduler();
        printf("after call Scheduler\n");
        msleep(1000);
    }
}
```

사용자 태스크의 무한루프 안에서 아까 추가한 call_scheduler( ) 시스템 콜을 호출한다. 위 사용자 태스크가 동작을 한다면, TASK1이 스케줄링을 받을 때마다 한 번은 'before call Scheduler' 메시지를 출력한 다음 TASK2로 넘긴다. 그 후에 다시 TASK1이 스케줄링을 받는다면 'after call Scheduler'를 출력한 후 1초를 대기할 것이다. 그리고 다시 TASK1이 스케줄링을 받으면 'before call Scheduler' 메시지가 출력될 것이다. 즉 'before call Scheduler' 메시지와 'after call Scheduler' 메시지가 번갈아가며 출력될 것이다.

추가된 파일이 없으므로 그대로 make를 실행해서 커널 이미지를 만든 다음 이 보드에 올려서 부팅하거나 에뮬레이터를 이용하여 부팅해 보자. 실행 결과는 아래와 같다.

```
TCB : TASK1 - init PC(a000bdd4)        init SP(a04ffffc)
TCB : TASK2 - init PC(a000be4c)        init SP(a05ffffc)
TCB : TASK3 - init PC(a000bed4)        init SP(a06ffffc)
REAL func TASK1 : a000bdd4
REAL func TASK2 : a000be4c
REAL func TASK3 : a000bed4
TASK1 - a:a04fffe8      b:a04fffe4      c:a04fffe0
before call Scheduler
TASK2 - a:a05fffe8      b:a05fffe4      c:a05fffe0
```

```
My Systemcall4 - 4 , 5 , 6 , 7
Syscall4 return value is 3413
TASK3 - a:a06fffe8       b:a06fffe4       c:a06fffe0
My Systemcall - 1 , 2 , 3
Syscall return value is 333
after call Scheduler
TASK2 - a:a05fffe8       b:a05fffe4       c:a05fffe0
My Systemcall4 - 4 , 5 , 6 , 7
Syscall4 return value is 3413
TASK3 - a:a06fffe8       b:a06fffe4       c:a06fffe0
My Systemcall - 1 , 2 , 3
Syscall return value is 333
TASK1 - a:a04fffe8       b:a04fffe4       c:a04fffe0
before call Scheduler
TASK2 - a:a05fffe8       b:a05fffe4       c:a05fffe0
My Systemcall4 - 4 , 5 , 6 , 7
Syscall4 return value is 3413
TASK3 - a:a06fffe8       b:a06fffe4       c:a06fffe0
My Systemcall - 1 , 2 , 3
Syscall return value is 333
after call Scheduler
TASK2 - a:a05fffe8       b:a05fffe4       c:a05fffe0
My Systemcall4 - 4 , 5 , 6 , 7
Syscall4 return value is 3413
TASK3 - a:a06fffe8       b:a06fffe4       c:a06fffe0
My Systemcall - 1 , 2 , 3
Syscall return value is 333
```

TASK1의 결과만 집중해서 보도록 하자.

```
TASK1 - a:a04fffe8       b:a04fffe4       c:a04fffe0
before call Scheduler
TASK2 - a:a05fffe8       b:a05fffe4       c:a05fffe0
         :
after call Scheduler
TASK2 - a:a05fffe8       b:a05fffe4       c:a05fffe0
```

위의 결과가 반복됨을 알 수 있다. 'before call Scheduler' 메시지를 출력하고 바로 스케줄러를 호출했기 때문에 TASK2가 수행되었다. 다시 TASK1이 스케줄링을 받았을 때는 그 아래 줄인 'after call Scheduler' 메시지를 호출했다. 그리고 1초 대기하는 동안 다음 태스크로 컨텍스트가 넘어가서 TASK2가 수행되는 것이다.

이렇게 사용자 태스크에서 시스템 콜을 이용한 스케줄러 호출을 구현하였다. 사용자 태스크에서 임의로 스케줄러를 호출할 수 있으므로 이후 여러 대기 함수에서 블로킹을 구현할 수 있을 것이다.

13.3 실습: 메시지 관리자 정의

ITC의 목적은 태스크 간에 데이터를 전달하는 것이다. 또한 태스크 간 동기화를 목적으로 사용할 수도 있다. 이런 경우에는 태스크 간에 전달하는 데이터의 내용보다는 일종의 통지, 알림의 목적이 더 크다. 데이터 전달과 알림 목적으로 사용되므로 이 둘의 의미를 모두 포용하게끔 ITC를 전달하는 커널 모듈의 이름을 메시지 관리자로 정했다.

이번 장에서 구현하는 나빌눅스의 ITC는 여러 가지 ITC 구현 방법 중 메시지 큐 하나만 구현하도록 하겠다. 나빌눅스의 메시지 큐는 메시지 관리자의 하부 기능에 포함된다.

13.3.1 navilnux_msg.h 파일 작성

앞서 구현했던 메모리 관리자나 태스크 관리자와 마찬가지로 메시지 관리자도 자유 메시지 블록과 메시지 관리자 본체 자료 구조로 설계할 것이다. 새로운 모듈이 추가되는 것이므로 navilnux_msg.h 파일을 추가하고 아래와 같이 내용을 넣자.

```
chap13/include/navilnux_msg.h
```
```c
#ifndef _NAVIL_MSG
#define _NAVIL_MSG

#define MAXMSG 255

typedef struct _navil_free_msg {
    int data;
    int flag;
} Navil_free_msg;

typedef struct _navil_msg_mng {
    Navil_free_msg free_msg_pool[MAXMSG];

    void (*init)(void);
    int (*itc_send)(int, int);
    int (*itc_get)(int, int*);
} Navil_msg_mng;

void msg_init(void);
int msg_itc_send(int, int);
int msg_itc_get(int, int *);

#endif
```

13.3.2 자유 메시지 블록

Navil_free_msg는 자유 메시지 블록이라 이름 붙였다. 자유 메시지 블록은 실제로 메시지 큐에 저장될 데이터가 유지되는 공간이다. 커널은 자유 메시지 블록의 개수만큼 메시지 큐를 유지할 수 있다. 그리고 자유 메시지 블록 하나가 보관할 수 있는 데이터의 크기도 지금은 그냥 int 형 변수 하나만 데이터로 사용하였는데, 한 번에 저장하고 싶은 데이터의 크기를 늘리려면 data 변수를 배열로 바꾸든지 포인터로 바꾸어 별도의 공간에 데이터를 넣는 식으로 수정해도 된다. 지금은 이해하기 쉬운 코드를 작성하는 것이 목적이므로 최소한의 데이터만 넣을 수 있게 설계하였다. flag는 해당 자유 메시지 블록이 사용 중인지 아닌지를 표시하는 플래그다.

13.3.3 메시지 관리자

Navil_msg_mng는 메시지 관리자 자신을 추상화한 자료 구조다. free_msg_pool은 자유 메시지 블록들의 배열로 구성된 자유 메시지 블록 리스트다. 자유 메시지 블록 리스트의 개수는 MAXMSG라는 이름으로 정의되어 있다. 현재는 255개다. 그리고 세 개의 함수 포인터가 선언되어 있다. init은 메시지 관리자를 초기화하는 함수다. itc_send는 메시지 큐로 데이터를 전송하는 함수의 함수 포인터고, itc_get은 메시지 큐에 있는 값을 읽어오는 함수의 함수 포인터다.

13.3.4 메시지 관리자 제어 함수들

msg_init( ) 함수는 메시지 관리자를 초기화하는 함수 본체의 프로토타입 선언이다. 마찬가지로 msg_itc_send( ) 함수는 메시지 큐에 데이터를 전송하는 함수 본체의 프로토타입 선언이다. 첫 번째 매개변수는 메시지 큐의 식별자 번호, 두 번째 매개변수는 메시지 큐에 전송할 데이터다. msg_itc_get( ) 함수는 메시지 큐에 있는 데이터를 읽어오는 함수 본체의 프로토타입 선언이다. 첫 번째 매개변수는 메시지 큐의 식별자 번호다. 메시지 큐에 읽어올 데이터가 있으면 두 번째 매개변수인 int 형 포인터에 참조 전달(call by reference)된다. 읽어올 데이터가 없으면 블로킹된다.

13.4 실습 : 메시지 관리자 함수 구현

언제나 그렇듯 메시지 관리자의 초기화 함수 역시 이전의 메모리 관리자나 태스크 관리자의 초기화 함수와 내용상 별다른 차이가 없다. 자유 메시지 블록 리스트를 초기화 해주고 함수 포인터를 연결해 주는 선에서 구현이 마무리될 것이다.

13.4.1 msg_itc_send(), msg_itc_get() 함수 구현

msg_itc_send( ) 함수는 첫 번째 매개변수를 자유 메시지 블록 리스트의 인덱스로 삼아서 해당 자유 메시지 블록에 두 번째 매개변수로 넘어온 값을 넣어준다. 그리고 해당 블록의 플래그를 1로 바꾸어 사용 중임을 표시하는 기능이 들어가면 될 것이다. msg_itc_get( ) 함수는 매개변수로 넘어오는 값을 인덱스로 가지는 자유 메시지 블록이 사용 중인지 확인한다. 사용 중이라면 값을 참조 전달(call by reference)로 두 번째 매개변수에 넘긴다. 만약 메시지 블록이 사용 중이 아니라면 값이 없는 것이므로 정해진 오류 값을 반환하여 사용자 태스크 쪽의 시스템 콜 래퍼 함수에서 블로킹이 걸리게 해야 한다.

메시지 관리자의 새로운 소스 파일 이름은 navilnux_msg.c다. 파일을 새로 추가하고 아래의 내용을 추가하자.

chap13/navilnux_msg.c
```c
#include <navilnux.h>

Navil_msg_mng msgmng;

int msg_itc_send(int itcnum, int data)
{
    if(itcnum >= MAXMSG || itcnum < 0){
        return -1;
    }
    msgmng.free_msg_pool[itcnum].data = data;
    msgmng.free_msg_pool[itcnum].flag = 1;

    return itcnum;
}

int msg_itc_get(int itcnum, int *data)
{
    if(itcnum >= MAXMSG || itcnum < 0){
        return -1;
    }

    if(msgmng.free_msg_pool[itcnum].flag == 0){
        return -2;
    }

    *data = msgmng.free_msg_pool[itcnum].data;
```

```
            msgmng.free_msg_pool[itcnum].flag = 0;
            msgmng.free_msg_pool[itcnum].data = 0;

            return 0;
    }

    void msg_init(void)
    {
            int i;
            for (i = 0 ; i < MAXMSG ; i++){
                msgmng.free_msg_pool[i].data = 0;
                msgmng.free_msg_pool[i].flag = 0;
            }

            msgmng.init = msg_init;
            msgmng.itc_send = msg_itc_send;
            msgmng.itc_get = msg_itc_get;
    }
```

msgmng는 메시지 관리자의 인스턴스이며 커널 전역 변수로 선언된다. msg_init( ) 함수를 보자. MAXMSG만큼 for 문 루프를 돌면서 자유 메시지 블록의 data와 flag를 0으로 초기화한다. 그리고 위쪽에 작성되어 있는 msg_itc_send( ) 함수와 msg_itc_get( ) 함수의 함수 포인터를 내부에 있는 함수 포인터 변수에 연결한다. msg_init( )은 나빌눅스 커널의 초기화를 담당하는 navilnux_init( ) 함수에서 호출될 것이다.

msg_itc_send()

msg_itc_send( ) 함수는 가장 먼저 첫 번째 매개변수인 itcnum이 자유 메시지 블록 리스트의 최대 값을 넘지 않았는지 혹은 0보다 작은지를 검사한다. 값이 경계 값 밖에 있다면 에러이므로 비정상적인 값 -1을 리턴하면서 함수를 끝낸다. 경계 값 검사를 통과하면 비로소 자유 메시지 블록의 해당 인덱스에 data를 넣고 flag를 1로 만든다. 제대로 작업을 수행하였으면 매개변수로 넘겼던 itcnum을 그대로 다시 리턴한다.

msg_itc_get()

msg_itc_get( ) 함수 역시 가장 먼저 경계 값을 검사한다. 경계 값 검사를 통과하고 나면 해당 인덱스의 자유 메시지 블록의 플래그를 확인한다. 플래그가 0이라는 것은 읽어올 값이 없다는 의미이기 때문에 시스템 콜 래퍼 함수에서 블로킹되어야 한다. 그래서 이를 알리기 위해 비정상적인 값 -2를 리턴하고 종료한다. 시스템 콜 래퍼 함수는 msg_itc_get( )에서 넘어오는 리턴 값이 -2일 경우에는 call_scheduler( ) 시스템 콜을 호출하여 바로 컨텍스트를 넘기면서 블로킹에 들어가야 한다. 플래그가 0이 아니면 읽어올 값이 있다는 뜻이므로 자유 메시지 블록의 data를 두 번째 매개변수에 참조 전달(call by reference)로 넘기고, flag와 data 변수를 다시 0으로 초기화한다. 제대로 작업을 수행하였으면 0을 리턴한다.

13.4.2 navilnux.h 수정

새로운 커널 모듈이 추가되었으니 헤더 파일도 추가하자. 나빌눅스 커널의 헤더 파일은 navilnux.h에서 통합하여 처리한다. navilnux.h를 수정한다.

```
chap13/include/navilnux.h
#ifndef _KERNEL_H_
#define _KERNEL_H_

#include <pxa255.h>
#include <time.h>
#include <gpio.h>
#include <stdio.h>
#include <string.h>

#include <navilnux_memory.h>
#include <navilnux_task.h>
#include <navilnux_lib.h>
#include <navilnux_sys.h>
#include <navilnux_msg.h>

#include <navilnux_user.h>

void navilnux_init(void);
void navilnux_user(void);

#endif
```

navilnux_msg.h를 include하는 명령이 한 줄 추가되었다. 그리고 메시지 관리자 모듈을 초기화하는 msg_init( ) 함수를 커널 초기화 함수인 navilnux_init( ) 함수에서 호출하는 명령을 추가해 주어야 한다.

13.4.3 navilnux_init( ) 함수 수정

navilnux_init( ) 함수는 navilnux.c에 있다.

```
chap13/navilnux.c
void navilnux_init(void)
{
    mem_init();
    task_init();
    msg_init();
    syscall_init();

    os_timer_init();
    gpio0_init();

    os_timer_start();
}
```

단순하게 msg_init( ) 함수를 호출하는 코드만 한 줄 추가되었다. 이렇게 해서 메시지 관리자와 관련한 ITC의 기능 추가는 사실상 마무리되었다. 이제부터 할 일은 이렇게 커널에 추가한 ITC기능을 사용자 태스크에서 시스템 콜 계층을 통해 사용할 수 있도록 시스템 콜에 ITC를 추가하는 것이다.

13.5 실습 : 시스템 콜 계층에 ITC 함수 등록

시스템 콜 계층에 새로운 시스템 콜을 추가하는 방법은 12장에서 설명했다. 앞서 call_scheduler( ) 시스템 콜을 추가할 때와 같은 절차를 거쳐서 추가 작업을 한다.

13.5.1 시스템 콜 번호 추가

먼저 syscalltbl.h에 두 개의 시스템 콜 번호를 추가한다.

```
chap13/include/syscalltbl.h
#ifndef _NAVIL_SYS_TBL
#define _NAVIL_SYS_TBL

#define SYSCALLNUM     255

#define SYS_MYSYSCALL    0
#define SYS_MYSYSCALL4   1
#define SYS_ITCSEND      2
#define SYS_ITCGET       3

#define SYS_CALLSCHED    SYSCALLNUM

#endif
```

itc_send( )와 itc_get( )에 각각 2번, 3번 시스템 콜 번호를 할당했다.

13.5.2 시스템 콜 함수 프로토타입 선언
이어서 navilnux_sys.h에 시스템 콜 함수의 프로토타입을 선언한다.

```
chap13/include/navilnux_sys.h
#ifndef _NAVIL_SYS
#define _NAVIL_SYS

#include <syscalltbl.h>

void syscall_init(void);

int sys_mysyscall(int, int, int);
int sys_mysyscall4(int, int, int, int);

int sys_itcsend(int, int);
int sys_itcget(int, int*);

extern void sys_scheduler(void);

#endif
```

이 시스템 콜 함수가 하는 일은 메시지 관리자에서 작성한 함수를 호출하는 것뿐이므로 프로토타입의 리턴 값이나 매개변수 형식 역시 메시지 관리자에 정의한 그대로 작성한다. 사실 시스템 콜 자신도 메시지 관리자에서 작성한 함수의 래퍼 함수나 다름없다.

13.5.3 시스템 콜 함수 본체 작성
다음은 navilnux_sys.c에 본체를 작성한다. 그리고 syscall_init( ) 함수에서 navilnux _syscallvec 전역 변수에 함수 포인터의 주소를 등록해준다.

```
chap13/navilnux_sys.c
#include <navilnux.h>

extern Navil_msg_mng msgmng;

unsigned int navilnux_syscallvec[SYSCALLNUM];

int sys_mysyscall(int a, int b, int c)
{
    printf("My Systemcall - %d , %d , %d\n", a, b, c);
    return 333;
```

```
}

int sys_mysyscall4(int a, int b, int c, int d)
{
    printf("My Systemcall4 - %d , %d , %d , %d\n", a, b, c, d);
    return 3413;
}

int sys_itcsend(int itcnum, int data)
{
    return msgmng.itc_send(itcnum, data);
}

int sys_itcget(int itcnum, int *data)
{
    return msgmng.itc_get(itcnum, data);
}

void syscall_init(void)
{
    navilnux_syscallvec[SYS_MYSYSCALL] = (unsigned int)sys_mysyscall;
    navilnux_syscallvec[SYS_MYSYSCALL4] = (unsigned int)sys_mysyscall4;
    navilnux_syscallvec[SYS_ITCSEND] = (unsigned int)sys_itcsend;
    navilnux_syscallvec[SYS_ITCGET] = (unsigned int)sys_itcget;
}
```

코드를 보면 알겠지만 실상 아무것도 하지 않고 메시지 관리자의 itc_send( ) 함수와 itc_get( ) 함수에 매개변수를 넘겨주기만 했다.

13.5.4 시스템 콜 래퍼 함수 프로토타입 선언

다음은 시스템 콜 래퍼 함수를 선언하기 위해 navilnux_lib.h에 함수 프로토타입을 선언해 준다.

chap13/include/navilnux_lib.h

```
#ifndef _NAVIL_LIB
#define _NAVIL_LIB

extern int mysyscall(int, int, int);
extern int mysyscall4(int, int, int, int);

extern int itc_send(int, int);
extern int itc_get(int, int*);

extern void call_scheduler(void);

#endif
```

13.5.5 시스템 콜 어셈블리어 래퍼 함수 작성

이어서 아무것도 하지 않는 Software Interrupt 호출자를 작성해준다.

chap13/navilnux_lib.S

```
#include <syscalltbl.h>

.global mysyscall
mysyscall:
    swi SYS_MYSYSCALL
    mov pc, lr

.global mysyscall4
mysyscall4:
    swi SYS_MYSYSCALL4
    mov pc, lr

.global itc_send
itc_send:
    swi SYS_ITCSEND
    mov pc, lr

.global itc_get
itc_get:
    swi SYS_ITCGET
    mov pc, lr


.global call_scheduler
call_scheduler:
    swi SYS_CALLSCHED
    mov pc, lr
```

여기까지 해서 12장에 구현한 시스템 콜 계층에 맞춰 모든 코드를 추가하였다. 하지만 이번에는 한 가지 작업을 더 해야 한다. 사용자 태스크 영역에서 블로킹이 걸리게 하려면 그림 13-3과 같이 시스템 콜 래퍼 함수가 두 단계에 걸쳐서 호출되어야 한다. 바로 위에 있는 어셈블리어로 구현된 itc_get() 함수를 한 번 더 감싸주는 함수가 필요하다. navilnux_lib.S 파일에 있는 함수를 감싸는 것이긴 하지만 계층 구조상 다른 계층이라고는 볼 수 없고, 같은 시스템 콜 래퍼 함수 계층이라고 보는 것이 맞다. 다만 두 번 호출해서 시스템 콜로 흐름이 넘어갈 뿐이다.

그림 13-3 ITC GET 호출의 시스템 콜 계층

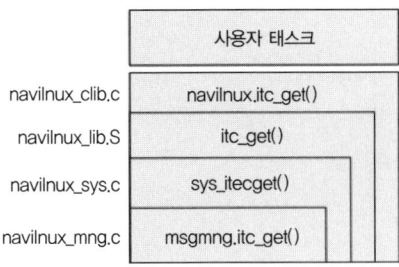

13.5.6 시스템 콜 C 래퍼 함수 프로토타입 작성

이번에는 C 언어로 작성할 것이다. 새로운 파일을 하나 더 만들자. 파일명은 navilnux_clib.c다. navilnux_lib.S 파일과 같은 레벨에 속하는 계층이므로 프로토타입은 navilnux_lib.h에 선언한다.

```
chap13/include/navilnux_lib.h
#ifndef _NAVIL_LIB
#define _NAVIL_LIB

extern int mysyscall(int, int, int);
extern int mysyscall4(int, int, int, int);

extern int itc_send(int, int);
extern int itc_get(int, int*);

extern void call_scheduler(void);

int navilnux_itc_send(int, int);
int navilnux_itc_get(int);

#endif
```

call_scheduler( ) 함수의 프로토타입 선언 아래에 navilnux_itc_send( ) 함수와 navilnux_itc_get( ) 함수의 프로토타입이 선언되어 있다.

13.5.7 시스템 콜 C 래퍼 함수 본체 작성

navilnux_clib.c 파일이든 navilnux_lib.S 파일이든 함수의 이름 앞에 navilnux_가 붙으면 그 함수가 최종적으로 사용자 태스크에 제공되는 나빌눅스의 시스템 콜 함수가 될 것이다. 그러므로 위 소스코드에서 구현한 navilnux_itc_send( ) 함수와 navilnux_itc_get( ) 함수가 최초로 추가된 정식 시스템 콜 함수가 되는 것이다.

`chap13/navilnux_clib.c`

```c
#include <navilnux.h>

int navilnux_itc_send(int itcnum, int data)
{
    return itc_send(itcnum, data);
}

int navilnux_itc_get(int itcnum)
{
    int ret_value = 0;
    int data = 0;
    while(1){
        ret_value = itc_get(itcnum, &data);
        if(ret_value == 0){
            return data;
        }else if(ret_value == -1){
            return ret_value;
        }else{
            call_scheduler();
        }
    }
}
```

navilnux_itc_send( ) 함수는 아무것도 하는 일 없이 바로 itc_send( )를 호출한다. navilnux_itc_send( ) 함수는 블로킹 걸릴 필요가 없기 때문이다. 매개변수만 그대로 전달할 뿐이다.

navilnux_itc_get( ) 함수는 사용자 태스크에서 받는 매개변수와 시스템 콜 계층으로 넘기는 매개변수가 다르다. 먼저 itc_get( ) 함수를 호출하여 시스템 콜 계층으로부터 넘겨받는 리턴 값을 검사한다. 리턴 값이 -1이면 오류 상황이므로 그 값을 그대로 리턴하여 사용자 태스크에 오류임을 알린다. 그리고 0이 리턴된다면 정상적으로 시스템 콜이 처리된 것이기 때문에 두 번째 매개변수인 data에 있는 값을 리턴한다. 이 외의 경우에는 call_scheduler( )를 호출하여 navilnux_itc_get( ) 함수를 호출한 태스크가 블로킹 걸리게 한다. 현재 구현상 리턴 값이 0이나 -1이 아니라면 -2인 경우뿐이다. 즉 읽어 올 데이터가 없을 경우에는 무한루프를 종료하지 않고 계속 스케줄러를 호출하면서 블로킹 상태에 있게 된다.

13.5.8 ITC 테스트

이제 사용자 태스크에서 ITC를 테스트해보는 일만 남았다. 시스템 콜을 테스트할 때 사용했던 TASK2와 TASK3을 ITC 테스트용으로 수정한다. TASK2에서 커널에 확인용 데이터인 342를 보내고 TASK3은 이를 받는다.

`chap13/navilnux_user.c`

```c
#include <navilnux.h>

extern Navil_task_mng taskmng;

void user_task_1(void)
{
    int a, b, c;

    a = 1;
    b = 2;
    c = a + b;

    while(1){
        printf("TASK1 - a:%p\tb:%p\tc:%p\n", &a, &b, &c);
        msleep(1000);
    }
}

void user_task_2(void)
{
    int a, b, c;

    a = 1;
    b = 2;
    c = a + b;

    while(1){
        printf("TASK2 - a:%p\tb:%p\tc:%p\n", &a, &b, &c);

        printf("ITC Count is %d\n", a);
        if (a == 3){
            navilnux_itc_send(2, 342);
            a = 1;
            printf("ITC send!!!\n");
        }
        a++;

        msleep(1000);
    }
}

void user_task_3(void)
{
```

```
    int a, b, c;

    a = 1;
    b = 2;
    c = a + b;

    while(1){
        c = navilnux_itc_get(2);
        printf("TASK3 - a:%p\tb:%p\tc:%p\n", &a, &b, &c);
        printf("ITC get!!!! ---> %d\n", c);

        msleep(1000);
    }
}
void navilnux_user(void)
{
    taskmng.create(user_task_1);
    taskmng.create(user_task_2);
    taskmng.create(user_task_3);
}
```

TASK1은 아무것도 하지 않고 1초에 한 번씩 메시지를 출력한다. 그리고 TASK2는 3초에 한 번씩 ITC 2번에 342라는 값을 전달한다. TASK3은 스케줄링을 정상대로 돌되 루프의 시작 위치에 navilnux_itc_get() 시스템 콜을 호출한다.

ITC가 시스템 콜을 따라 제대로 동작하는지를 확인하려면 TASK2에서 카운터의 값이 3이 될 때 TASK3이 메시지를 출력해야 한다. TASK2에서 변수 a를 사용하는 카운터가 3일 때만 ITC에 값을 전달하므로, 이 외의 값일 때 TASK3은 navilnux_itc_get() 시스템 콜에서 블로킹되어야 한다.

navilnux_clib.c 파일과 navilnux_msg.h 파일, navilnux_msg.c 파일이 추가되었다. Makefile을 적절하게 수정하고 make를 실행해서 커널 이미지를 빌드해 보자. 이지보드에 올려서 부팅하거나 에뮬레이터로 부팅해보면 아래와 같은 결과가 나온다.

```
TCB : TASK1 - init PC(a000c120)        init SP(a04ffffc)
TCB : TASK2 - init PC(a000c17c)        init SP(a05ffffc)
TCB : TASK3 - init PC(a000c224)        init SP(a06ffffc)
REAL func TASK1 : a000c120
REAL func TASK2 : a000c17c
REAL func TASK3 : a000c224
TASK1 - a:a04fffe8      b:a04fffe4      c:a04fffe0
TASK2 - a:a05fffe8      b:a05fffe4      c:a05fffe0
ITC Count is 1
TASK1 - a:a04fffe8      b:a04fffe4      c:a04fffe0
```

```
TASK2 - a:a05fffe8      b:a05fffe4      c:a05fffe0
ITC Count is 2
TASK1 - a:a04fffe8      b:a04fffe4      c:a04fffe0
TASK2 - a:a05fffe8      b:a05fffe4      c:a05fffe0
ITC Count is 3
ITC send!!!
TASK3 - a:a06fffe8      b:a06fffe4      c:a06fffe0
ITC get!!!! ---> 342
TASK1 - a:a04fffe8      b:a04fffe4      c:a04fffe0
TASK2 - a:a05fffe8      b:a05fffe4      c:a05fffe0
ITC Count is 2
TASK1 - a:a04fffe8      b:a04fffe4      c:a04fffe0
TASK2 - a:a05fffe8      b:a05fffe4      c:a05fffe0
ITC Count is 3
ITC send!!!
TASK3 - a:a06fffe8      b:a06fffe4      c:a06fffe0
ITC get!!!! ---> 342
```

예상했던 결과가 나왔다. TASK2에서 'ITC Count is 3'이라는 메시지가 나온 후 'ITC send!!!' 메시지와 함께 TASK3의 지역 변수 주소를 출력하고 ITC를 통해 전달받은 342라는 변수 값이 출력된다.

위 테스트에서도 알 수 있듯이 TASK2에서 ITC로 값을 전달하기 전까지 TASK3은 블로킹 상태에 있게 된다. 이와 같은 점을 이용해서 태스크 간에 동기화 처리를 구현할 수도 있다. 이것에 대해서는 다음 장에서 동기화 관련 기능을 구현할 때 다루도록 하겠다.

13.6 정리

리눅스와 같은 유닉스 계열 운영체제에서는 서로 독립된 프로세스 간에 데이터 교환을 위해 IPC(Inter-Process Communication)를 사용한다. IPC를 구현하는 방법에는 파이프, 메시지 큐 등 여러 종류가 있다. 나빌눅스 역시 독립적인 태스크 간에 데이터 교환을 위해서 ITC(Inter-Task Communication)를 지원하도록 이번 장에서 메시지 관리자를 구현하였다.

ITC를 구현하면서 메시지를 대기하기 위해 사용자 태스크 영역에서 함수 블로킹을 구현해야 했다. 이를 위해서 사용자 태스크에서 임의로 커널에 스케줄링을 요청하는 시스템 콜을 추가하였다. 그리고 이를 이용해 사용자 태스크가 커널의 메시지 큐에 데이터를 전달하는 navilnux_itc_send( ) 시스템 콜을 구현하였다. 마지막으로 커널의 메시지 큐에서 데이터를 받아오거나 데이터가 있을 때까지 기다리는 navilnux_itc_get( ) 시스템 콜을 구현하였다.

다음 장에서는 이번 장에서 구현한 메시지 관리자를 이용하여 태스크 간 동기화를 처리하는 뮤텍스와 세마포어를 구현할 것이다.

14장

Learning Embedded OS

동기화 구현하기

시스템의 자원은 한정되어 있다. 한정된 자원을 여러 개의 스레드가 동시에 접근하려 하면 어떤 경우에는 심각한 문제가 발생할 수도 있다. 예를 들어 자원.dat라는 파일이 있다고 하자. 그리고 스레드 A와 스레드 B가 동시에 자원.dat에 쓰기 작업을 하려 한다. 스레드 A는 '동해물과'를 쓰려 하고, 스레드 B는 '백두산이'를 쓰려고 한다. 이 두 접근이 순서대로 되면 좋겠지만 그렇게 되지 않고 정말 동시에 이루어진다면, 자원.dat의 내용은 '동해물과 백두산이'가 아니라 '동해백두물산이과'가 될 수도 있다. 그래서 이럴 때는 스레드 A와 스레드 B에서 자원.dat에 쓰기 작업을 하는 부분을 크리티컬 섹션(Critical Section)으로 묶고, 크리티컬 섹션의 시작 부분에 동기화 진입 함수를, 끝 부분에 동기화 마무리 함수를 사용한다. 이 두 개의 동기화 함수는 스레드 A가 자원.dat에 대한 처리를 다 끝낼 때까지 스레드 B를 대기시킨다. 즉 스레드 A가 자원.dat에 대한 작업을 끝내고 동기화 마무리 함수를 거치고 나면, 그제야 스레드 B가 자원.dat에 접근하게 한다. 이와 같은 작업을 동기화라고 한다.

운영체제에서 구현할 수 있는 동기화에는 많은 종류가 있다. 리눅스 커널이 지원하는 것만 해도 뮤텍스, 세마포어, 원자적 연산(Atomic Operation) 등 여러 가지다. 나빌눅스에서는 이 중 가장 많이 사용하는 뮤텍스와 세마포어를 구현해 보도록 하겠다.

> **크리티컬 섹션?**
>
> 굳이 해석하자면 '임계영역' 정도겠지만, 실제 크리티컬 섹션이 의미하는 내용을 잘 나타내지는 못한다. 그래서 그냥 크리티컬 섹션이라고 부르는 것이 더 낫다.
> 윈도의 경우 크리티컬 섹션이라는 이름을 직접 사용하는 API가 있다. 그래서 어떤 사람들은 크리티컬 섹션이라는 용어 자체를 동기화의 한 방법으로 생각하기도 한다. 하지만 정확하게 크리티컬 섹션이라는 말은 소스코드 안에서 스레드 간에 서로 간섭이 일어날 소지가 있는 부분을 뜻한다. 즉 여러 스레드가 동시에 수행될 때, 두 개 이상의 스레드에 의해 동시에 수행되면 안 되는 코드 조각을 뜻한다.
> 이 크리티컬 섹션의 시작 부분과 끝 부분에서 뮤텍스나 세마포어 등을 사용해서 동기화 처리를 해준다. 그렇게 함으로써 크리티컬 섹션에 해당하는 코드 조각에 동시에 한 개의 스레드만 접근 가능하게 하는 것이다. 다시 말하지만 크리티컬 섹션은 동기화를 수행하는 코드상의 영역을 뜻하는 용어이지 기법의 명칭이 아니다.

14.1 세마포어

세마포어(Semaphore)는 대표적인 동기화 구현 방법의 하나로, 에츠허르 비버 데이크스트라(Edsger Wybe Dijkstra)라는 네덜란드 출신의 전산학자가 고안한 방법이다. 데이크스트라는 세마포어의 고안자로 유명하지만 그 난해한 이름으로도 유명하다.

세마포어는 지정된 개수 이하의 태스크(스레드)만 크리티컬 섹션에 접근하도록 제한한다. 세마포어를 사용하기 전에 커널 내부에 세마포어 변수라는 것을 두어 처음에 세마포어 변수를 초기화한다. 세마포어 변수가 n으로 초기화 되었다면, 해당 세마포어로 동기화되는 크리티컬 섹션에 동시에 접근할 수 있는 태스크의 개수는 n개로 제한된다. 만약 크리티컬 섹션에 진입한 태스크의 개수가 n개를 넘으면 그때부터 크리티컬 섹션에 진입하려는 태스크는 블로킹이 걸린다.

예를 들어 좌변기가 네 개인 화장실을 생각해 보자(그림 14-1). 이 화장실에서 동시에 볼일을 볼 수 있는 사람은 최대 네 명이다. 이 화장실 자체를 세마포어 변수가 4인 세마포어로 볼 수 있다. 그래서 화장실을 네 명이 사용하게 되면 나중에 오는 사람들은 밖에서 줄을 서 기다린다. 화장실 안의 사람들이 한 명씩 나오면 기다리던 사람들은 비어 있는 칸에 들어가 볼일을 본다. 즉, 크리티컬 섹션에서 작업

그림 14-1 화장실에 대기 중인 사람들

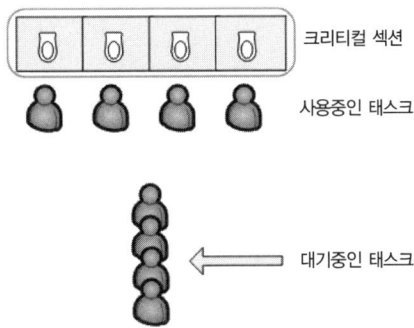

을 마친 태스크가 세마포어를 풀고 나오면 세마포어 변수에 여유가 하나 생기므로, 대기 중인 태스크가 다시 세마포어를 잠그고 크리티컬 섹션에 진입하는 것이다.

세마포어의 의사 코드(pseudo code)는 세마포어의 명성에 비해 지극히 단순하다.

```
P(S) {
    while S <=0
        ; // 아무 것도 하지 않음
    S--;
}

V(S) {
    S++;
}
```

너무 단순해서 아름답기까지 하다. 이렇게 단순한 원리로 운영체제에서 태스크 간 동기화가 충분히 구현된다는 것이 참으로 놀랍다. S는 세마포어 변수다. 물론 커널 안에서 유지된다. P와 V는 각각 test와 increment를 뜻하는 네덜란드어 Proberen(네덜란드어로 검사하다)과 Verhogen(네덜란드어로 증가하다)의 머리글자를 딴 것이다. 쉽게 말해 P는 세마포어를 잠그는 역할이고 V는 세마포어를 푸는 역할이다. 즉, 크리티컬 섹션의 앞부분에서 세마포어의 P( ) 함수를 실행하고, 크리티컬 섹션을 나올 때 V( ) 함수를 실행한다.

```
TASK( )
{
    // s = n
    // ...
    P(s);
```

14장 동기화 구현하기 251

```
        // ...크리티컬 섹션...
        V(s);
        // ...
}
```

위 코드와 같은 식으로 사용한다. 세마포어 변수 S는 초기화 하는 함수를 미리 호출해서 값을 설정해 놓아야 한다. 위 코드에서 s는 임의의 값 n으로 설정되어 있다.

P( ) 함수는 s가 0보다 값이 큰 동안에는 호출될 때마다 s를 하나씩 감소시킨다. 그러다가 s가 0과 같거나 0보다 작아지면 무한루프를 돈다. 무한루프를 돌다가 s가 다시 0보다 커지면 무한루프를 탈출한다. V( ) 함수는 그냥 세마포어 변수 S를 하나 증가시키는 일만 한다. 처음에 s를 n으로 설정했으므로 P( )가 n번 호출되는 동안 V( )가 한 번도 호출되지 않으면 P( )는 그 다음 번 호출에서 무한루프에 들어간다. 그러다가 V( )가 호출되면 P( )에 의해 무한루프를 돌면서 정지되어 있는 태스크 중 하나가 무한루프에서 풀려나 크리티컬 섹션에 진입하게 된다.

앞에서 무한루프에 의한 태스크 실행 중단을 블로킹이라고 볼 수 있다. P( ) 함수로 세마포어 변수를 하나씩 줄이다가 어느 순간 s가 0이 되면 그때부터 P( )를 호출하는 태스크는 모두 P( ) 함수에서 블로킹 걸리게 된다. 다른 태스크에서 V( )를 호출하여 s를 하나 늘리면서 P( ) 함수의 블로킹이 풀려야만 블로킹 걸려 있는 태스크 중 하나가 크리티컬 섹션에 진입할 수 있는 것이다.

14.1.1 세마포어 구현하기

기본적으로 나빌눅스에서는 데이크스트라의 의사 코드를 그대로 구현할 것이다. 다만 블로킹 등을 처리하기 위해 약간의 코드가 더 추가될 뿐이다. 그런데 세마포어의 동작 원리를 잘 보면 지난 장에서 구현한 ITC와 매우 유사하다. 그러므로 지난 장에서 구현한 메시지 관리자를 그대로 이용해서 세마포어를 구현할 것이다.

14.1.2 메시지 관리자 코드 수정

메시지 관리자에 세마포어 관련 코드를 추가한다.

`chap14/include/navilnux_msg.h`

```
#ifndef _NAVIL_MSG
#define _NAVIL_MSG

#define MAXMSG 255
```

```
#define ITCSTART 0
#define ITCEND   99
#define SEMSTART 100
#define SEMEND   199

typedef struct _navil_free_msg {
    int data;
    int flag;
} Navil_free_msg;

typedef struct _navil_msg_mng {
    Navil_free_msg free_msg_pool[MAXMSG];

    void (*init)(void);

    int (*itc_send)(int, int);
    int (*itc_get)(int, int*);

    int (*sem_init)(int, int);
    int (*sem_p)(int);
    int (*sem_v)(int);
} Navil_msg_mng;

void msg_init(void);

int msg_itc_send(int, int);
int msg_itc_get(int, int*);

int msg_sem_init(int, int);
int msg_sem_p(int);
int msg_sem_v(int);

#endif
```

우선 255개의 자유 메시지 블록 중 0부터 99까지 100개를 ITC, 100부터 199까지 100개를 세마포어가 사용하도록 수정하였다. 이렇게 수정하면 나빌눅스 커널은 세마포어 변수 s를 100개 가지고 있는 운영체제가 된다. 각 경계 값은 ITCSTART, ITCEND, SEMSTART, SEMEND로 정의하여 나중에 경계 값을 검사하는 코드에서 사용할 수 있게 하였다.

코드 아랫부분에서는 앞 절에서 설명한 P( ) 함수에 해당하는 msg_sem_p( ) 함수와 V( ) 함수에 해당하는 msg_sem_v( ) 함수의 프로토타입을 선언했다. 이 두 함수는 매개변수로 int 형 변수를 하나 넘긴다. 이 변수 값은 나빌눅스 커널이 가지고 있는 100개의 세마포어 변수 중 하나의 인덱스다. msg_sem_init( ) 함수는 세마포어 변수를 초기화 해주는 함수로서 첫 번째 매개변수는 커널의 세마포어 변수

인덱스, 두 번째 매개변수는 그 세마포어 변수를 초기화할 값이다. 이후 사용자 태스크를 초기화 하는 코드에서 사용 예를 볼 수 있을 것이다.

14.1.3 세마포어 함수 구현

세마포어를 구현하는 함수를 추가한다. 파일명은 navilnux_msg.c이다.

```
chap14/navilnux_msg.c
int msg_sem_init(int semnum, int s)
{
    semnum += SEMSTART;

    if(semnum > SEMEND || semnum < SEMSTART){
        return -1;
    }

    msgmng.free_msg_pool[semnum].flag = s;

    return 0;
}

int msg_sem_p(int semnum)
{
    semnum += SEMSTART;

    if(semnum > SEMEND || semnum < SEMSTART){
        return -1;
    }

    if(msgmng.free_msg_pool[semnum].flag <= 0){
        return -2;
    }

    msgmng.free_msg_pool[semnum].flag--;

    return 0;
}

int msg_sem_v(int semnum)
{
    semnum += SEMSTART;

    if(semnum > SEMEND || semnum < SEMSTART){
        return -1;
    }

    msgmng.free_msg_pool[semnum].flag++;

    return 0;
}
```

```c
void msg_init(void)
{
    int i;
    for (i = 0 ; i < MAXMSG ; i++){
        msgmng.free_msg_pool[i].data = 0;
        msgmng.free_msg_pool[i].flag = 0;
    }

    msgmng.init = msg_init;
    msgmng.itc_send = msg_itc_send;
    msgmng.itc_get = msg_itc_get;
    msgmng.sem_init = msg_sem_init;
    msgmng.sem_p = msg_sem_p;
    msgmng.sem_v = msg_sem_v;
}
```

navilnux_msg.c 파일의 내용이 길기 때문에 추가한 msg_sem_p( ) 함수, msg_sem_v( ) 함수, msg_sem_init( ) 함수와 수정되는 msg_init( ) 함수만 적었다. 각 함수의 구현 내용은 굉장히 쉽다. 하나씩 살펴보자.

먼저 msg_sem_init( ) 함수는 semnum 변수와 s 변수를 받는다. 말 그대로 semnum 변수는 세마포어 변수의 인덱스, s 변수는 세마포어 변수 그 자체의 값이다. 코드 내용을 보면 semnum 변수에 SEMSTART를 더해서 세마포어 변수의 인덱스를 자유 메시지 블록의 범위 안에 포함시킨다. 그런 다음 semnum의 값이 SEMSTART와 SEMEND 사이에 존재하는지 검사한다. 범위를 벗어나면 -1을 리턴하면서 함수를 종료한다. 범위 검사를 통과하고 나면 자유 메시지 블록의 flag에 s 변수의 값을 넣고 0을 반환하면서 종료한다. 자유 메시지 블록의 수정을 최소화하기 위해 자유 메시지 블록의 flag 변수를 세마포어 변수로 사용한다.

이어서 msg_sem_p( ) 함수를 보자. msg_sem_init( ) 함수와 같은 과정으로 세마포어 변수의 인덱스가 세마포어에 할당된 자유 메시지 블록 리스트 범위 안에 존재하는지를 검사한다. 범위 검사를 통과하고 나면 세마포어 변수로 사용하는 flag가 0보다 작은지를 검사한다. 앞에서도 설명했듯이 세마포어 변수가 0보다 작거나 같으면 세마포어 변수에 설정한 만큼의 태스크가 모두 크리티컬 섹션 안에 존재하고 있다는 의미이므로 블로킹되어야 한다. ITC를 구현할 때와 마찬가지로 시스템 콜 함수에서 -2를 리턴하게 되면 사용자 태스크 영역에서는 스케줄러를 호출하는 시스템 콜을 불러 블로킹에 돌입하게 된다. 만약 세마포어 변수가 0보다 크다면 세마포어 변수를 하나 감소시키고 함수를 종료한다.

다음으로 msg_sem_v( ) 함수다. 의사 코드에서 V( ) 함수가 하는 일은 달랑 S++였다. 나빌눅스의 구현체에서도 마찬가지다. msg_sem_init( ) 함수나 msg_sem_p( ) 함수와 똑같은 과정으로 범위 검사를 한 다음 세마포어 변수로 사용하는 자유 메시지 블록의 flag 변수를 하나 늘려주고 함수를 종료한다.

이렇게 해서 나빌눅스 커널에 세마포어를 추가하는 실질적인 작업은 마무리 되었다. 이제 세마포어 기능을 시스템 콜 계층에 얹어서 사용자 태스크에서 사용가능하게 해주는 일이 남았다. 반복되는 설명이지만 추가 과정을 하나씩 순서대로 보자.

14.1.4 새로운 시스템 콜 번호를 세마포어에 할당

syscalltbl.h에 추가되는 시스템 콜 번호를 작성한다.

```
chap14/include/syscalltbl.h
```
```
#ifndef _NAVIL_SYS_TBL
#define _NAVIL_SYS_TBL

#define SYSCALLNUM      255

#define SYS_MYSYSCALL   0
#define SYS_MYSYSCALL4  1
#define SYS_ITCSEND     2
#define SYS_ITCGET      3
#define SYS_SEMP        4
#define SYS_SEMV        5

#define SYS_CALLSCHED   SYSCALLNUM

#endif
```

msg_sem_p( ) 함수와 msg_sem_v( ) 함수에 각각 4번, 5번 시스템 콜 번호를 할당했다.

14.1.5 시스템 콜 함수의 프로토타입 선언

이어서 navilnux_sys.h 파일에 시스템 콜 함수에 대한 프로토타입을 선언한다.

```
chap14/include/navilnux_sys.h
```
```
#ifndef _NAVIL_SYS
#define _NAVIL_SYS

#include <syscalltbl.h>
```

```
void syscall_init(void);

int sys_mysyscall(int, int, int);
int sys_mysyscall4(int, int, int, int);

int sys_itcsend(int, int);
int sys_itcget(int, int*);

int sys_semp(int);
int sys_semv(int);

extern void sys_scheduler(void);
#endif
```

ITC를 구현할 때와 마찬가지로 시스템 콜 함수는 메시지 관리자에 구현된 함수를 그대로 호출하는 역할만 할 뿐이므로, 매개변수 형식은 메시지 관리자에 구현된 msg_sem_p( ) 함수, msg_sem_v( ) 함수와 동일하게 만든다.

14.1.6 시스템 콜 함수 작성
시스템 콜 함수의 본체를 작성하자. navilnux_sys.c 파일이다.

chap14/navilnux_sys.c

```
#include <navilnux.h>

extern Navil_msg_mng msgmng;

unsigned int navilnux_syscallvec[SYSCALLNUM];

int sys_mysyscall(int a, int b, int c)
{
    printf("My Systemcall - %d , %d , %d\n", a, b, c);
    return 333;
}

int sys_mysyscall4(int a, int b, int c, int d)
{
    printf("My Systemcall4 - %d , %d , %d , %d\n", a, b, c, d);
    return 3413;
}

int sys_itcsend(int itcnum, int data)
{
    return msgmng.itc_send(itcnum, data);
}

int sys_itcget(int itcnum, int *data)
{
```

```
        return msgmng.itc_get(itcnum, data);
}

int sys_semp(int semnum)
{
        return msgmng.sem_p(semnum);
}

int sys_semv(int semnum)
{
        return msgmng.sem_v(semnum);
}

void syscall_init(void)
{
    navilnux_syscallvec[SYS_MYSYSCALL] = (unsigned int)sys_mysyscall;
    navilnux_syscallvec[SYS_MYSYSCALL4] = (unsigned int)sys_mysyscall4;
    navilnux_syscallvec[SYS_ITCSEND] = (unsigned int)sys_itcsend;
    navilnux_syscallvec[SYS_ITCGET] = (unsigned int)sys_itcget;
    navilnux_syscallvec[SYS_SEMP] = (unsigned int)sys_semp;
    navilnux_syscallvec[SYS_SEMV] = (unsigned int)sys_semv;
}
```

새로 추가된 함수는 sys_semp( ) 시스템 콜 함수와 sys_semv( ) 시스템 콜 함수다. 시스템 콜을 통해 메시지 관리자의 함수를 호출해주는 래퍼 함수기 때문에, 별다른 일은 하지 않고 그저 msgmng 커널 전역 변수를 통해 메시지 관리자에 소속되어 있는 함수를 호출해서 시스템 콜에 연결해 준다. syscall_init( ) 함수에서는 새로 추가된 sys_semp( )와 sys_semv( ) 시스템 콜 함수를 커널 시스템 콜 벡터 테이블에 등록하는 코드가 두 줄 추가 되었다.

이렇게 커널 수준에서 시스템 콜 함수를 추가하는 작업은 끝났다. 이제는 사용자 태스크 수준에서 시스템 콜을 호출하기 위해 래퍼 함수를 작성할 차례다.

14.1.7 시스템 콜 래퍼 함수의 프로토타입 선언

래퍼 함수의 프로토타입을 먼저 선언하자. navilnux_lib.h 파일이다.

`chap14/include/navilnux_lib.h`

```
#ifndef _NAVIL_LIB
#define _NAVIL_LIB

extern int mysyscall(int, int, int);
extern int mysyscall4(int, int, int, int);

extern int itc_send(int, int);
extern int itc_get(int, int*);
```

```
extern int sem_p(int);
extern int sem_v(int);

extern void call_scheduler(void);

int navilnux_itc_send(int, int);
int navilnux_itc_get(int);
int navilnux_sem_p(int);
int navilnux_sem_v(int);

#endif
```

extern으로 선언된 sem_p( ) 함수와 sem_v( ) 함수는 navilnux_lib.S 파일에 구현될 어셈블리 함수의 프로토타입이다. 그리고 navilnux_sem_p( ) 함수와 navilnux_sem_v( ) 함수가 사용자 태스크에서 호출될 시스템 콜 래퍼 함수의 가장 바깥쪽에 있는 함수다. 즉, navilnux_sem_p( ) 함수는 sem_p( ) 함수를 내부에서 호출한다. ITC도 마찬가지로 navilnux_itc_get( ) 함수가 내부에서 itc_get( ) 함수를 호출했었다. 이런 식으로 나빌눅스의 모든 시스템 콜은 navilnux_라는 접두사를 앞에 달고 있어야 한다.

14.1.8 시스템 콜 어셈블리어 래퍼 함수 작성

이어서 어셈블리어로 작성된 navilnux_lib.S 파일(7장에서 SWI 명령을 호출하기 위해 작성했었다)에 내용을 추가한다.

chap14/navilnux_lib.S
```
#include <syscalltbl.h>

.global mysyscall
mysyscall:
    swi SYS_MYSYSCALL
    mov pc, lr

.global mysyscall4
mysyscall4:
    swi SYS_MYSYSCALL4
    mov pc, lr

.global itc_send
itc_send:
    swi SYS_ITCSEND
    mov pc, lr

.global itc_get
```

```
itc_get:
    swi SYS_ITCGET
    mov pc, lr

.global sem_p
sem_p:
    swi SYS_SEMP
    mov pc, lr

.global sem_v
sem_v:
    swi SYS_SEMV
    mov pc, lr

.global call_scheduler
call_scheduler:
    swi SYS_CALLSCHED
    mov pc, lr
```

반복되는 코드다. syscalltbl.h 파일에 정의한 SYS_SEMP와 SYS_SEMV를 SWI 명령으로 호출한다.

14.1.9 시스템 콜 C 언어 래퍼 함수 작성

이어서 사용자 태스크 영역에서 블로킹을 구현하기 위해 navilnux_clib.c 파일에 내용을 추가한다.

chap14/navilnux_clib.c

```c
#include <navilnux.h>

int navilnux_itc_send(int itcnum, int data)
{
    return itc_send(itcnum, data);
}

int navilnux_itc_get(int itcnum)
{
    int ret_value = 0;
    int data = 0;
    while(1){
        ret_value = itc_get(itcnum, &data);
        if(ret_value == 0){
            return data;
        }else if(ret_value == -1){
            return ret_value;
        }else{
            call_scheduler();
        }
```

```
        }
    }

    int navilnux_sem_p(int semnum)
    {
        int ret_value = 0;
        while(1){
            ret_value = sem_p(semnum);
            if(ret_value == 0){
                return 0;
            }else if(ret_value == -1){
                return -1;
            }else{
                call_scheduler();
            }
        }
    }

    int navilnux_sem_v(int semnum)
    {
        return sem_v(semnum);
    }
```

블로킹이 구현되어야 할 함수는 navilnux_sem_p( ) 함수다. 전체적인 구조는 navilnux_itc_get( ) 함수와 다르지 않다. 정상 종료임을 알리는 0이 리턴될 경우에는 그대로 0을 리턴하고 함수를 종료한다. 에러를 나타내는 -1일 경우에는 역시 -1을 리턴하여 사용자 태스크에서 적절히 에러 처리를 하게 한다. 그리고 현재 구현된 코드에서는 -2를 리턴하는 경우에 call_scheduler( ) 함수를 호출하여 다음 태스크로 컨텍스트를 스위칭한다. 이 과정이 무한루프 안에 있으므로 정상 종료나 에러가 아닌 한 계속해서 컨텍스트 스위칭을 돌아 결과적으로 블로킹 상태에 있게 된다.

14.1.10 사용자 태스크에서 세마포어 사용 테스트

세마포어를 사용할 준비는 모두 끝났다. 이제 사용자 태스크에서 실제 사용해 보아 제대로 동작하는지 확인하자. 앞 장까지 사용자 태스크를 모두 세 개 사용했는데, 이번에 세마포어를 사용하기 위해 사용자 태스크를 세 개 더 추가한다. 세마포어 변수는 2이고 그 세마포어를 사용하는 사용자 태스크는 세 개다. 이들 중 두 사용자 태스크는 크리티컬 섹션에 진입하게 하고 나머지 하나는 대기하게끔 구성해 보자.

```
chap14/include/navilnux_user.h
```
```c
#ifndef _NAVIL_USER
#define _NAVIL_USER

void user_task_1(void);
void user_task_2(void);
void user_task_3(void);
void user_task_4(void);
void user_task_5(void);
void user_task_6(void);

#endif
```

user_task_4( ), user_task_5( ), user_task_6( ) 세 개의 함수를 추가할 것이다. 먼저 navilnux_user.h 파일에 프로토타입을 선언해 놓는다. 그리고 navilnux_user.c 파일에 사용자 태스크 함수의 내용을 작성하자.

```
chap14/navilnux_user.c
```
```c
#include <navilnux.h>

extern Navil_task_mng taskmng;
extern Navil_msg_mng msgmng;

//... (중략) ...

void user_task_4(void)
{
    int a, b, c;

    a = 1;
    b = 2;
    c = a + b;

    while(1){
        navilnux_sem_p(5);
        printf("TASK4 enter critical section SEMAPHORE\n");
        printf("TASK4 - a:%p\tb:%p\tc:%p\n", &a, &b, &c);
        msleep(2000);
        navilnux_sem_v(5);
        printf("TASK4 out critical section SEMAPHORE\n");
        msleep(4000);
    }
}

void user_task_5(void)
{
    int a, b, c;
```

```
        a = 1;
        b = 2;
        c = a + b;

        while(1){
            navilnux_sem_p(5);
            printf("TASK5 enter critical section SEMAPHORE\n");
            printf("TASK5 - a:%p\tb:%p\tc:%p\n", &a, &b, &c);
            msleep(2000);
            navilnux_sem_v(5);
            printf("TASK5 out critical section SEMAPHORE\n");
            msleep(4000);
        }
    }

    void user_task_6(void)
    {
        int a, b, c;

        a = 1;
        b = 2;
        c = a + b;

        while(1){
            navilnux_sem_p(5);
            printf("TASK6 enter critical section SEMAPHORE\n");
            printf("TASK6 - a:%p\tb:%p\tc:%p\n", &a, &b, &c);
            msleep(2000);
            navilnux_sem_v(5);
            printf("TASK6 out critical section SEMAPHORE\n");
            msleep(4000);
        }
    }

    void navilnux_user(void)
    {
        taskmng.create(user_task_1);
        taskmng.create(user_task_2);
        taskmng.create(user_task_3);
        taskmng.create(user_task_4);
        taskmng.create(user_task_5);
        taskmng.create(user_task_6);

        msgmng.sem_init(5,2);
    }
```

다른 내용은 그대로이며 사용자 태스크 함수만 세 개 추가하였다. 부수적으로 navilnux_user( ) 함수에는 추가된 사용자 태스크 함수를 커널에 등록하는 세 줄과 세마포어 변수를 초기화하는 코드도 추가하였다. 그리고 세마포어 변수를 초기화

하는 sem_init( ) 함수를 호출하기 위해 소스 파일의 상단에 메시지 관리자인 msgmng를 extern으로 선언하였다.

세마포어는 5번 세마포어를 사용하고 세마포어 변수의 값은 2로 설정하였다. 그러므로 크리티컬 섹션에 동시에 진입할 수 있는 태스크의 개수는 두 개로 제한된다. 실제로 제한되는지를 확인해보기 위해서 세 개의 사용자 태스크를 추가하였다.

새로 추가된 TASK4, TASK5, TASK6은 구조가 모두 동일하다. 공통적으로 5번 세마포어를 사용한다. navilnux_sem_p( ) 함수로 크리티컬 섹션에 진입하고 나면 'TASK6 out critical section SEMAPHORE'란 메시지를 출력한다. 그리고 크리티컬 섹션 안에서 2초, 크리티컬 섹션을 나와서 4초를 대기하는 무한루프를 돈다.

위 사용자 태스크 함수가 제대로 동작을 한다면 'enter critical section …' 메시지가 연달아 세 번 나와서는 안 된다. 즉 두 개의 사용자 태스크만 크리티컬 섹션에 진입할 수 있다. 그리고 둘 중 하나가 크리티컬 섹션을 빠져 나와야만, 대기하고 있던 나머지 하나의 사용자 태스크가 크리티컬 섹션에 진입할 수 있다.

추가된 파일이 없으므로 Makefile은 수정하지 않아도 된다. 그대로 make를 실행하여 커널 이미지 파일을 만들자, 이지보드를 이용해 부팅하거나 에뮬레이터를 이용해 나빌눅스를 부팅해 보자. 실행 결과는 다음과 같다.

```
          :
          :
TASK4 enter critical section SEMAPHORE
TASK4 - a:a07fffe8      b:a07fffe4      c:a07fffe0
TASK5 enter critical section SEMAPHORE
TASK5 - a:a08fffe8      b:a08fffe4      c:a08fffe0
TASK2 - a:a05fffe8      b:a05fffe4      c:a05fffe0
ITC Count is 2
TASK4 out critical section SEMAPHORE
TASK6 enter critical section SEMAPHORE
TASK6 - a:a09fffe8      b:a09fffe4      c:a09fffe0
TASK2 - a:a05fffe8      b:a05fffe4      c:a05fffe0
ITC Count is 3
ITC send!!!
TASK3 - a:a06fffe8      b:a06fffe4      c:a06fffe0
ITC get!!!! ---> 342
TASK5 out critical section SEMAPHORE
TASK4 enter critical section SEMAPHORE
TASK4 - a:a07fffe8      b:a07fffe4      c:a07fffe0
TASK6 out critical section SEMAPHORE
TASK5 enter critical section SEMAPHORE
TASK5 - a:a08fffe8      b:a08fffe4      c:a08fffe0
```

```
TASK1 - a:a04fffe8      b:a04fffe4      c:a04fffe0
TASK2 - a:a05fffe8      b:a05fffe4      c:a05fffe0
ITC Count is 2
TASK4 out critical section SEMAPHORE
        :
        :
```

실행 결과를 보면 TASK4와 TASK5가 연달아 크리티컬 섹션에 진입한다. 그리고 TASK4가 크리티컬 섹션을 빠져나오면 곧바로 TASK6이 크리티컬 섹션에 진입한다. 다시 TASK5가 크리티컬 섹션을 빠져나오고 TASK4가 크리티컬 섹션에 진입한다. 처음에 두 사용자 태스크가 크리티컬 섹션에 진입하였고 이후부터는 태스크가 하나씩 크리티컬 섹션을 나올 때마다 다른 사용자 태스크 하나가 크리티컬 섹션에 진입하는 과정을 반복한다. 세마포어가 잘 동작하고 있음이 실행 결과로 증명되었다.

세마포어와 함께 가장 많이 사용하는 동기화 기법은 뮤텍스다. 다음 절에서는 뮤텍스를 구현해 보겠다.

14.2 뮤텍스

뮤텍스는 상호배제 동기화 알고리즘이다. 상호배제란 한 시점에 크리티컬 섹션에 접근하는 태스크가 하나만 존재하도록 유지시킨다는 뜻이다.

```
task_A:
    mutex_lock();
    ...
    크리티컬 섹션
    ...
    mutex_unlock();

task_B:
    mutex_lock()
    ...
    크리티컬 섹션
    ...
    mutex_unlock();
```

위 소스코드를 보면 task_A의 크리티컬 섹션과 task_B의 크리티컬 섹션은 뮤텍스에 의해 상호배제된다. 즉, task_A에서 mutex_lock( )으로 뮤텍스를 잠근 상태에서 크리티컬 섹션을 수행하는 중에 task_B가 컨텍스트 스위칭에 의해 수행된다면, 이미 task_A가 뮤텍스를 잠근 상태에서 크리티컬 섹션 안에 있기 때문에

task_B는 mutex_lock( )을 수행하면서 더이상 진행하지 못하고 블로킹 걸리게 된다. 그리고 다시 task_A가 컨텍스트를 받아서 크리티컬 섹션을 모두 수행하고 mutex_unlock( )으로 뮤텍스를 풀어주어야, 다음에 task_B가 컨텍스트를 받아 수행될 때 mutex_lock( )의 잠금이 해제되면서 task_B의 크리티컬 섹션을 수행할 수 있다.

보통 크리티컬 섹션에는 시스템의 공유 자원에 데이터를 쓰는 코드가 들어가게 된다. 공유 자원의 처리 속도가 빠르지 않다면, 여러 개의 태스크가 순서 없이 쓰기 작업을 하게 되는 경우가 흔하게 발생한다. 이렇게 되면 개발자가 의도하지 않은 결과가 발생할 수 있기 때문에, 뮤텍스를 사용하여 공유 자원에 대한 접근을 한 번에 하나의 태스크로 한정지어 공유 자원에 대한 쓰기 작업의 신뢰성을 높이는 것이다.

그림 14-2 좌변기가 한 칸짜리인 화장실

예를 들면 뮤텍스는 좌변기가 한 칸짜리인 화장실을 생각하면 된다(그림 14-2). 한 번에 한 명만 이용할 수 있고 그 사람이 나와야 다음 사람이 이용할 수 있다. 세마포어의 경우와 마찬가지로 화장실을 크리티컬 섹션이라고 보고 사용 중인 사람을 사용 중인 태스크, 화장실 밖에서 기다리고 있는 사람을 대기 중인 태스크라고 보면 쉽게 이해 할 수 있다.

14.2.1 바이너리 세마포어와 뮤텍스의 차이

바이너리 세마포어(세마포어 변수의 값이 1인 세마포어)와 뮤텍스의 동작은 별다른 것이 없어 보인다. 맞는 말이다. 바이너리 세마포어 역시 한 번에 크리티컬 섹션에 진입할 수 있는 태스크의 개수를 한 개로 제한하고 나머지 태스크들은 모두 대기 상태로 놓는다. 그래서 겉으로 드러나는 동작은 뮤텍스와 바이너리 세마포어가 사실상 동일하다.

하지만 뮤텍스와 바이너리 세마포어는 결정적으로 다른 점이 있다. 바로 뮤텍스는 뮤텍스 자체에 대한 소유권을 스레드가 소유한다는 점이다. 임베디드 운영체제인 나빌눅스에서 스레드와 태스크를 동일 개념으로 놓는다면 뮤텍스를 잠근 태스크만 뮤텍스를 풀 수 있다. 잠겨 있는 뮤텍스에 대해 다른 태스크가 풀기를 시도한다면 에러를 반환한다.

다시 화장실의 예를 생각하면 간단하다. 세마포어는 화장실 네 칸이 전부 크리티컬 섹션이므로 네 칸 중 어느 칸의 문이 열리든 세마포어 잠금을 해제한 것이다. 그러므로 가장 마지막에 세마포어를 잠근 태스크와 방금 세마포어를 푼 태스크가 일치하지 않아도 된다. 하지만 뮤텍스는 화장실 한 칸이 크리티컬 섹션이므로 지금 문을 열고 들어가 화장실을 사용하고 있는 사람이 문을 열고 나오기 전까지는 다른 사람이 화장실 문을 열 수 없다. 지금 화장실을 사용하고 있는 사람이 그 화장실 한 칸에 대해서 소유권을 가지고 있는 것이다. 화장실 안에서 진지하게 볼 일을 보고 있는데 다른 사람이 벌컥 문을 열어버리는 사태가 발생해서는 안 된다.

이런 소유권의 관계를 생각하며 뮤텍스를 구현해 보자.

14.2.2 뮤텍스 구현하기

소유권의 개념을 제외한다면 뮤텍스는 나빌눅스에서 세마포어와 동일하게 구현된다. 그러므로 그냥 앞 절에서 구현한 세마포어의 함수를 다시 불러와 사용해도 상관없다. 하지만 이번에는 약간 다른 개념으로 구현해 보자.

세마포어는 세마포어 변수를 설정하고 크리티컬 섹션에 태스크가 진입할 때마다 세마포어 변수를 하나씩 감소시켜 그 값이 0이 되면 대기시킨다는 개념으로 구현했다. 뮤텍스는 사용 중임을 표시하는 플래그를 두고서 태스크가 크리티컬 섹션에 진입하면 플래그를 세팅해서 사용 중으로 만든다. 해당 플래그가 사용 중이면 다른 태스크는 모두 대기, 사용 중이 아닐 때에만 크리티컬 섹션에 진입을 허용하는 방법으로 구현해 보겠다.

14.2.3 메시지 관리자 수정

세마포어와 마찬가지로 나빌눅스의 메시지 관리자를 그대로 사용해서 뮤텍스를 구현한다. 먼저 navilnux_msg.h 파일에 뮤텍스 관련 자료 구조와 함수 프로토타입을 선언한다.

```
chap14/include/navilnux_msg.h
```
```c
#ifndef _NAVIL_MSG
#define _NAVIL_MSG

#define MAXMSG 255

#define ITCSTART 0
#define ITCEND 99
#define SEMSTART 100
#define SEMEND 199
#define MUTEXSTART 200
#define MUTEXEND 254

typedef struct _navil_free_msg {
    int data;
    int flag;
} Navil_free_msg;

typedef struct _navil_msg_mng {
    Navil_free_msg free_msg_pool[MAXMSG];

    void (*init)(void);

    int (*itc_send)(int, int);
    int (*itc_get)(int, int*);

    int (*sem_init)(int, int);
    int (*sem_p)(int);
    int (*sem_v)(int);

    int (*mutex_wait)(int);
    int (*mutex_release)(int);
} Navil_msg_mng;

void msg_init(void);

int msg_itc_send(int, int);
int msg_itc_get(int, int*);

int msg_sem_init(int, int);
int msg_sem_p(int);
int msg_sem_v(int);

int msg_mutex_wait(int);
int msg_mutex_release(int);

#endif
```

다른 부분은 변한 것 없이 뮤텍스에 관련된 msg_mutex_wait( ) 함수와 msg_mutex_release( ) 함수의 프로토타입과 함수 포인터만 추가되었다. mutex_wait( )는 크리티컬 섹션에 진입하기 전에 뮤텍스를 잠그는 함수이며, mutex_release( )는 크리티컬 섹션을 나오면서 뮤텍스의 잠금을 풀어주는 함수다. 다른 태스크에서 이미 뮤텍스를 잠근 상태라면 mutex_wait( ) 함수를 호출할 때에 블로킹이 걸려야 한다.

그리고 자유 메시지 블록 리스트의 200번째에서 254번째까지 55개의 자유 메시지 블록을 뮤텍스로 할당하였다. 뮤텍스에 할당할 자유 메시지 블록 리스트의 시작 위치와 끝 위치는 navilnux_msg.h 파일의 앞부분에 MUTEXSTART와 MUTEXEND라는 이름으로 정의하였다.

14.2.4 뮤텍스 함수 구현

이어서 뮤텍스 본체를 구현해 보자. navilnux_msg.c 파일에 뮤텍스 시스템 콜 함수를 작성한다.

`chap14/navilnux_msg.c`

```c
#include <navilnux.h>

Navil_msg_mng msgmng;
extern Navil_free_task *navilnux_current;

        // ... 중략 ...

int msg_mutex_wait(int mutexnum)
{
    mutexnum += MUTEXSTART;

    if(mutexnum > MUTEXEND || mutexnum < MUTEXSTART){
        return -1;
    }

    if(msgmng.free_msg_pool[mutexnum].flag == 0){
        msgmng.free_msg_pool[mutexnum].flag = 1;
        msgmng.free_msg_pool[mutexnum].data = (unsigned int)navilnux_current;
    }else{
        return -2;
    }

    return 0;
}

int msg_mutex_release(int mutexnum)
```

```
{
    mutexnum += MUTEXSTART;

    if(mutexnum > MUTEXEND || mutexnum < MUTEXSTART){
        return -1;
    }
    if(msgmng.free_msg_pool[mutexnum].data != (unsigned int)navilnux_current){
        return -2;
    }

    msgmng.free_msg_pool[mutexnum].flag = 0;
    msgmng.free_msg_pool[mutexnum].data = 0;

    return 0;
}

void msg_init(void)
{
    int i;
    for (i = 0 ; i < MAXMSG ; i++){
        msgmng.free_msg_pool[i].data = 0;
        msgmng.free_msg_pool[i].flag = 0;
    }

    msgmng.init = msg_init;
    msgmng.itc_send = msg_itc_send;
    msgmng.itc_get = msg_itc_get;
    msgmng.sem_init = msg_sem_init;
    msgmng.sem_p = msg_sem_p;
    msgmng.sem_v = msg_sem_v;
    msgmng.mutex_wait = msg_mutex_wait;
    msgmng.mutex_release = msg_mutex_release;
}
```

10장에서 스케줄러를 구현할 때 추가했던 커널 전역 변수인 navilnux_current 변수를 extern으로 선언하여 추가했다. navilnux_current 변수는 현재 동작 중인 태스크의 태스크 컨트롤 블록 인스턴스 포인터를 값으로 가지고 있다. 이 포인터 값을, 뮤텍스로 사용하는 자유 메시지 블록에 유지하고 있다면 뮤텍스에 대한 태스크 소유권을 보장할 수 있다.

뮤텍스가 태스크 소유권을 어떤 식으로 처리하는지는 msg_mutex_wait( ) 함수의 구현을 보면 알 수 있다. 세마포어를 구현할 때와 마찬가지로 매개변수로 넘어오는 뮤텍스 번호의 범위 값을 검사한다. 범위 값 검사를 통과하고 나면 자유 메시지 블록의 flag가 0인지를 확인한다. 값이 0이라면 비어있는 자유 메시지 블록으로 간주한다. 그래서 해당 자유 메시지 블록의 flag를 1로 바꾼 다음, data에는 현재 태스크의 태스크 컨트롤 블록 포인터 주소 값을 unsigned int 형으로 캐스팅하여 저장한다. 이렇게 현재 태스크의 태스크 컨트롤 블록 포인터 주소 값을 뮤텍스의 자유 메시지 블록이 가지고 있게 한다. 그러면 나중에 어떤 태스크에서 뮤텍스를 풀려고 할 때 값을 검사하여 소유권을 검사할 수 있다.

만약 자유 메시지 블록의 flag가 0이 아니라면 이미 다른 태스크에서 뮤텍스를 잠근 것이므로 -2를 리턴하며 종료한다. -2를 리턴한다면 사용자 태스크 영역의 래퍼 함수에서 스케줄러를 강제 호출해 블로킹 걸리게 된다.

msg_mutex_release( ) 함수에는 뮤텍스를 푸는 과정이 구현되어 있다. 역시 함수의 초입에는 뮤텍스 번호에 대한 범위 값 검사를 위한 코드가 있다. 그리고 자유 메시지 블록에 있는 data와 navilnux_current 변수의 값을 비교한다. 앞서 msg_mutex_wait( ) 함수로 뮤텍스를 잠글 때 자유 메시지 블록의 data에 navilnux_current의 값을 넣어 두었다. 이 값을 현재의 navilnux_current와 비교한다. 만약 뮤텍스를 잠갔던 태스크가 다시 뮤텍스를 풀려 하면 위 구문을 그대로 통과하게 될 것이고, 다른 태스크가 뮤텍스를 풀려 하면 에러를 반환하게 된다. 뮤텍스를 풀려는 태스크가 원래 잠갔던 태스크와 동일한 태스크라는 것이 확인되면 flag와 data 변수를 다시 0으로 초기화하여 뮤텍스를 풀어준 후에 함수를 종료한다.

msg_init( ) 함수에서는 뮤텍스에 관련되어 있는 msg_mutex_wait( )와 msg_mutex_release( )의 함수 포인터를 메시지 관리자에 등록하는 코드가 두 줄 추가되었다.

이렇게 뮤텍스의 기능이 커널에 추가되었다. 남은 일은 구현된 뮤텍스 기능을 커널의 시스템 콜 계층에 얹어서 사용자 태스크에서 뮤텍스를 사용할 수 있게 하는 일이다.

14.2.5 뮤텍스에 시스템 콜 번호 할당

먼저 시스템 콜 번호를 syscalltbl.h 파일에 추가한다.

```
chap14/include/syscalltbl.h
#ifndef _NAVIL_SYS_TBL
#define _NAVIL_SYS_TBL

#define SYSCALLNUM 255

#define SYS_MYSYSCALL    0
```

```
#define SYS_MYSYSCALL4    1
#define SYS_ITCSEND       2
#define SYS_ITCGET        3
#define SYS_SEMP          4
#define SYS_SEMV          5
#define SYS_MUTEXTWAIT    6
#define SYS_MUTEXREL      7

#define SYS_CALLSCHED     SYSCALLNUM

#endif
```

뮤텍스를 잠그는 mutex_wait( ) 함수에 6번, 뮤텍스를 푸는 mutex_release( ) 함수에 7번 시스템 콜 번호를 할당하였다.

14.2.6 시스템 콜 함수 작성

그리고 시스템 콜 함수의 프로토타입과 시스템 콜 함수 본체를 작성한다. 파일은 각각 navilnux_sys.h와 navilnux_sys.c이다.

`chap14/inlude/navilnux_sys.h`
```
#ifndef _NAVIL_SYS
#define _NAVIL_SYS

#include <syscalltbl.h>

void syscall_init(void);

int sys_mysyscall(int, int, int);
int sys_mysyscall4(int, int, int, int);

int sys_itcsend(int, int);
int sys_itcget(int, int*);

int sys_semp(int);
int sys_semv(int);

int sys_mutexwait(int);
int sys_mutexrelease(int);

extern void sys_scheduler(void);
#endif
```

sys_mutexwait( ) 함수와 sys_mutexrelease( ) 함수의 프로토타입이 선언되어 있다. 그리고 시스템 콜 함수 본체를 작성한다.

```
chap14/navilnux_sys.c
```
```c
int sys_mutexwait(int mutexnum)
{
    return msgmng.mutex_wait(mutexnum);
}

int sys_mutexrelease(int mutexnum)
{
    return msgmng.mutex_release(mutexnum);
}

void syscall_init(void)
{
    navilnux_syscallvec[SYS_MYSYSCALL]  = (unsigned int)sys_mysyscall;
    navilnux_syscallvec[SYS_MYSYSCALL4] = (unsigned int)sys_mysyscall4;
    navilnux_syscallvec[SYS_ITCSEND]    = (unsigned int)sys_itcsend;
    navilnux_syscallvec[SYS_ITCGET]     = (unsigned int)sys_itcget;
    navilnux_syscallvec[SYS_SEMP]       = (unsigned int)sys_semp;
    navilnux_syscallvec[SYS_SEMV]       = (unsigned int)sys_semv;
    navilnux_syscallvec[SYS_MUTEXTWAIT] = (unsigned int)sys_mutexwait;
    navilnux_syscallvec[SYS_MUTEXREL]   = (unsigned int)sys_mutexrelease;
}
```

navilnux_sys.c 파일에는 새로 추가되는 sys_mutexwait( ) 함수와 sys_mutexrelease( ) 함수가 추가되어 있다. syscall_init( ) 함수에는 커널 시스템 콜 벡터 테이블에 sys_mutexwait( ) 함수와 sys_mutexrelease( ) 함수의 함수 포인터를 등록하는 코드가 추가되었다. 함수 내용은 별다른 것 없이 메시지 관리자에 등록되어 있는 mutex_wait( ) 함수와 mutex_release( ) 함수를 호출하기만 한다.

이렇게 커널 계층에 시스템 콜을 추가했다. 이제 사용자 태스크 영역에서 시스템 콜 래퍼 함수를 추가하여 사용자 태스크에서 래퍼 함수를 호출할 수 있게 하자.

14.2.7 시스템 콜 래퍼 함수 작성

시스템 콜 래퍼 함수의 프로토타입을 선언하는 navilnux_lib.h 파일을 수정한다.

```
chap14/include/navilnux_lib.h
```
```c
#ifndef _NAVIL_LIB
#define _NAVIL_LIB

extern int mysyscall(int, int, int);
extern int mysyscall4(int, int, int, int);

extern int itc_send(int, int);
extern int itc_get(int, int*);
extern int sem_p(int);
```

```
extern int sem_v(int);
extern int mutex_wait(int);
extern int mutex_release(int);

extern void call_scheduler(void);

int navilnux_itc_send(int, int);
int navilnux_itc_get(int);
int navilnux_sem_p(int);
int navilnux_sem_v(int);
int navilnux_mutex_wait(int);
int navilnux_mutex_release(int);

#endif
```

시스템 콜 래퍼 함수에서 블로킹을 구현하기 위해 C 언어로 한 번 더 계층을 감쌀 것이다. 그래서 어셈블리어로 구현될 mutex_wait( ) 함수와 mutex_release( ) 함수를 선언하였다. 그리고 최종적으로 사용자 태스크에서 호출되는, C 언어로 구현된 navilnux_mutex_wait( ) 함수와 navilnux_mutex_release( ) 함수를 선언하였다.

chap14/navilnux_lib.S

```
.global mutex_wait
mutex_wait:
    swi SYS_MUTEXTWAIT
    mov pc, lr

.global mutex_release
mutex_release:
    swi SYS_MUTEXREL
    mov pc, lr
```

추가되는 내용은 위 코드와 같다. 역시 별다른 작업은 없고, SWI 명령으로 Software Interrupt를 발생시키기만 한다. 이어서 C 언어로 작성된 시스템 콜 래퍼 함수를 보자.

chap14/navilnux_clib.c

```
int navilnux_mutex_wait(int mutexnum)
{
    int ret_value = 0;
    while(1){
        ret_value = mutex_wait(mutexnum);
        if(ret_value == 0){
            return 0;
        }else if(ret_value == -1){
```

```
                return -1;
        }else{
            call_scheduler();
        }
    }
}

int navilnux_mutex_release(int mutexnum)
{
    return mutex_release(mutexnum);
}
```

블로킹이 구현되는 navilnux_mutex_wait( ) 함수의 구현은 앞서 블로킹을 구현한 navilnux_itc_get( ) 함수나 navilnux_sem_p( ) 함수와 별로 다르지 않다. 정상 종료하는 0이나 오류를 뜻하는 -1이 리턴되면 해당 값을 그대로 리턴하면서 함수를 종료한다. 이 외의 값(현재는 -2)을 리턴하면 스케줄러를 호출하는 시스템 콜을 불러 컨텍스트를 다음 태스크로 넘긴다. 무한루프 안에서 동작하는 것이므로 에러나 정상 종료 전까지는 계속해서 스케줄링이 걸린다. 결과적으로 블로킹이 구현된다.

시스템 콜 래퍼 함수까지 구현이 끝났다. 이제 사용자 태스크에서 방금 구현한 뮤텍스를 테스트해 보자.

14.2.8 사용자 태스크에서 뮤텍스 테스트

뮤텍스를 테스트하기 위해 두 개의 태스크를 더 추가한다. 추가되는 사용자 태스크 함수의 프로토타입은 navilnux_user.h 파일에 선언한다.

```
chap14/include/navilnux_user.h
#ifndef _NAVIL_USER
#define _NAVIL_USER

void user_task_1(void);
void user_task_2(void);
void user_task_3(void);
void user_task_4(void);
void user_task_5(void);
void user_task_6(void);
void user_task_7(void);
void user_task_8(void);

#endif
```

TASK7과 TASK8에 해당하는 user_task7( ) 함수와 user_task8( ) 함수가 추가되었다. 두 함수는 크리티컬 섹션을 정의하고 같은 뮤텍스로 두 크리티컬 섹션을 동기화한다. 사용자 태스크 함수의 내용은 아래와 같다.

```
chap14/navilnux_user.c
```

```c
void user_task_7(void)
{
    int a, b, c;

    a = 1;
    b = 2;
    c = a + b;

    while(1){
        navilnux_mutex_wait(3);
        printf("TASK7 enter critical section MUTEX\n");
        printf("TASK7 - a:%p\tb:%p\tc:%p\n", &a, &b, &c);
        msleep(2000);
        navilnux_mutex_release(3);
        printf("TASK7 out critical section MUTEX\n");
        msleep(4000);
    }
}

void user_task_8(void)
{
    int a, b, c;

    a = 1;
    b = 2;
    c = a + b;

    while(1){
        navilnux_mutex_wait(3);
        printf("TASK8 enter critical section MUTEX\n");
        printf("TASK8 - a:%p\tb:%p\tc:%p\n", &a, &b, &c);
        msleep(2000);
        navilnux_mutex_release(3);
        printf("TASK8 out critical section MUTEX\n");
        msleep(4000);
    }
}

void navilnux_user(void)
{
    taskmng.create(user_task_1);
    taskmng.create(user_task_2);
    taskmng.create(user_task_3);
    taskmng.create(user_task_4);
```

```
        taskmng.create(user_task_5);
        taskmng.create(user_task_6);
        taskmng.create(user_task_7);
        taskmng.create(user_task_8);

        msgmng.sem_init(5,2);
}
```

위 코드를 navilnux_user.c 파일에 추가하고, make를 실행해서 커널 이미지 파일을 생성하자. 그리고 에뮬레이터나 이지보드를 부팅해서 메시지를 확인해 보자.

```
TASK1 - a:a04fffe8      b:a04fffe4      c:a04fffe0
TASK2 - a:a05fffe8      b:a05fffe4      c:a05fffe0
ITC Count is 1
TASK4 enter critical section SEMAPHORE
TASK4 - a:a07fffe8      b:a07fffe4      c:a07fffe0
TASK5 enter critical section SEMAPHORE
TASK5 - a:a08fffe8      b:a08fffe4      c:a08fffe0
TASK7 enter critical section MUTEX
TASK7 - a:a0afffe8      b:a0afffe4      c:a0afffe0
TASK2 - a:a05fffe8      b:a05fffe4      c:a05fffe0
ITC Count is 2
TASK4 out critical section SEMAPHORE
TASK6 enter critical section SEMAPHORE
TASK6 - a:a09fffe8      b:a09fffe4      c:a09fffe0
TASK1 - a:a04fffe8      b:a04fffe4      c:a04fffe0
TASK2 - a:a05fffe8      b:a05fffe4      c:a05fffe0
ITC Count is 3
ITC send!!!
TASK3 - a:a06fffe8      b:a06fffe4      c:a06fffe0
ITC get!!!! ---> 342
TASK5 out critical section SEMAPHORE
TASK2 - a:a05fffe8      b:a05fffe4      c:a05fffe0
ITC Count is 2
TASK4 enter critical section SEMAPHORE
TASK4 - a:a07fffe8      b:a07fffe4      c:a07fffe0
TASK6 out critical section SEMAPHORE
TASK4 out critical section SEMAPHORE
TASK1 - a:a04fffe8      b:a04fffe4      c:a04fffe0
TASK2 - a:a05fffe8      b:a05fffe4      c:a05fffe0
ITC Count is 3
ITC send!!!
TASK3 - a:a06fffe8      b:a06fffe4      c:a06fffe0
ITC get!!!! ---> 342
TASK4 enter critical section SEMAPHORE
```

실행 결과를 잘 보면 TASK7에서 뮤텍스의 크리티컬 섹션에 진입하는 것은 보이나, 크리티컬 섹션을 빠져 나온 후 진입해야 할 TASK8의 메시지가 보이지 않는다. 뮤텍스를 잘못 만든 것일까? 아니다. 원인은 스케줄러와 타이머의 불일치 때문이다.

사용자 태스크 함수를 보면 무한루프나 크리티컬 섹션 안에서 msleep( ) 함수를 사용하여 시간을 지연시키고 있다. msleep( ) 함수는 나빌눅스를 처음 만들기 시작할 때 기반 코드를 작성하기 위하여 이지부트에서 가져온 함수다. 그래서 스케줄러와 연동되어 돌아가는 나빌눅스 커널의 타이머와는 별개로 돌아간다. 그러므로 크리티컬 섹션 안에서 지연 시간을 충분히 크게 주지 않는 한, 다른 태스크를 수행하는 동안에 시간이 모두 지나 버려 제대로 된 시간 지연 효과를 주지 못한다.

그러면 나빌눅스 고유의 커널 카운터와 그 커널 카운터를 이용하는 sleep( ) 함수를 구현해 보도록 하겠다.

14.3 실습 : 시간 지연 함수 구현하기

리눅스에는 1/Hz초마다 증가하는 jiffies라는 커널 전역 변수가 존재한다. 리눅스의 시간 관련 메커니즘은 jiffies 변수의 값에 동기화 되어 움직인다. jiffies는 리눅스 커널에서 가장 기본이 되는 시간 값으로 특정 클록 단위로 값이 1씩 증가하는 변수다.

나빌눅스에서도 리눅스의 jiffies처럼 커널의 타이머가 한 번 호출될 때마다 하나씩 증가하는 커널 카운터를 만들도록 하겠다. 왜냐하면 커널 카운터를 먼저 만들어 놓아야 이 카운터 값을 이용해서 sleep( ) 함수와 같은 시간 지연 함수를 만들 수 있기 때문이다.

14.3.1 커널 카운터 추가

커널 카운터를 만드는 일은 간단하다. 커널 전역 변수를 하나 선언하고, 6장에서 구현했던 OS 타이머의 핸들러 함수에서 방금 선언한 커널 전역 변수를 하나씩 증가하게 하면 된다. navilnux.c 파일을 수정하자.

```
chap14/navilnux.c
#include <navilnux.h>

extern Navil_task_mng taskmng;

Navil_free_task *navilnux_current;
Navil_free_task *navilnux_next;
Navil_free_task dummyTCB;
int navilnux_current_index;
```

```c
unsigned int navilnux_time_tick;

void scheduler(void)
{
    navilnux_current_index++;
    navilnux_current_index %= (taskmng.max_task_id + 1);

    navilnux_next = &taskmng.free_task_pool[navilnux_current_index];
    navilnux_current = navilnux_next;
}

void irqHandler(void)
{
    if( (ICIP&(1<<27)) != 0 ){
        OSSR = OSSR_M1;
        OSMR1 = OSCR + 3686400;

        navilnux_time_tick++;

        scheduler();
    }

    if ( (ICIP&(1<<8)) != 0 ){
        GEDR0 = 1;
        printf("Switch Push!!\n");
    }
}

void os_timer_init(void)
{
    ICCR = 0x01;

    ICMR |= (1 << 27);
    ICLR &= ~(1 << 27);

    OSCR = 0;
    OSMR1 = OSCR + 3686400;

    OSSR = OSSR_M1;
}

void os_timer_start(void)
{
    OIER |= (1<<1);
    OSSR = OSSR_M1;
}

void gpio0_init(void)
{
    GPDR0 &= ~( 1 << 0 );
    GAFR0_L &= ~( 0x03 );

    GRER0 &= ~( 1 << 0 );
```

```c
        GFER0 |= ( 1 << 0 );

        ICMR |= ( 1 << 8 );
        ICLR &= ~( 1 << 8 );
}

void irq_enable(void)
{
        __asm__("msr     cpsr_c,#0x40|0x13");
}

void irq_disable(void)
{
        __asm__("msr     cpsr_c,#0xc0|0x13");
}

int sched_init(void)
{
        if(taskmng.max_task_id < 0){
                return -1;
        }

        navilnux_current = &dummyTCB;
        navilnux_next = &taskmng.free_task_pool[0];
        navilnux_current_index = -1;

        return 0;
}

void navilnux_init(void)
{
        navilnux_time_tick = 0;

        mem_init();
        task_init();
        msg_init();
        syscall_init();

        os_timer_init();
        gpio0_init();

        os_timer_start();
}

int main(void)
{
        navilnux_init();
        navilnux_user();

        if(sched_init() < 0){
                printf("Kernel Pannic!\n");
                return -1;
```

```
    }

    int i;
    for(i = 0 ; i <= taskmng.max_task_id ; i++){
        printf("TCB : TASK%d - init PC(%p) \t init SP(%p)\n", i+1,
                taskmng.free_task_pool[i].context_pc,
                taskmng.free_task_pool[i].context_sp);
    }

    irq_enable();

    while(1){
        msleep(1000);
    }

    return 0;
}
```

navilnux.c 파일에서 수정된 부분은 세 군데다. 우선 파일의 시작 부분에 unsigned int 형의 navilnux_time_tick 커널 전역 변수가 선언되어 있다. 이 변수는 커널이 부팅되고 OS 타이머 인터럽트가 한 번씩 발생할 때마다 1씩 증가하게 된다.

irqHandler( ) 함수를 보면, scheduler( )를 호출하기 전에 커널 카운터를 하나 증가시키는 navilnux_time_tick++가 추가되었다. 그리고 navilnux_init( ) 함수에서는 제일 처음에 navilnux_time_tick 변수를 0으로 초기화 해 주는 코드가 한 줄 추가되었다. 이렇게 navilnux.c 파일에 세 줄을 추가해서 간단하게 커널 카운터를 추가하였다.

14.3.2 sleep( ) 함수 구현

위에서 추가한 커널카운터를 이용해서 sleep( ) 함수를 구현하자. sleep( ) 함수는 단순하게 구현한다. 각 태스크 별로 별도의 sleep 변수를 설정하여 커널 카운터와 연동시킨다. 최초로 sleep( ) 함수가 호출되면 태스크 컨트롤 블록에 있는 sleep 변수에 sleep( ) 함수가 끝나야 하는 커널 카운터 값을 설정한다. 그리고 태스크가 스케줄링을 받을 때마다 sleep 변수의 값을 확인해서, 이 값이 커널 카운터보다 작으면 계속 시간을 지연시키고 커지면 지연을 끝낸다.

즉, 현재 커널 카운터가 2324일 때 어떤 태스크에서 sleep(5)를 한다면 그 태스크는 커널 카운터가 2329보다 커질 때까지 시간을 지연시키게 된다.

14.3.3 태스크 컨트롤 블록 수정

각 태스크 별로 고유의 시간 지연을 유지하려면 각 태스크 별로 시간 지연에 진입하는 시간과 탈출하는 시간에 대한 값을 유지해야 한다. 그러므로 태스크 컨트롤 블록을 수정해야 한다. 수정해야 할 파일은 navilnux_task.h다.

```
chap14/include/navilnux_task.h
```
```
#ifndef _NAVIL_TASK
#define _NAVIL_TASK

#define MAXTASKNUM  40
#define CONTEXTNUM  13

typedef struct _navil_free_task {
    unsigned int context_spsr;
    unsigned int context[CONTEXTNUM];
    unsigned int context_sp;
    unsigned int context_lr;
    unsigned int context_pc;

    unsigned int sleep_end_tick;
} Navil_free_task;

typedef struct _navil_task_mng {
    Navil_free_task free_task_pool[MAXTASKNUM];

    int max_task_id;

    void (*init)(void);
    int (*create)(void(*startFunc)(void));
} Navil_task_mng;

void task_init(void);
int task_create(void(*startFunc)(void));

#endif
```

컨텍스트를 백업하기 위한 공간 바로 밑에 sleep_end_tick이라는 변수를 추가로 선언했다. sleep( )을 통해 들어오는 시간 값과 현재의 navilnux_time_tick의 값을 더해서 sleep_end_tick 변수에 저장해 놓고 지속적으로 현재의 navilnux_time_tick 값과 비교한다. 어느 순간 navilnux_time_tick의 값이 sleep_end_tick의 값보다 커지면 sleep( )을 탈출하게 하면 된다.

태스크 컨트롤 블록에 변수가 하나 추가되었으니 태스크 컨트롤 블록을 초기화하는 함수에서도 추가된 변수를 초기화하는 코드가 추가되어야 한다. 수정하는 파일은 navilnux_task.c이다.

```c
// chap14/navilnux_task.c
void task_init(void)
{
    int i;
    for(i = 0 ; i < MAXTASKNUM ; i++){
        taskmng.free_task_pool[i].context_spsr = 0x00;
        memset(taskmng.free_task_pool[i].context, 0, sizeof(unsigned int) * CONTEXTNUM);
        taskmng.free_task_pool[i].context_sp = 0x00;
        taskmng.free_task_pool[i].context_lr = 0x00;
        taskmng.free_task_pool[i].context_pc = 0x00;

        taskmng.free_task_pool[i].sleep_end_tick = 0;
    }

    taskmng.max_task_id = -1;

    taskmng.init = task_init;
    taskmng.create = task_create;
}
```

sleep_end_tick을 0으로 초기화 해주는 코드가 한 줄 추가되었다. 이렇게 태스크 컨트롤 블록에서도 준비가 끝났다. 남은 일은 sleep( ) 함수를 구현하는 일이다.

14.3.4 sleep( ) 함수 작성

새로 구현할 sleep( ) 함수는 나빌눅스의 라이브러리 함수이므로 이름을 navilnux_sleep( )이라고 짓겠다. 그리고 나빌눅스의 라이브러리 함수이므로 navilnux_clib.c 파일에 위치시킨다.

```c
// chap14/navilnux_clib.c
#include <navilnux.h>

extern Navil_free_task *navilnux_current;
extern unsigned int navilnux_time_tick;

    // ...중략...

int navilnux_sleep(int sec)
{
    while(1){
        if(navilnux_current->sleep_end_tick == 0){
            navilnux_current->sleep_end_tick = navilnux_time_tick + sec;
        }else if(navilnux_current->sleep_end_tick <= navilnux_time_tick){
```

```
            navilnux_current->sleep_end_tick = 0;
            return 0;
        }else{
            call_scheduler();
        }
    }
    return 0;
}
```

커널 전역 변수인 navilnux_current와 navilnux_time_tick 변수를 extern으로 불러왔다. navilnux_current는 컨텍스트 스위칭과 스케줄러를 설명할 때 언급했듯이 현재 동작 중인 태스크를 가리키고 있다. 즉, navilnux_sleep( )을 호출한 태스크 자신이다.

현재 태스크의 태스크 컨트롤 블록의 sleep_end_tick이 0이라면 최초의 navilnux_sleep( ) 호출이므로, navilnux_time_tick의 값과 인자로 넘어온 sec의 값을 더해서 sleep_end_tick에 지정해 준다. navilnux_time_tick은 1초에 하나씩 증가하므로 sec 만큼을 더한다. sec 초만큼 시간이 지나면 navilnux_time_tick과 sleep_end_tick의 값이 같아진다. 그리고 시간이 더 지나면 sleep_end_tick의 값이 navilnux_time_tick의 값보다 작아진다. 그러므로 sleep_end_tick의 값이 navilnux_time_tick과 같거나 작아지면 navilnux_sleep( )을 탈출해야 한다. sleep_end_tick의 값을 다시 0으로 초기화하고 return 문으로 함수를 탈출한다. 이 외의 경우는 아직 sleep_end_tick의 값이 navilnux_time_tick보다 큰 경우이므로 navilnux_sleep( )은 계속 블로킹 걸린다.

navilnux_sleep( ) 함수를 만들었으니 프로토타입을 navilnux_lib.h 파일에 추가한다.

`chap14/include/navilnux_lib.h`

```
#ifndef _NAVIL_LIB
#define _NAVIL_LIB

extern int mysyscall(int, int, int);
extern int mysyscall4(int, int, int, int);

extern int itc_send(int, int);
extern int itc_get(int, int*);
extern int sem_p(int);
extern int sem_v(int);
extern int mutex_wait(int);
extern int mutex_release(int);
```

```
extern void call_scheduler(void);


int navilnux_itc_send(int, int);
int navilnux_itc_get(int);
int navilnux_sem_p(int);
int navilnux_sem_v(int);
int navilnux_mutex_wait(int);
int navilnux_mutex_release(int);

int navilnux_sleep(int);

#endif
```

파일의 제일 아래 줄에 navilnux_sleep( ) 함수에 대한 프로토타입 선언이 추가되었다.

그리고 이제 사용자 태스크에 있는 msleep( ) 함수를 모두 navilnux_sleep( ) 함수로 대체한다. 주의할 점은 msleep( ) 함수의 인자는 밀리 초이므로 2초 지연이라면 2000을 인자로 주었으나, navilnux_sleep( ) 함수의 인자는 초이므로 2초 지연이라면 그대로 2를 인자로 주어야 한다.

chap14/navilnux_user.c
```
#include <navilnux.h>

extern Navil_task_mng taskmng;
extern Navil_msg_mng msgmng;

void user_task_1(void)
{
    int a, b, c;

    a = 1;
    b = 2;
    c = a + b;

    while(1){
        printf("TASK1 - a:%p\tb:%p\tc:%p\n", &a, &b, &c);
        navilnux_sleep(1);
    }
}
void user_task_2(void)
{
    int a, b, c;

    a = 1;
    b = 2;
```

```c
        c = a + b;

    while(1){
        printf("TASK2 - a:%p\tb:%p\tc:%p\n", &a, &b, &c);

        printf("ITC Count is %d\n", a);
        if (a == 3){
            navilnux_itc_send(2, 342);
            a = 1;
            printf("ITC send!!!\n");
        }
        a++;

        navilnux_sleep(1);
    }
}

void user_task_3(void)
{
    int a, b, c;

    a = 1;
    b = 2;
    c = a + b;

    while(1){
        c = navilnux_itc_get(2);
        printf("TASK3 - a:%p\tb:%p\tc:%p\n", &a, &b, &c);
        printf("ITC get!!!! ---> %d\n", c);

        navilnux_sleep(1);
    }
}

void user_task_4(void)
{
    int a, b, c;

    a = 1;
    b = 2;
    c = a + b;

    while(1){
        navilnux_sem_p(5);
        printf("TASK4 enter critical section SEMAPHORE\n""); 
        printf("TASK4 - a:%p\tb:%p\tc:%p\n", &a, &b, &c);
        navilnux_sleep(2);
        navilnux_sem_v(5);
        printf("TASK4 out critical section SEMAPHORE\n");
        navilnux_sleep(4);
    }
}
```

```c
void user_task_5(void)
{
    int a, b, c;

    a = 1;
    b = 2;
    c = a + b;

    while(1){
        navilnux_sem_p(5);
        printf("TASK5 enter critical section SEMAPHORE\n");
        printf("TASK5 - a:%p\tb:%p\tc:%p\n", &a, &b, &c);
        navilnux_sleep(2);
        navilnux_sem_v(5);
        printf("TASK5 out critical section SEMAPHORE\n");
        navilnux_sleep(4);
    }
}

void user_task_6(void)
{
    int a, b, c;

    a = 1;
    b = 2;
    c = a + b;

    while(1){
        navilnux_sem_p(5);
        printf("TASK6 enter critical section SEMAPHORE\n");
        printf("TASK6 - a:%p\tb:%p\tc:%p\n", &a, &b, &c);
        navilnux_sleep(2);
        navilnux_sem_v(5);
        printf("TASK6 out critical section SEMAPHORE\n");
        navilnux_sleep(4);
    }
}

void user_task_7(void)
{
    int a, b, c;

    a = 1;
    b = 2;
    c = a + b;

    while(1){
        navilnux_mutex_wait(3);
        printf("TASK7 enter critical section MUTEX\n");
        printf("TASK7 - a:%p\tb:%p\tc:%p\n", &a, &b, &c);
        navilnux_sleep(2);
        navilnux_mutex_release(3);
        printf("TASK7 out critical section MUTEX\n");
```

```
        navilnux_sleep(4);
    }
}

void user_task_8(void)
{
    int a, b, c;

    a = 1;
    b = 2;
    c = a + b;

    while(1){
        navilnux_mutex_wait(3);
        printf("TASK8 enter critical section MUTEX\n");
        printf("TASK8 - a:%p\tb:%p\tc:%p\n", &a, &b, &c);
        navilnux_sleep(2);
        navilnux_mutex_release(3);
        printf("TASK8 out critical section MUTEX\n");
        navilnux_sleep(4);
    }
}

void navilnux_user(void)
{
    taskmng.create(user_task_1);
    taskmng.create(user_task_2);
    taskmng.create(user_task_3);
    taskmng.create(user_task_4);
    taskmng.create(user_task_5);
    taskmng.create(user_task_6);
    taskmng.create(user_task_7);
    taskmng.create(user_task_8);

    msgmng.sem_init(5,2);
}
```

14.3.5 수정된 sleep() 함수를 이용한 뮤텍스 테스트

모든 기능을 추가했으므로 다시 make를 실행해서 커널 이미지 파일을 생성하자. 그리고 이지보드나 에뮬레이터를 이용하여 부팅해 보자. 실행 결과는 아래와 같다.

```
TASK1 - a:a04fffe8      b:a04fffe4      c:a04fffe0
TASK2 - a:a05fffe8      b:a05fffe4      c:a05fffe0
ITC Count is 1
TASK4 enter critical section SEMAPHORE
TASK4 - a:a07fffe8      b:a07fffe4      c:a07fffe0
TASK5 enter critical section SEMAPHORE
TASK5 - a:a08fffe8      b:a08fffe4      c:a08fffe0
TASK7 enter critical section MUTEX
TASK7 - a:a0afffe8      b:a0afffe4      c:a0afffe0
```

```
TASK1 - a:a04fffe8      b:a04fffe4      c:a04fffe0
TASK2 - a:a05fffe8      b:a05fffe4      c:a05fffe0
ITC Count is 2
TASK7 out critical section MUTEX
TASK8 enter critical section MUTEX
TASK8 - a:a0bfffe8      b:a0bfffe4      c:a0bfffe0
TASK1 - a:a04fffe8      b:a04fffe4      c:a04fffe0

    ... 중략 ...

TASK6 out critical section SEMAPHORE
TASK8 out critical section MUTEX
TASK1 - a:a04fffe8      b:a04fffe4      c:a04fffe0

    ... 중략 ...

TASK4 enter critical section SEMAPHORE
TASK4 - a:a07fffe8      b:a07fffe4      c:a07fffe0
TASK5 enter critical section SEMAPHORE
TASK5 - a:a08fffe8      b:a08fffe4      c:a08fffe0
TASK7 enter critical section MUTEX
```

TASK7과 TASK8의 실행 결과만 유심히 살펴보면 된다. 먼저 TASK7이 뮤텍스의 크리티컬 섹션에 진입하고 TASK7이 크리티컬 섹션에서 나왔다는 메시지가 출력된 후에야 TASK8이 크리티컬 섹션에 진입했다는 메시지가 나온다. 그리고 TASK8이 크리티컬 섹션에서 나왔다는 메시지가 출력된 후에 TASK7이 다시 크리티컬 섹션에 진입했다고 나온다. 이렇게 TASK7과 TASK8이 서로 겹치지 않게 순서대로 크리티컬 섹션에 진입하는 것이 확인되었다.

뮤텍스를 구현하는데 성공한 것이다.

14.4 정리

멀티태스킹 운영체제에서 시스템 공유 자원에 대한 경쟁상태 제어에 필수적인 동기화 처리 방법으로 뮤텍스와 세마포어를 구현했다. 그리고 이들을 구현하는 과정에서 태스크에 대한 시간 제어에 필요한 sleep( ) 시간 지연 함수를 구현했다.

세마포어는 하나의 공유 자원에 동시에 접근할 수 있는 태스크의 개수를 n개로 설정할 수 있다. n개까지의 태스크가 공유 자원에 접근하고 나면 다른 태스크는 대기 상태에 놓인다. 현재 공유 자원에 접근 중인 태스크 중 한 개가 세마포어를 풀고 나와야 대기 중인 태스크 중 한 개가 공유 자원에 접근하게 된다.

뮤텍스는 하나의 공유 자원(크리티컬 섹션)에 동시에 접근할 수 있는 태스크의 개수를 하나의 태스크로 제한하는 상호배제 동기화 방법이다. 다른 태스크가 공유 자원에 접근하려면 앞서 뮤텍스를 잠갔던 태스크가 뮤텍스를 다시 풀어주어야만 한다.

세마포어와 뮤텍스의 동기화 기능은 커널에 존재하는 자유 메시지 블록을 사용하므로 시스템 콜로 구현되어 사용자 태스크에 제공된다.

이렇게 멀티태스킹 운영체제에 필수적인 동기화 처리 기능까지 나빌눅스에 포함시켰다. 다음 장에서는 사용자 태스크에서 필요한 메모리를 동적으로 할당받을 수 있는 메모리 동적 할당 기능을 구현할 것이다.

15장

메모리 동적 할당 구현하기

15.1 메모리 동적 할당 설계

15.1.1 동적 할당에 사용할 메모리 영역

7장에서 나빌눅스의 메모리 맵을 설계할 때, 이지보드의 SDRAM 중 상위 20메가바이트를 메모리 동적 할당을 위해 미리 예약해 두었다.

메모리 동적 할당에 사용되는 영역은 44메가바이트부터 64메가바이트 위치까지다. 메모리 주소 기준으로 0xA2C00000부터 0xA4000000 번지까지가 동적 메모리 할당을 위해 예약된 공간이다. 그러므로 동적 메모리를 할당하여 변수의 주소 값을 출력해보면 두 주소 사이의 값이 나와야 한다.

15.1.2 구현의 범위

흔히 메모리 동적 할당을 위한 공간을 힙(heap)이라고 부른다. 좀더 정확히 말하면 스택은 컴파일러가 관리하는 메모리 공간 영역이고 힙은 프로그래머가 관리하는 메모리 공간 영역이라고 생각하면 된다. 스택에 잡히는 지역 변수는 함수가 시작할 때 컴파일러에 의해서 알아서 생성되고 함수가 종료될 때 알아서 소멸된다. 하지만 동적 메모리로 할당받아 사용하는 힙 영역은 프로그래머가 명시적으로 free( ) 함수 등을 사용하여 해제해 주지 않으면 사용 중인 채로 남게 된다. 그래서 힙 영역의 관리를 소홀히 할 경우 메모리 누수(memory leak)가 발생한다.

이번 장에서 구현할 동적 메모리 할당 코드는 효율성이나 단편화 등은 전혀 고려하지 않고 오로지 이해하기 쉬운 코드로 작성하였다. 실제 구현된 코드는 내부 단편화와 외부 단편화가 모두 발생한다. 하지만 이를 처리하는 코드는 추가하지 않았다.

범용 운영체제에는 메모리 동적 할당에 관련해서 많은 시스템 콜이 존재한다. 하지만 나빌눅스에서 그것들을 모두 구현할 필요는 없다. 가장 많이 사용하는 malloc( )과 free( ) 두 개의 시스템 콜만 구현할 것이다. 다른 시스템 콜들이 필요하다면 그것은 이번 장에 구현하는 malloc( )과 free( )를 수정해서 필요할 때 확장하면 된다.

15.1.3 메모리 풀

동적 메모리 할당을 구현하기 위해서 메모리를 사용하는 방법은 운영체제 고유의 방법을 따른다. 각 사용자 태스크에 할당된 메모리 영역을 힙 영역과 스택 영역으로 분리해서 사용하기도 하고, 전체 메모리의 특정 부분을 시스템 공용의 힙 영역으로 두기도 한다. 나빌눅스에서는 SDRAM의 상위 20메가바이트 공간을 전체 사용자 태스크가 공용으로 사용하는 메모리 풀 개념으로 구현할 것이다(그림 15-1).

메모리 풀을 어떻게 운영할지도 개발자에 따라서 구현 방법이 달라진다. 쉽게 생각해 볼 수 있는 방법은 20메가바이트의 공간을 정해진 개수의 블록으로 나누

메모리 단편화(memory fragmentation)

메모리 단편화는 메모리의 할당, 해제가 반복되는 과정에서 메모리의 빈 공간이 작은 조각 여러 개로 잘게 나뉘는 현상을 말한다. 단편화의 종류에는 내부 단편화와 외부 단편화가 있다.

내부 단편화는 메모리 공간 할당을 블록 단위로 할 때, 해당 블록보다 작은 크기만 사용하고 나머지 공간을 사용하지 않으면서 각 블록에 낭비되는 공간이 생기는 현상을 말한다. 예를 들어 한 블록이 5킬로바이트인 메모리 블록 세 개가 있을 때 각각 2, 3, 4킬로바이트씩 사용한다면, 각 블록에 3, 2, 1킬로바이트씩 낭비되는 공간이 생긴다.

외부 단편화는 비어있는 메모리 공간이 작은 크기로 잘게 쪼개져 있어 메모리 할당을 효율적으로 하지 못하는 현상을 말한다. 남아 있는 공간을 다 합친 크기는 충분하지만 이를 소프트웨어가 제대로 처리하지 못해 결국 활용하지 못하게 된다.

메모리 단편화와 디스크 단편화를 포함한 기억 장치 단편화 문제는 매우 잘 알려지고 연구가 많이 진행되었다. 다양한 자료가 인터넷이나 다른 책에 있으므로 관심 있는 독자들은 찾아보기 바란다.

그림 15-1 나빌눅스 메모리 맵

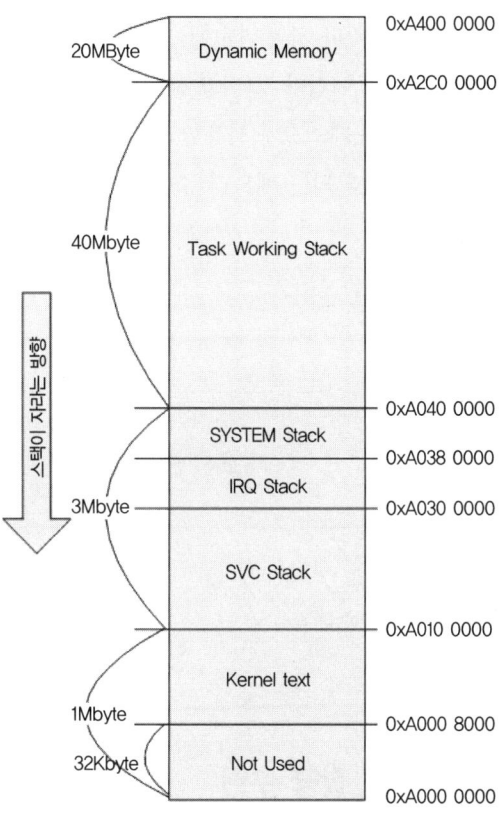

고 malloc( )으로 요청이 올 때마다 요청받은 크기만큼의 블록을 여러 개 할당해주는 것이다. 이 방법으로 메모리 동적 할당을 구현했을 때의 문제는 동적 할당받는 메모리가 용량보다 개수에 제한을 받는다는 것이다. 예를 들어 동적 메모리 공간을 100개의 블록으로 나눠 놨다고 가정하자. 이때 1킬로바이트짜리 동적 메모리 변수를 100개 요청한다면 실제 20메가바이트나 되는 공간이 있음에도 불구하고 사용 가능한 메모리 블록을 모두 사용해 버려서 더이상의 동적 메모리를 할당받을 수 없게 된다.

그래서 나빌눅스에서는 필요할 때마다 메모리 블록을 생성하는 방식을 사용하도록 하겠다. 요청받은 크기만큼의 블록을 동적으로 할당하기 때문에 블록 개수에 제한은 받지 않는다. 하지만 단편화 문제가 발생한다. 앞에서도 말했듯 일단 단편화 문제는 고려하지 않는다.

동적 메모리는 그림 15-2와 같은 블록으로 관리된다. 각 블록마다 헤더가 붙어 있다. 헤더에는 블록이 사용 중인지를 표시하는 플래그와 해당 블록의 크기가 얼마인지를 표시하는 size 변수만 있다. size 변수에는 요청받은 메모리 크기와 헤더의 크기(8바이트)를 더한 값이 들어간다. 그리고 헤더 뒤로는 요청된 메모리 크기만큼의 공간이 예약된다. 사용자 태스크가 사용할 수 있는 메모리 공간은 바로 이 영역이므로 사용자 태스크로 반환되는 메모리 주소는 헤더가 끝난 바로 뒷부분 메모리 주소다.

그림 15-2 동적 메모리 블록

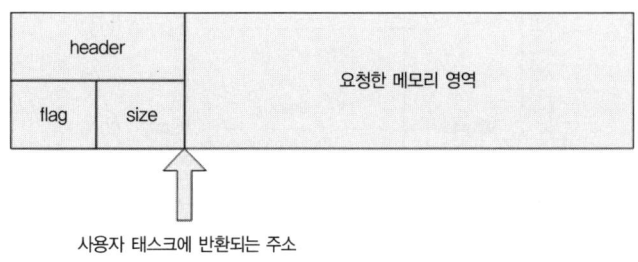

15.2 실습: 메모리 동적 할당 구현

15.2.1 메모리 관리자 수정

메모리 동적 할당 기능은 8장에서 구현한 메모리 관리자를 수정해서 구현할 것이다. 메모리에 관련된 것이므로 메모리 관리자에 포함되어야 한다. 메모리 관리자에 메모리 동적 할당과 관련하여 자료 구조와 함수 프로토타입을 추가한다. 수정할 파일은 navilnux_memory.h다.

```
chap15/include/navilnux_memory.h
```
```c
#ifndef _NAVIL_MEM
#define _NAVIL_MEM

#define MAXMEMBLK 40


typedef struct _navil_free_mem {
    unsigned int block_start_addr;
```

```
        unsigned int block_end_addr;
        int is_used;
} Navil_free_mem;

typedef struct _dy_mem_header {
    int used;
    int size;
} Dy_mem_header;


typedef struct _navil_mem_mng {
    Navil_free_mem free_mem_pool[MAXMEMBLK];

    unsigned int heap_start;
    unsigned int used_end;

    void (*init)(void);
    unsigned int (*alloc)(void);

    void* (*malloc)(int);
    int (*free)(void *);
} Navil_mem_mng;

void mem_init(void);
unsigned int mem_alloc(void);

void* mem_malloc(int);
int mem_free(void *);

#endif
```

Dy_mem_header라는 구조체가 추가되었다. used 변수는 해당 메모리 블록이 사용 중이면 1, 사용 중이 아니면 0을 가진다. size 변수는 이름 그대로 헤더 뒤에 따라오는 동적 메모리 영역의 크기와 헤더의 크기를 더한 값이다.

메모리 관리자 구조체에도 두 개의 함수 포인터가 추가되었다. malloc( )과 free( )다. 표준 라이브러리와 마찬가지로 malloc( ) 함수는 void 형 포인터를 반환하고 int 형으로 크기를 받는다. free( ) 함수는 int 형으로 성공 혹은 에러 값을 반환하고, 인자로 void 형 포인터를 받아서 해당 포인터 주소의 메모리 블록 할당을 해제한다.

함수 포인터 외에 heap_start와 used_end라는 두 unsigned int 형 변수가 메모리 관리자에 선언되어 있다. 이 두 변수는 힙 영역에서 동적 메모리를 할당할 때 현재까지 사용 중인 힙 영역의 처음과 끝을 가리키는 역할을 한다. heap_start 주소부터 used_end 주소까지는 동적 메모리 블록이 만들어져 있다는 의미이다.

그리고 malloc( )과 free( )를 구현할 실제 함수인 mem_malloc( )과 mem_free( )

함수에 대한 프로토타입이 아래쪽에 선언되어 있다. 메모리 관리자 구조체가 수정되었으므로 mem_init( ) 함수도 수정되어야 한다. 수정된 코드는 아래와 같다.

```
chap15/navilnux_memory.c
#define STARTDYMEMADDR      0xA2C00000    /// 44M
#define ENDUSRSTACKADDR     0xA4000000    // 64M

//      ... 중략 ...

void mem_init(void)
{
    unsigned int pt = STARTUSRSTACKADDR;
    int i;

    for(i = 0 ; i < MAXMEMBLK ; i++){
        memmng.free_mem_pool[i].block_start_addr = pt;
        memmng.free_mem_pool[i].block_end_addr = pt + USRSTACKSIZE -4;
        memmng.free_mem_pool[i].is_used = 0;
        pt += USRSTACKSIZE;
    }

    memmng.heap_start = STARTDYMEMADDR;
    memmng.used_end = memmng.heap_start;

    memmng.init = mem_init;
    memmng.alloc = mem_alloc;

    memmng.malloc = mem_malloc;
    memmng.free = mem_free;
}
```

heap_start에는 위에 정의되어 있는 0xA2C00000의 값을 할당한다. 0xA2C00000은 이지보드의 SDRAM이 시작하는 0xA0000000으로부터 44메가바이트 건너뛴 위치에 해당하는 주소 값이다. 위에서 설명한 대로 동적 메모리 할당을 위한 힙 영역이 상위 20메가바이트에 들어가게 하기 위해서 전체 64메가바이트 중 44메가바이트 위치에서 시작하게 된다. 그리고 메모리 관리자를 초기화하는 시점에 힙 영역에는 할당된 동적 메모리 블록이 없으므로 used_end 변수는 heap_start 변수와 같은 값을 가지게 된다.

15.2.2 동적 할당 전략

동적 할당 전략은 간단하다. 할당할 크기를 매개변수로 받으면 먼저, heap_start와 heap_end 사이에 할당했다가 해제한 블록이 있는지 검사한다. 있다면 그 크기를 검사해서 해당 블록의 크기가 요청받은 크기보다 큰지 확인한다. 해당 블록의 크기가 충분히 크면 그 블록을 그대로 재사용한다. 만약 해제한 블록이 없거나 해제한 블록 중 요청한 크기보다 큰 블록이 없다면, used_end 뒤에 요청한 크기로 새 블록을 생성하고 used_end 변수를 '요청한 크기 + 메모리 블록 헤더'만큼 증가시킨다.

해제는 더 간단하다. free( )의 인자는 포인터 주소이므로 해당 주소에서 동적 메모리 블록 헤더의 크기(8바이트)만큼을 빼면 헤더의 앞부분으로 간다. 거기서 used 변수의 값을 0으로 만들어 주면 된다.

15.2.3 free( ) 함수 구현

먼저 비교적 간단한 free( ) 함수를 보도록 하자. navilnux_memory.c 파일에 함수를 추가한다.

```
chap15/navilnux_memory.c
int mem_free(void *addr)
{
    Dy_mem_header *dy_header;

    unsigned int add_header = (unsigned int)addr - sizeof(Dy_mem_header);
    dy_header = (Dy_mem_header *)add_header;

    if(dy_header->used != 1){
        return -1;
    }

    dy_header->used = 0;

    return 0;
}
```

동적 메모리를 할당받기 위해 malloc( )을 사용하면, 할당받은 동적 메모리 영역의 시작 주소가 포인터 변수에 저장된다. 하지만 실제 메모리에는 사용자 영역에 할당해 준 동적 메모리 블록의 앞 부분에 이를 관리하기 위한 헤더도 할당된다. 즉 포인터 변수의 주소 값이 헤더의 끝 위치가 된다. 그렇기 때문에 포인터를 동적 메모리 블록의 헤더에 위치시키려면, mem_free( ) 함수에 넘어온 주소 값에서 헤더 크기만큼을 빼줘야 한다. 헤더는 32비트 int 형 변수 두 개이므로 크기는 8바이트다. 그래서 add_header 변수에는 인자로 넘어온 addr에 8을 뺀 값이 들어갈 것이다. 그리고 8바이트를 뺀 addr 주소 값을 동적 메모리 헤더 구조체의 포인터에 형 변환(type casting)하여 할당한다. 해당 위치부터 8바이트는 동적 메모리 헤더이기 때문에 동적 메모리 헤더의 used 플래그는 반드시 1이어야 한다. 1이 아니라면 잘 못된 주소 값을 넘겨준 것이거나, 이미 free( )를 수행한 포인터를 넘긴 것이 되므 로 -1을 반환한다. 실질적으로 mem_free( ) 함수가 하는 일은 dy_header->used = 0 이 전부다. 즉, 블록의 used 플래그를 0으로 바꾸고 끝난다.

15.2.4 malloc( ) 함수 구현

malloc( ) 함수는 조금 복잡하다. 하지만 이해하는 데는 별다른 어려움이 없다. navilnux_memory.c 파일을 수정한다.

chap15/navilnux_memory.c
```c
void* mem_malloc(int size)
{
    int req_size = size + sizeof(Dy_mem_header);
    unsigned int cur_pos = memmng.heap_start;
    unsigned int ret_addr = 0;

    Dy_mem_header *dy_header;

    while(cur_pos != memmng.used_end){
        dy_header = (Dy_mem_header *)cur_pos;
        if(!dy_header->used){
            if(dy_header->size >= req_size){
                dy_header->used = 1;
                ret_addr = cur_pos;
                break;
            }
        }
        cur_pos += dy_header->size;
    }

    if(!ret_addr){
        ret_addr = memmng.used_end;
        memmng.used_end += req_size;

        if(memmng.used_end > ENDUSRSTACKADDR){
            return (void *)0;
        }

        dy_header = (Dy_mem_header *)ret_addr;
        dy_header->used = 1;
        dy_header->size = req_size;
    }

    ret_addr += sizeof(Dy_mem_header);
```

```
        return (void *)ret_addr;
}
```

req_size 변수는 요청받은 메모리 크기에 동적 메모리 헤더의 크기를 더한 값이다. 사용자는 요청한 크기만 알고 있으면 되지만 커널은 헤더를 포함한 크기를 알아야 하기 때문이다. cur_pos 변수는 동적 메모리 블록을 할당하기 위해 메모리 값을 읽을 때 사용하는 일종의 인덱스 변수다. 이 변수를 사용하여 일단 힙 영역의 시작 값을 가지고 출발하여 사용 가능한 메모리 블록을 찾아본다. ret_addr 변수는 동적 메모리 블록을 할당받아서 헤더 영역을 제외하고 사용자 영역으로 넘겨줄 주소 값이다.

mem_malloc( ) 함수는 크게 두 부분으로 나뉘어 있다. 위쪽에 보이는 while( ) 문 루프와 아래쪽에 보이는 if( ) 문 블록이다. while( ) 루프는 힙 시작 영역부터 이미 만들어져 있는 동적 메모리 블록을 하나씩 읽어 가면서, 비어있는(사용 중이지 않은) 블록을 찾는다. 블록의 크기가 요청한 블록 크기보다 크다면 그 블록을 사용한다. while( ) 루프를 끝까지 다 돌았는데도 ret_addr 변수에 값이 할당되지 않았다면 그것은 현재 할당되어 있는 동적 메모리 블록이 모두 사용 중이거나 할당되어 있는 동적 메모리 블록이 하나도 없는 경우일 것이다. 그때 아래쪽에 있는 if( ) 문 블록에 진입하게 된다. if( ) 문 블록은 새로운 동적 메모리 블록을 하나 할당하고, 이 주소를 사용자 영역에 반환한다. 그리고 마지막으로 ret_addr 변수를 반환하기 전에 동적 메모리 헤더만큼의 주소를 더한다. 그래야 헤더 영역을 건너뛴 실제 데이터 영역의 시작 주소가 사용자 영역에 전달된다.

이렇게 두 함수를 작성하여 메모리 동적 할당을 모두 구현했다. 동적 메모리 할당/해제 작업 역시 커널에게 서비스를 요청하는 작업이므로 시스템 콜로 구현한다. 12장 이후 추가되는 모든 기능이 시스템 콜로 동작하므로 반복되는 설명이다. 수정할 파일과 내용만 간단히 설명하면서 넘어가겠다.

15.2.5 시스템 콜에 등록

syscalltbl.h 파일에 시스템 콜 번호를 등록한다.

chap15/include/syscalltbl.h

```
#define SYS_MALLOC      8
#define SYS_FREE        9
```

malloc( ) 함수에 8번, free( ) 함수에 9번을 할당했다. 이어서 navilnux_sys.h 파일에 시스템 콜 함수의 프로토타입을 추가한다.

chap15/include/navilnux_sys.h
```
void* sys_malloc(int);
int sys_free(void *);
```

그리고 navilnux_sys.c 파일에 시스템 콜 함수를 작성한다.

chap15/navilnux_sys.c
```
#include <navilnux.h>

extern Navil_msg_mng msgmng;
extern Navil_mem_mng memmng;

//    ... 중략 ...

void *sys_malloc(int size)
{
    return memmng.malloc(size);
}

int sys_free(void *addr)
{
    return memmng.free(addr);
}

void syscall_init(void)
{
    navilnux_syscallvec[SYS_MYSYSCALL] = (unsigned int)sys_mysyscall;
    navilnux_syscallvec[SYS_MYSYSCALL4] = (unsigned int)sys_mysyscall4;
    navilnux_syscallvec[SYS_ITCSEND] = (unsigned int)sys_itcsend;
    navilnux_syscallvec[SYS_ITCGET] = (unsigned int)sys_itcget;
    navilnux_syscallvec[SYS_SEMP] = (unsigned int)sys_semp;
    navilnux_syscallvec[SYS_SEMV] = (unsigned int)sys_semv;
    navilnux_syscallvec[SYS_MUTEXTWAIT] = (unsigned int)sys_mutexwait;
    navilnux_syscallvec[SYS_MUTEXREL] = (unsigned int)sys_mutexrelease;
    navilnux_syscallvec[SYS_MALLOC] = (unsigned int)sys_malloc;
    navilnux_syscallvec[SYS_FREE] = (unsigned int)sys_free;
}
```

메모리 관리자를 통해 malloc( ) 함수와 free( ) 함수를 호출하므로 소스 파일의 상단에 메모리 관리자인 memmng를 extern으로 선언한다. 이렇게 시스템 콜을 모두 추가했다. 이제 사용자 영역에서 시스템 콜 래퍼 함수를 작성한다. navilnux_lib.h 파일에 프로토타입을 선언한다.

`chap15/include/navilnux_lib.h`
```
void* navilnux_malloc(int);
int navilnux_free(void *);
```

이어서 navilnux_lib.S 파일을 작성한다.

`chap15/navilnux_lib.S`
```
.global navilnux_malloc
navilnux_malloc:
    swi SYS_MALLOC
    mov pc, lr

.global navilnux_free
navilnux_free:
    swi SYS_FREE
    mov pc, lr
```

이상이다. ITC나 뮤텍스, 세마포어와 다른 점은 navilnux_clib.c 파일에 한 번 더 감싸는 코드가 없다는 것이다. navilnux_malloc( ) 함수와 navilnux_free( ) 함수는 시스템 콜 계층으로 넘어가기 전에 사용자 영역에서 추가로 처리해 줄 것이 아무것도 없다. 그냥 시스템 콜 계층을 따라서 메모리 관리자 본체 코드로 갈 때까지 계속해서 호출만 한다. 그러므로 어셈블리어에서 SWI 명령을 사용하는 것 외에 사용자 태스크 영역에서는 더이상 해줄 일이 없다.

15.2.6 메모리 동적 할당 테스트

이제 테스트할 차례다. 먼저 테스트에 사용할 네 개의 동적변수를 할당한다. 각각 2킬로바이트, 3킬로바이트, 4킬로바이트를 할당했다가, 3킬로바이트짜리 변수를 할당 해제한 후, 4킬로바이트짜리 변수를 할당한다. 여기까지 결과는 3킬로바이트 블록의 used 플래그가 0이다. 다시 1킬로바이트가 할당되면 3킬로바이트보다 크기가 작으므로 전에 3킬로바이트 블록이 사용했던 블록을 1킬로바이트짜리 변

그림 15-3 동적 메모리 할당 테스트

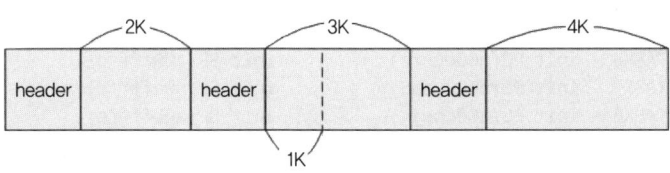

수가 사용하게 될 것이다(그림 15-3).

테스트에는 TASK1을 사용한다. 아래와 같이 user_task_1( ) 함수를 수정한다.

`chap15/navilnux_user.c`
```c
void user_task_1(void)
{
    int a, b, c;

    int *ptr_a, *ptr_b, *ptr_c, *ptr_d;

    a = 1;
    b = 2;
    c = a + b;

    ptr_a = (int *)navilnux_malloc(2048);
    printf("Dynamic mem alloc 2K - %p\n", ptr_a);

    ptr_b = (int *)navilnux_malloc(3072);
    printf("Dynamic mem alloc 3K - %p\n", ptr_b);

    navilnux_free(ptr_b);

    ptr_c = (int *)navilnux_malloc(4096);
    printf("Dynamic mem alloc 4K - %p\n", ptr_c);

    ptr_d = (int *)navilnux_malloc(1024);
    printf("Dynamic mem alloc 1K - %p\n", ptr_d);

    while(1){
        printf("TASK1 - a:%p\tb:%p\tc:%p\n", &a, &b, &c);
        navilnux_sleep(1);
    }
}
```

소스코드 안에 테스트 순서가 그대로 나와 있다. 위와 같이 작성하고, make를 실행해 커널 이미지를 빌드한 다음 이지보드나 에뮬레이터를 이용해 부팅해 보자. 실행 결과는 아래와 같다.

```
TCB : TASK1 - init PC(a000c9ec)        init SP(a04ffffc)
TCB : TASK2 - init PC(a000cac0)        init SP(a05ffffc)
TCB : TASK3 - init PC(a000cb68)        init SP(a06ffffc)
TCB : TASK4 - init PC(a000cbe4)        init SP(a07ffffc)
TCB : TASK5 - init PC(a000cc70)        init SP(a08ffffc)
TCB : TASK6 - init PC(a000ccfc)        init SP(a09ffffc)
TCB : TASK7 - init PC(a000cd88)        init SP(a0affffc)
TCB : TASK8 - init PC(a000ce14)        init SP(a0bffffc)
Dynamic mem alloc 2K - a2c00008
Dynamic mem alloc 3K - a2c00810
```

```
Dynamic mem alloc 4K - a2c01418
Dynamic mem alloc 1K - a2c00810
```

커널 힙 영역은 0xA2C00000부터다. 그리고 32비트 ARM에서 동적 메모리 헤더의 크기는 8바이트다. 그러므로 첫 번째로 할당되는 ptr_a의 동적 메모리의 반환 값은 0xA2C00008이다. 2킬로바이트만큼의 크기는 16진수로 0x800이다. 그래서 ptr_a 변수에 할당된 동적 메모리 블록의 데이터 영역은 0xA2C00808 번지에서 끝난다.

다시 한번 말하지만 동적 메모리 헤더는 8바이트이므로 두 번째로 할당되는 ptr_b의 동적 메모리 반환 값은 0xA2C00808 + 0x08의 결과인 0xA2C00810이다. 마찬가지로 3킬로바이트는 16진수로 0xC00이다. ptr_b는 0xA2C01410 번지에서 끝나고 헤더를 건너뛰어 반환되는 ptr_c의 값은 0xA2C01418 번지가 된다. 이어서 ptr_b를 해제하고, 1킬로바이트짜리 ptr_d를 할당한다. ptr_d는 ptr_c가 끝난 다음 할당되는 것이 아니라 해제되었던 ptr_b가 사용하던 블록을 다시 사용하므로 ptr_b가 받았던 주소 값을 그대로 받는다.

실행 결과는 그림 15-4와 같다. 커널을 부팅하여 나온 결과 값과 비교해보면 정확하게 일치함을 알 수 있다. 개선의 여지가 많긴 하지만 동적 메모리 할당 기능도 정상적으로 동작하고 있음을 확인하였다.

그림 15-4 동적 메모리 할당 테스트 결과

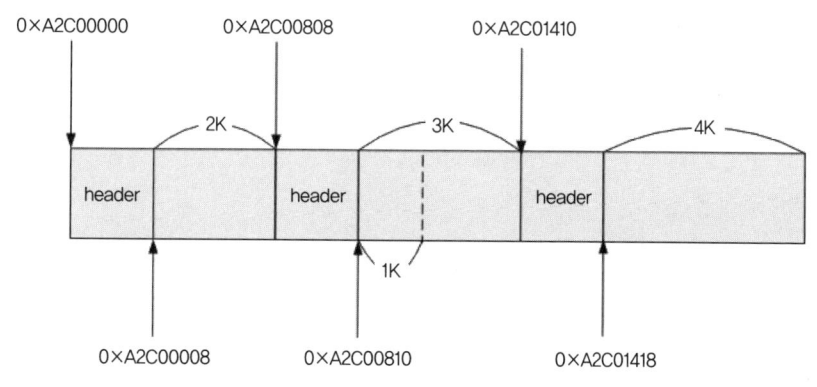

15.3 정리

프로그램에서 메모리 영역은 크게 정적 메모리와 동적 메모리로 구분할 수 있다. 정적 메모리는 컴파일러에 의해 자동으로 스택을 사용하는 메모리 영역이다. 정적 메모리를 사용하는 지역 변수를 자동 변수라 부르기도 한다. 정적 메모리는 주로 스택 구조를 사용하기 때문에 스택 영역이라고 한다. 반면, 동적 메모리는 대표적으로 malloc( ) 함수나 new 등의 키워드로 일정 크기의 메모리 공간을 요청해서 할당받아 사용한다. 그래서 C 언어는 메모리의 할당, 해제에 대한 책임을 프로그래머에게 맡긴다. 자바 같은 언어에서는 가비지 컬렉터가 있어서 일정 부분을 컴파일러가 담당해 주기도 하지만, 본질적으로 동적 메모리 영역에 대한 관리 책임은 프로그래머에게 있다. 그리고 동적 메모리 영역은 주로 힙 구조를 사용하기 때문에 힙 영역이라고 한다.

　운영체제별로 동적 메모리 관련 기능의 구현은 큰 차이가 있다. 상용 대형 운영체제에서 동적 메모리 할당 부분은 메모리 페이징이나 단편화 등을 고려해서 매우 복잡하게 구현되어 있다. 하지만 기본적이고 본질적인 개념은 모두 같다. 이번 장에서 구현한 나빌눅스의 동적 할당, 해제 기능은 가장 기본적인 내용만을 구현한 것이다. 하지만 이번 장에서 설명한 내용만으로도 메모리 동적 할당이 어떤 식으로 이루어지는지 알 수 있을 것이다.

16장

Learning Embedded OS

디바이스 드라이버 구현하기

16.1 디바이스 드라이버

임베디드 운영체제의 존재 목적은 임베디드 장비를 구동하기 위함이다. 임베디드 장비가 구동되고 있다는 말은 임베디드 장비에 붙어 있는 여러 주변 장치가 원활하게 동작하고 있다는 뜻이다. 이 주변장치 제어를 책임지는 부분이 운영체제의 디바이스 드라이버다.

임베디드 운영체제에서는 일반적으로 사용자 태스크에서 직접 장치를 다루는 경우가 많다. 하지만 엄격하게 생각해 본다면 임베디드 장비에 붙어있는 여러 장비들은 시스템 자원이다. 시스템 자원을 사용자 태스크에서 사용하려면 시스템 콜을 이용해야 한다. 그러면서도 디바이스 드라이버는 일반적인 시스템 콜과 다르게 처리되어야 할 것이다. 그래서 따로 디바이스 드라이버 계층을 만들어 보겠다.

16.1.1 리눅스 캐릭터 디바이스 드라이버 계층을 차용

이번 장에서 구현할 디바이스 드라이버 계층은 기본적으로 리눅스의 캐릭터 디바이스 드라이버 계층의 개념을 차용했다. open( ), read( ), write( ), close( ) 네 개의 함수를 기본으로 구현하고 서로 다른 장치에서 같은 인터페이스를 통해 접근하기 위해 리눅스의 file_operations 구조체 형식을 간략화해서 구현할 것이다.

리눅스에서는 캐릭터 디바이스 드라이버를 사용자 공간에서 핸들링하기 위해 mknod 명령으로 생성한 장치 파일을 사용한다. 장치 파일은 대부분 /dev/ 디렉터리에 있으며, mknod 명령으로 할당된 주 번호(major number)와 부 번호(minor

그림 16-1 리눅스의 캐릭터 디바이스 드라이버 호출 계층

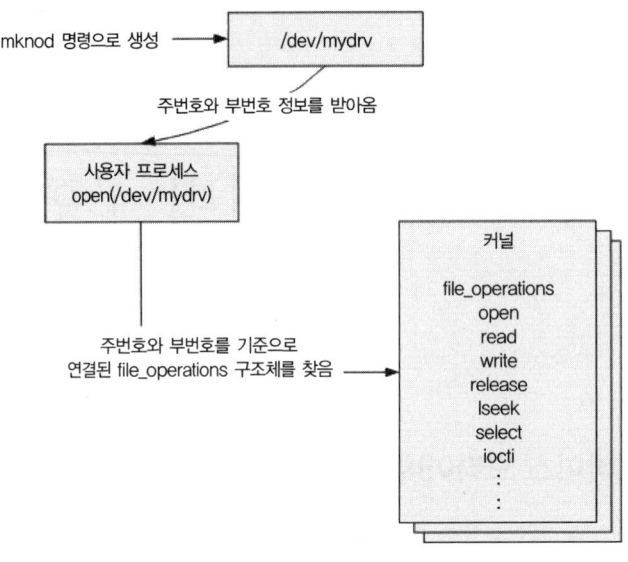

number)를 기준으로 커널에 등록되어 있는 디바이스 드라이버의 구조체를 찾아서 open( ), read( ), write( ), close( ) 등으로 파일 관련 시스템 콜에 연결하여 장치를 제어한다(그림 16-1).

나빌눅스는 이러한 리눅스의 캐릭터 디바이스 드라이버의 동작 순서를 그대로 따라할 것이다. 물론 나빌눅스의 디바이스 드라이버 계층 구조는 리눅스의 그것을 전부 다 구현하지는 않는다. 또한 나빌눅스에는 아직 파일 시스템이 없기 때문에 장치 파일을 이용하여 커널의 디바이스 드라이버를 찾지 않는다. 대신 메모리 관리자, 태스크 관리자, 메시지 관리자에서 사용했던 것처럼 자유 디바이스 드라이버 블록이라는 개념을 도입해서 정수형 인덱스를 통해 디바이스 드라이버를 핸들링할 것이다.

리눅스의 디바이스 드라이버 계층을 따라할 것이기 때문에 나빌눅스의 사용자 태스크에서는 일반적인 open( ), read( ), write( ), close( ) 함수를 사용한다. 이들 함수의 시스템 콜 함수는 정수 인덱스를 받아서 디바이스 드라이버 관리자에 있는 자유 디바이스 드라이버 블록 리스트의 open( ), read( ), write( ), close( ) 함수의 본체를 호출하여 사용한다. 그리고 함수들의 리턴 값을 다시 사용자 태스크 영

그림 16-2 나빌눅스 디바이스 드라이버 호출 계층

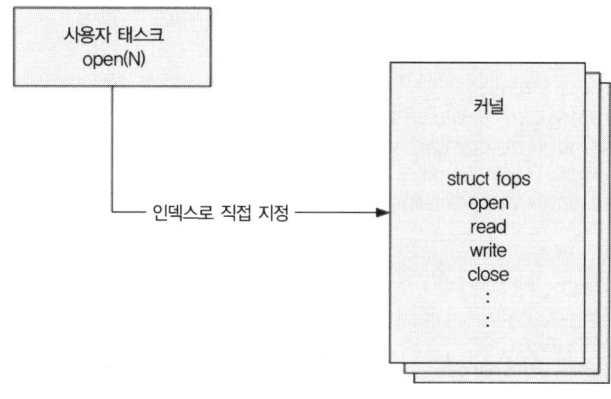

역으로 전달한다.

이번 장에서는 3장과 11장에서 제어했던 LED와 GPIO 인터럽트 처리를 디바이스 드라이버 계층을 통해서 구현해 보겠다.

16.2 실습 : 디바이스 드라이버 관리자 정의

디바이스 드라이버를 관리하는 디바이스 드라이버 관리자를 설계한다. 리눅스의 캐릭터 디바이스 드라이버의 개념을 차용하기로 하였으므로 리눅스의 file_operations 구조체와 비슷한 역할을 하는 구조체가 필요하다. 그리고 이를 포함하는 자유 디바이스 드라이버 블록도 구현해야 한다. 메모리, 태스크, 메시지 관리자와 마찬가지로 자유 디바이스 드라이버를 배열로 관리한다. 디바이스 드라이버 관련 함수의 함수 포인터를 가지고 있는 디바이스 드라이버 관리자의 추상화 자료 구조도 정의해야 한다.

디바이스 드라이버 관리자는 새로 추가되는 기능이기 때문에 파일을 새로 만든다. 파일 명은 navilnux_drv.h다.

```
chap16/include/navilnux_drv.h
```

```
#ifndef _NAVIL_DRV
#define _NAVIL_DRV
```

```
#define DRVLIMIT 100

#define O_RDONLY    0
#define O_WRONLY    1
#define O_RDWR      2

typedef struct _fops{
    int (*open)(int drvnum, int mode);
    int (*read)(int drvnum, void *buf, int size);
    int (*write)(int drvnum, void *buf, int size);
    int (*close)(int drvnum);
} fops;

typedef struct _navil_free_drv {
    fops *navil_fops;
    int usecount;
    const char *drvname;
} Navil_free_drv;

typedef struct _navil_drv_mng {
    Navil_free_drv free_drv_pool[DRVLIMIT];

    void (*init)(void);
    int (*register_drv)(int, const char*, fops*);
} Navil_drv_mng;

void drv_init(void);
int drv_register_drv(int, const char*, fops*);
#endif
```

16.2.1 fops 구조체

먼저 file_operation을 나빌눅스에 맞춰 설계한 fops 구조체가 보인다. 리눅스의 file_operation 구조체에는 open( ), read( ), write( ), close( ) 외에도 ioctl( ), lseek( ) 등 더 많은 함수 포인터들이 정의되어 있다. 하지만 나빌눅스에서 그 많은 함수가 모두 필요하지는 않기 때문에 가장 많이 쓰고 필수적인 open( ), read( ), write( ), close( ) 함수만 fops 구조체에 정의했다.

16.2.2 자유 디바이스 드라이버 블록

Navil_free_drv 구조체는 자유 태스크 블록이나 자유 메모리 블록, 자유 메시지 블록 같은 자유 디바이스 드라이버 블록이다. 그 안에는 바로 위에 정의한 fops 구조체 포인터가 있고 디바이스 드라이버의 사용 횟수를 표시하는 usecount 변수, 디바이스 드라이버의 이름을 지정하는 drvname 변수가 있다. 앞으로 이 구조체가 하나의 디바이스 드라이버를 추상화하게 된다.

16.3 실습: 디바이스 드라이버 관리자 구현

이어서 디바이스 드라이버 관리자 구조체의 내용을 구현한다. 디바이스 드라이버 관리자는 생각보다 훨씬 단순하다. 디바이스 드라이버 관리자에는 디바이스 드라이버 관리자를 초기화 하는 init 함수 포인터와 디바이스 드라이버의 fops를 커널에 등록하는 register_drv 함수 포인터가 있다.

drv_init( ) 함수와 drv_register_drv( ) 함수의 본체는 navilnux_drv.c 파일에 구현한다. 물론 방금 만든 navilnux_drv.h 파일은 navilnux.h 파일에 include 항목을 미리 추가해 놓는다.

chap16/navilnux_drv.c

```c
#include <navilnux.h>

Navil_drv_mng drvmng;

int drv_register_drv(int drvnum, const char *name, fops *drvfops)
{
    if(drvnum > DRVLIMIT || drvnum < 0){
        return -1;
    }

    if(drvmng.free_drv_pool[drvnum].usecount >= 0){
        return -1;
    }

    drvmng.free_drv_pool[drvnum].navil_fops = drvfops;
    drvmng.free_drv_pool[drvnum].drvname = name;
    drvmng.free_drv_pool[drvnum].usecount = 0;

    return 0;
}
void drv_init()
{
    int i;
    for(i = 0 ; i < DRVLIMIT ; i++){
        drvmng.free_drv_pool[i].navil_fops = (fops *)0;
        drvmng.free_drv_pool[i].usecount = -1;
        drvmng.free_drv_pool[i].drvname = (const char *)0;
    }

    drvmng.init = drv_init;
    drvmng.register_drv = drv_register_drv;
}
```

16.3.1 drv_init() 함수

디바이스 드라이버 관리자 커널 전역 변수인 drvmng 변수를 선언해 놓는다. 다른 소스 파일에서는 이 변수를 extern으로 호출해 사용한다. drv_register_drv( ) 함수 구현을 보기 전에 drv_init( ) 함수를 먼저 보도록 하자. 태스크 관리자나 메모리 관리자들과 거의 같은 패턴이다. 자유 디바이스 드라이버 블록 리스트의 개수만큼 for 루프를 돌면서 navil_fops 포인터를 null로 초기화 하고 usecount는 -1로 초기화 한다. 0이 아니라 -1로 초기화 한 이유는 디바이스 드라이버가 자유 디바이스 드라이버 블록에 할당이 되면 그때 0이 되고 실제 디바이스 드라이버가 open( )이 되면 1씩 올라가는 방식을 택했기 때문이다. 디바이스 드라이버의 이름을 표시하는 drvname 역시 아무것도 없이 null로 초기화한다.

16.3.2 drv_register_drv() 함수

drv_register_drv( ) 함수는 디바이스 드라이버 관리자의 register_drv 함수 포인터에 연결되는 함수다. 인자로 넘어오는 drvnum의 경계 값 체크를 해서 경계 값을 벗어나는 값이 넘어올 경우 -1을 리턴한다. 이어서 usecount 변수를 체크한다. usecount가 0보다 크거나 0이면 이전에 한 번 할당된 자유 디바이스 드라이버 블록이다. 이미 사용 중인 자유 디바이스 드라이버 블록은 중복 사용할 수 없기 때문에 역시 -1로 에러를 리턴한다. 한 번도 할당되지 않은 자유 디바이스 드라이버 블록이라면 이 에러 체크를 통과한다. 모든 에러 체크를 다 통과하고 나면 인자로 넘어온 자유 디바이스 드라이버 블록 인덱스의 각 변수에 fops와 name을 할당하고 usecount를 0으로 설정한다.

이렇게 간단하게 디바이스 드라이버 계층을 커널에 추가하였다. 하지만 아직 사용자 태스크 계층에서 사용할 수는 없다. 디바이스 드라이버 계층을 시스템 콜 계층에 얹어야 하기 때문이다.

16.3.3 시스템 콜에 등록

디바이스 드라이버 계층을 시스템 콜 계층에 올려 보자. 우선 시스템 콜 번호를 할당한다.

```
chap16/include/syscalltbl.h
```
```
#define SYS_OPEN    10
#define SYS_CLOSE   11
#define SYS_READ    12
#define SYS_WRITE   13
```

open( ), close( ), read( ), write( ) 함수에 각각 10번부터 13번까지 시스템 콜 번호를 할당하였다. 어느덧 시스템 콜이 열세 개나 추가되었다. 시스템 콜 번호가 할당되었으니 시스템 콜 함수를 작성하자. 프로토타입은 navilnux_sys.h 파일에 정의된다.

```
chap16/include/navilnux_sys.h
```
```
int sys_open(int, int);
int sys_close(int);
int sys_read(int, void*, int);
int sys_write(int, void*, int);
```

fops 구조체에 선언된 open( ), read( ), write( ), close( ) 함수 포인터의 매개변수 타입과 일치하게 각 함수의 프로토타입을 선언한다. 앞머리에 sys_가 붙은 시스템 콜 함수에서는 디바이스 드라이버 관리자 계층을 통해 자유 디바이스 드라이버 블록에 접근하며, 실제로는 int 형으로 지정된 인덱스 매개변수를 이용해 할당된 navil_fops 포인터로 접근한다. 이 포인터를 통해 실제 open( ), read( ), write( ), close( ) 함수를 호출한다. 시스템 콜 함수는 navilnux_sys.c 파일에서 작성한다.

```
chap16/navilnux_sys.c
```
```
int sys_open(int drvnum, int mode)
{
    if(drvnum > DRVLIMIT || drvnum < 0){
        return -1;
    }

    if(drvmng.free_drv_pool[drvnum].usecount < 0){
        return -1;
    }

    drvmng.free_drv_pool[drvnum].usecount++;

    return drvmng.free_drv_pool[drvnum].navil_fops->open(drvnum, mode);
}

int sys_close(int drvnum)
{
```

```c
        if(drvnum > DRVLIMIT || drvnum < 0){
            return -1;
        }

        drvmng.free_drv_pool[drvnum].usecount--;

        return drvmng.free_drv_pool[drvnum].navil_fops->close(drvnum);
    }

    int sys_read(int drvnum, void *buf, int size)
    {
        if(drvnum > DRVLIMIT || drvnum < 0){
            return -1;
        }

        return drvmng.free_drv_pool[drvnum].navil_fops->read(drvnum, buf, size);
    }

    int sys_write(int drvnum, void *buf, int size)
    {
         if(drvnum > DRVLIMIT || drvnum < 0){
            return -1;
        }

        return drvmng.free_drv_pool[drvnum].navil_fops->write(drvnum, buf, size);
    }

    void syscall_init(void)
    {
        navilnux_syscallvec[SYS_MYSYSCALL] = (unsigned int)sys_mysyscall;
        navilnux_syscallvec[SYS_MYSYSCALL4] = (unsigned int)sys_mysyscall4;
        navilnux_syscallvec[SYS_ITCSEND] = (unsigned int)sys_itcsend;
        navilnux_syscallvec[SYS_ITCGET] = (unsigned int)sys_itcget;
        navilnux_syscallvec[SYS_MUTEXTWAIT] = (unsigned int)sys_mutexwait;
        navilnux_syscallvec[SYS_MUTEXREL] = (unsigned int)sys_mutexrelease;
        navilnux_syscallvec[SYS_SEMP] = (unsigned int)sys_semp;
        navilnux_syscallvec[SYS_SEMV] = (unsigned int)sys_semv;
        navilnux_syscallvec[SYS_MALLOC] = (unsigned int)sys_malloc;
        navilnux_syscallvec[SYS_FREE] = (unsigned int)sys_free;
        **navilnux_syscallvec[SYS_OPEN] = (unsigned int)sys_open;**
        **navilnux_syscallvec[SYS_CLOSE] = (unsigned int)sys_close;**
        **navilnux_syscallvec[SYS_READ] = (unsigned int)sys_read;**
        **navilnux_syscallvec[SYS_WRITE] = (unsigned int)sys_write;**
    }
```

sys_open( ), sys_read( ), sys_write( ), sys_close( ) 함수에서 drvnum의 경계 값 검사는 모두 동일한 코드로 수행한다. 따로 설명하지는 않겠다. 그리고 sys_open( ) 함수는 usecount 변수가 음수일 경우에 대해 따로 에러 검사를 한 번 더 한다. usecount 변수가 음수인 상태에서 open( ) 시스템 콜을 사용했다는 것은 register_drv( )도 하지 않은 채로 open( )으로 장치를 열려고 시도했다는 것이므로 에러를 반환해야 한다. sys_open( ) 함수에서는 usecount 변수를 하나 증가시키고 sys_close( ) 함수에서는 usecount 변수를 하나 감소시킨다. 그래서 usecount 변수의 값을 알면 해당 장치가 몇 개의 태스크에서 사용 중인지 알 수 있다.

그림 16-3에서 보듯 에러 검사를 다 하고 나면 open( ), read( ), write( ), close( )는 모두 인자로 넘어온 drvnum 변수를 인덱스로 하여 디바이스 드라이버 관리자의 자유 디바이스 드라이버 블록에 접근한다. 그리고 navil_fops에 포인터로 할당되어 있는 각 디바이스 드라이버의 fops에 접근해서 실제 구현된 디바이스 드라이버의 open( ), read( ), write( ), close( ) 함수를 실행하게 된다. 이런 방식 덕분에 통일된 시스템 콜 이름을 사용하여 각 장치마다 그 장치에 적합한 open( ), read( ), write( ), close( ) 함수를 호출할 수 있는 것이다.

그림 16-3 나빌눅스 디바이스 드라이버 호출 절차

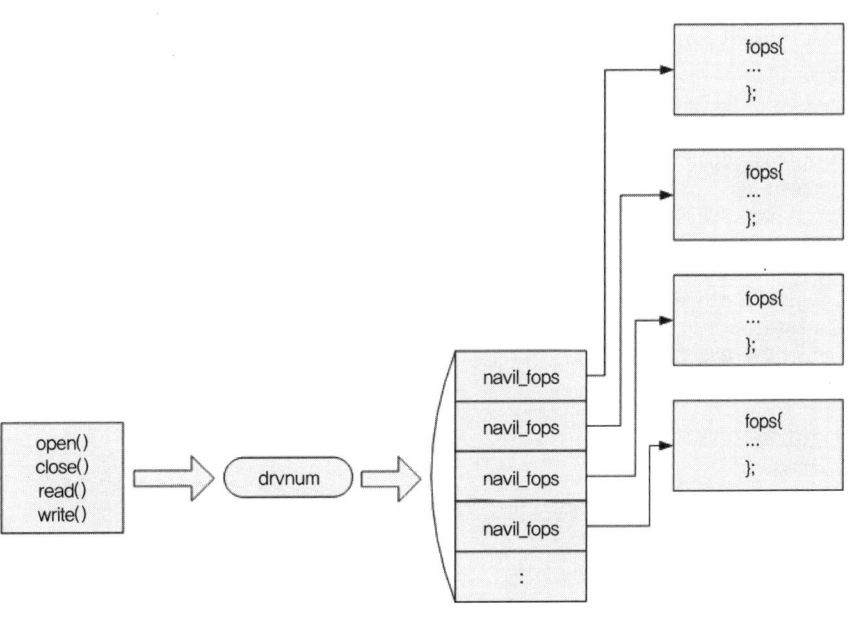

이제 시스템 콜 래퍼 함수를 구현할 차례다. 특히 read( ) 함수는 읽어올 값이 없을 경우에 블로킹이 구현되어야 하므로 ITC나 동기화 관련 함수를 구현할 때와 마

찬가지로 한 번 더 감싸주는 함수를 navilnux_clib.c 파일에 구현해야 한다. 시스템 콜 래퍼 함수의 프로토타입은 navilnux_lib.h 파일에 모두 선언된다.

`chap16/include/navilnux_lib.h`
```
extern int open(int, int);
extern int close(int);
extern int read(int, void*, int);
extern int write(int, void*, int);
        // :
        // 중략
        // :
int navilnux_open(int, int);
int navilnux_close(int);
int navilnux_read(int, void*, int);
int navilnux_write(int, void*, int);
```

open( ), read( ), write( ), close( )는 어셈블리로 작성된 SWI 명령으로 직접 시스템 콜을 호출하는 함수의 프로토타입이다. navilnux_open( ), navilnux_read( ), navilnux_write( ), navilnux_close( )는 사용자 태스크에 제공되는 래퍼 함수의 프로토타입이다. navilnux_lib.S의 내용을 보자.

`chap16/navilnux_lib.S`
```
.global open
open:
    swi SYS_OPEN
    mov pc, lr

.global close
close:
    swi SYS_CLOSE
    mov pc, lr

.global read
read:
    swi SYS_READ
    mov pc, lr

.global write
write:
    swi SYS_WRITE
    mov pc, lr
```

이전에 설명했던 내용이다. 이어서 navilnux_clib.c 파일의 내용을 보자.

`chap16/navilnux_clib.c`

```c
int navilnux_open(int drvnum, int mode)
{
    return open(drvnum, mode);
}

int navilnux_close(int drvnum)
{
    return close(drvnum);
}

int navilnux_read(int drvnum, void *buf, int size)
{
    int ret_value = 0;
    while(1){
        ret_value = read(drvnum, buf, size);
        if(ret_value >= 0){
            return ret_value;
        }else if(ret_value == -1){
            return -1;
        }else{
            call_scheduler();
        }
    }
}

int navilnux_write(int drvnum, void *buf, int size)
{
    return write(drvnum, buf, size);
}
```

navilnux_open( ), navilnux_read( ), navilnux_write( ) 함수는 계층을 유지하기 위해 감싸주는 역할만 할뿐 아무런 일도 하지 않는다. navilnux_read( ) 함수만 반환 값이 0보다 클 경우에는 반환 값 자체를 반환하고 -1일 때는 에러, 그 외의 경우에는 강제로 스케줄링을 해서 블로킹 상태로 들어가게 한다. read 함수의 반환 값은 읽은 데이터의 크기다. 반환 값이 0일 때는 read 함수가 읽을 데이터가 없는 것이므로 0을 포함한 값에 대해서도 정상 종료 처리를 해 준다.

이상으로 시스템 콜 계층에 navilnux_open( ), navilnux_read( ), navilnux_write( ), navilnux_close( ) 함수를 추가하여 디바이스 드라이버의 전체 구조를 완성하였다. 그럼 이제 디바이스 드라이버를 하나 만들어서 넣어보자.

16.4 실습: 디바이스 드라이버 추가하기

이지보드에는 활용할 수 있는 주변 장치들이 꽤 많이 달려 있는 편이다. 그 중에서 가장 손쉽게 제어할 수 있는 것이 바로 LED다. LED를 점멸하는 것은 3장에서 이지부트의 함수를 그대로 차용해서 해보았다. 바로 이 LED를 이제는 나빌눅스의 디바이스 드라이버 계층을 통해서 제어해 보도록 하겠다.

16.4.1 LED와 스위치를 디바이스 드라이버로 제어

LED를 켜고 끄려면 사용자 태스크가 운영체제에 어떤 신호 즉, 값을 전달해야 한다. 그러므로 navilnux_write( ) 함수를 사용한다. navilnux_write( ) 함수를 LED 제어에 사용한다면, navilnux_read( ) 함수를 테스트할 때는 어떤 장치를 사용하는 것이 적당할까. 11장에서 GPIO를 이용한 IRQ 핸들러를 작성할 때 보드에 붙여 놓았던 스위치가 적당할 것이다.

스위치를 제어하는 코드를 작성하면서 IRQ 핸들러 계층도 디바이스 드라이버 계층에 포함시켜 보자.

16.4.2 IRQ 핸들러 벡터를 커널에 추가

스위치 입력에 대한 인터럽트 핸들러의 코드는 11장에서 IRQ 핸들러에 구현했었다. 그런데 이런 식이라면 IRQ 관련 입력 장치가 붙을 때마다 매번, IRQ 핸들러에 if 문을 추가하여 관련 내용을 작성해 주어야 한다. 그렇게 해도 무방하지만, 이왕이면 IRQ 핸들러 벡터 테이블을 하나 만들어서 IRQ 핸들러 함수를 먼저 등록시키고, IRQ 핸들러에서는 IRQ 핸들러 벡터 테이블에 등록되어 있는 함수를 호출하는 식으로 작성한다면 구조적으로 한층 더 우아해 보일 것이다. navilnux.c 파일에 커널 전역 변수로 IRQ 핸들러 벡터 테이블을 추가한다.

```
chap16/navilnux.c
#include <navilnux.h>

extern Navil_task_mng taskmng;

Navil_free_task *navilnux_current;
Navil_free_task *navilnux_next;
Navil_free_task dummyTCB;
int navilnux_current_index;
```

```
unsigned int navilnux_time_tick;

int (*navilnux_irq_vector[IRQNUM])(void);
                :
                :
```

navilnux_irq_vector라는 함수 포인터 배열을 선언했다. IRQNUM 개수만큼의 배열이다. 관련 define 문은 navilnux.h 파일에 선언했다.

```
chap16/include/navilnux.h
                :
                :
#define IRQNUM   64
#define IRQ0     0
#define IRQ1     1
#define IRQ2     2
#define IRQ3     3
#define IRQ4     4
#define IRQ5     5
#define IRQ6     6
#define IRQ7     7
#define IRQ8     8
// 여기에 IRQ 핸들러 등록번호를 추가해 주세요.
#define IRQ63    63

#endif
```

IRQNUM은 64개이고 커널에는 각 IRQ 번호가 미리 정의되어 있어야 한다. 0부터 63번까지 다 써 놓으려니 파일 길이가 너무 길어져서 GPIO〈0〉의 인터럽트가 할당된 ICIP의 비트 번호인 8번까지만 순차적으로 정의하고 마지막 값인 63번을 정의했다. 이후 필요에 따라 이곳에 define 문을 추가하면 된다. 그리고 irq_Handler() 함수의 내용을 수정한다.

```
chap16/navilnux.c
void irqHandler(void)
{
    if( (ICIP&(1<<27)) != 0 ){
        OSSR = OSSR_M1;
        OSMR1 = OSCR + 3686400;

        navilnux_time_tick++;

        scheduler();
    }
```

```
    if ( (ICIP&(1<<8)) != 0 ){
        GEDR0 = 1;
        if(navilnux_irq_vector[IRQ8] != NULL) navilnux_irq_vector[IRQ8]();
    }
}
```

OS 타이머 관련 IRQ 처리는 그대로 두고 GPIO〈0〉에 관련된 코드만 수정하였다. ICIP의 8번 비트에 대해 처리한다. 번호가 같다는 이유로 IRQ 8번 벡터에 실제 핸들러 함수를 할당하였다. 혹시나 핸들러가 할당되지 않은 인터럽트가 발생할 수도 있으므로 NULL이 아닌지 검사한 다음 핸들러 함수를 실행한다.

16.4.3 read(), write() 함수 구현

이제 준비는 모두 끝났다. read( ) 함수에서 스위치의 입력을 대기하고 write( ) 함수에서 LED를 제어하는 디바이스 드라이버를 만들어 보자. 새 디바이스 드라이버는 새 파일에 만들어야 하므로 my_drv.c 파일을 생성한다. 그리고 코드 내부에서 디바이스 드라이버의 이름은 mydrv로 하자.

chap16/my_drv.c

```
#include <navilnux.h>

extern Navil_drv_mng drvmng;
extern int (*navilnux_irq_vector[64])(void);

int switch_pushed;

int gpio0_irq_handler(void)
{
    if(switch_pushed) return -1;

    printf("Switch Push!! in Device Driver Layer\n");
    switch_pushed = 1;
    return 0;
}

int mydrv_open(int drvnum, int mode)
{
    navilnux_irq_vector[IRQ8] = gpio0_irq_handler;
    switch_pushed = 0;

    return 0;
}

int mydrv_close(int drvnum)
{
```

```
        return 0;
    }
    int mydrv_read(int drvnum, void *buf, int size)
    {
        int *b = (int *)buf;
        if(switch_pushed == 1){
            *b = switch_pushed;
            switch_pushed = 0;
            return 4;
        }else{
            return -2;
        }
    }
    int mydrv_write(int drvnum, void *buf, int size)
    {
        int *b = (int *)buf;
        int n = (int)b[0];
        int s = (int)b[1];
        GPIO_SetLED(n,s);

        return 0;
    }
    fops mydrv_fops =
    {
        open : mydrv_open,
        read : mydrv_read,
        write : mydrv_write,
        close : mydrv_close,
    };
    int mydrv_init()
    {
        return drvmng.register_drv(MYDRV, "navilnux first drv", &mydrv_fops);
    }
```

시작 부분에 커널 전역 변수 두 개를 extern으로 불러온다. 디바이스 드라이버이므로 자유 디바이스 드라이버 구조체인 drvmng 변수를 불러왔고, read( ) 함수에서 스위치 입력을 처리할 것이므로 IRQ 핸들러 벡터에 핸들러를 등록하기 위해 navilnux_irq_vector 배열 변수를 extern으로 불러 왔다.

16.4.4 IRQ 핸들러 함수

먼저 gpio0_irq_handler( ) 함수를 보자. 이 함수는 navilnux_irq_vector 커널 전역 변수에 등록될 핸들러 함수다. 즉 GPIO〈0〉에 들어오는 IRQ에 대한 최종 수행 코드는 gpio0_irq_hanler( ) 함수에 있다. switch_pushed라는 모듈 전역 변수가 0이 아니라면 핸들러 함수는 아무것도 하지 않는다. 이는 read( ) 함수가 처리되기 전에 IRQ가 중첩해서 발생했을 때 생기는 문제를 해결하기 위한 일종의 채터링 방지 코드다. 에러 방지 코드를 통과하고 나면 스위치가 눌렸다는 것을 시리얼을 통해 출력하고 switch_pushed 모듈 전역 변수를 1로 만든다. 즉 스위치가 눌렸음을 표시한다.

채터링(chattering)

사전적 의미는 '재잘거리다', '달각거리다' 정도로, 디지털 회로에서는 주로 스위치 입력을 다룰 때 등장하는 용어다.

디지털 회로에서 사람이 스위치를 누르면 흔히 생각하는 것처럼 스위치를 누르고 있는 내내 전류가 들어오지는 않는다. 사람의 손가락은 생각보다 안정적이지 못하고 디지털 회로는 생각보다 민감하다. 그래서 사람이 스위치를 누르고 있으면 스위치는 짧은 시간동안 열림→닫힘→열림→닫힘을 반복한다. 그러면 스위치에 연결된 회로에 흐르는 전류가 일정치 않고 불안정하게 된다. 이때 발생하는 잡음을 채터링이라고 한다.

채터링을 방지하는 방법은 하드웨어적인 방법과 소프트웨어적인 방법이 있다. 나빌눅스에서는 소프트웨어적인 방법으로 채터링을 방지했다.

16.4.5 mydrv_open( ) 함수

mydrv_open( ) 함수는 지금 만들고 있는 디바이스 드라이버의 open( ) 함수다. 보통 장치 초기화 같은 역할을 하게 된다. mydrv는 스위치와 LED만 사용하기 때문에 따로 초기화할 장치는 없다. navilnux_irq_vector 커널 전역 변수에 gpio0_irq_handler( ) 함수를 연결시켜 주고 switch_pushed 모듈 전역 변수를 0으로 초기화하는 역할을 한다.

16.4.6 mydrv_close( ) 함수

mydev_close( ) 함수는 아무것도 하는 일이 없다. 만약 디바이스 드라이버가 커널 자원을 사용하거나 할당받은 메모리 같은 것이 있으면 그것을 해제하는 코드가 close( ) 함수 쪽에 들어가게 된다.

16.4.7 mydrv_read() 함수

mydrv_read() 함수는 스위치에서 들어오는 입력을 사용자 태스크로 전달한다. 함수를 시작하면서 내부 포인터 변수 b에 buf를 통해 넘어온 주소 값을 받아 놓는다. void * 타입으로 넘어오는 매개변수에 int 형 값을 전달하기 위해 포인터를 한 번 더 사용하는 것이다. 그런 다음 모듈 전역 변수인 switch_pushed 변수의 값을 검사한다. 이 변수의 값이 1이 되면 스위치가 눌린 것이므로 그 값을 내부 포인터 변수 b에 값으로(call by value) 전달한다.

결과적으로, 입력된 값은 매개변수 buf에 값으로 전달되고 이것은 그대로 사용자 태스크에 참조로 전달된다. read() 함수의 반환 값은 읽은 데이터의 크기다. int 형 값을 전달했으므로 4바이트를 리턴한다. 만약 switch_pushed 변수가 1이 아니라면 아직 스위치가 눌린 것이 아니므로 -2를 리턴한다. 지금까지 나빌눅스에서는 커널 영역 시스템 콜의 반환 값이 -2라면 사용자 영역 래퍼 함수에서 블로킹 상태에 들어가게 구현했으므로, 여기서도 마찬가지로 -2를 반환하면 블로킹 상태가 된다.

16.4.8 mydrv_write() 함수

다음으로 LED를 제어하는 mydrv_write() 함수를 보자. LED를 제어하려면 스위치를 제어할 때처럼 GPIO 관련 레지스터를 세팅해 주어야 한다. 3장에서 LED 제어 코드를 구현할 때 이지부트의 소스코드에서 관련 코드를 가져와서 사용했었다. 이번 장에서도 그 함수를 그대로 사용한다.

mydrv_write() 함수는 매개변수 buf가 int 형 2개짜리 배열이라고 가정한다. 첫 번째 인덱스에는 LED의 번호, 두 번째 인덱스에는 LED의 상태(켬/끔)가 값으로 넘어온다고 가정하고 GPIO_SetLED() 함수를 사용하여 LED를 제어한다.

16.4.9 사용자 디바이스 드라이버를 커널에 등록

필요한 네 함수를 다 구현했으니 이제 할 일은 fops 구조체에 해당 함수들을 등록하는 것이다. 리눅스에서 캐릭터 디바이스 드라이버를 개발해 본 독자라면 지금 진행 중인 나빌눅스의 디바이스 드라이버 추가 과정이 리눅스에서 캐릭터 디바이스 드라이버를 구현할 때와 같은 과정으로 진행되고 있음을 알 수 있을 것이다. fops 구조체에 함수를 등록하는 것 역시 마찬가지다.

```
fops mydrv_fops =
{
    open : mydrv_open,
    read : mydrv_read,
    write : mydrv_write,
    close : mydrv_close,
};
```

mydrv_fops라는 이름으로 fops 구조체 변수를 선언하면서 위에서 구현한 네 개의 함수를 바로 함수 포인터에 연결시켜 초기화하였다. mydrv_fops 변수는 모듈 전역 변수다. 그러므로 변수의 선언 위치는 함수 내부가 아니라 외부다. 마지막으로 지금까지 구현한 mydrv 모듈을 초기화시켜주는 함수를 구현한다.

```
int mydrv_init()
{
    return drvmng.register_drv(MYDRV, "navilnux first drv", &mydrv_fops);
}
```

mydrv_init( ) 함수는 앞서 구현한 register_drv( ) 함수를 이용해 mydrv_fops 구조체를 커널에 등록한다. 그래야만 open( ), read( ), write( ), close( ) 시스템 콜을 이용해 디바이스 드라이버의 함수를 실행할 수 있다. 또, mydrv_init( ) 함수는 커널에 의해 자동으로 호출되어야 한다. 따라서 mydrv_init( ) 함수가 호출될 적당한 위치는 drv_init( ) 함수 내부다. drv_init( ) 함수를 수정한다.

chap16/navilnux_drv.c
```
void drv_init()
{
    int i;
    for(i = 0 ; i < DRVLIMIT ; i++){
        drvmng.free_drv_pool[i].navil_fops = (fops *)0;
        drvmng.free_drv_pool[i].usecount = -1;
        drvmng.free_drv_pool[i].drvname = (const char *)0;
    }

    drvmng.init = drv_init;
    drvmng.register_drv = drv_register_drv;

    // user device driver
    mydrv_init();
}
```

함수의 제일 아래에 mydrv_init( )를 호출하는 부분이 보인다. 만약 디바이스 드라이버가 더 추가된다면 mydrv_init( ) 함수를 호출하는 줄 밑에, 추가될 디바이스 드라이버의 초기화 함수를 넣으면 된다. 서로 다른 파일에서 함수를 호출했으므로 프로토타입을 헤더 파일에 선언해 주어야 한다. navilnux_drv.h 파일을 수정한다.

```
chap16/include/navilnux_drv.h
```
```c
#ifndef _NAVIL_DRV
#define _NAVIL_DRV

#define DRVLIMIT 100

#define O_RDONLY    0
#define O_WRONLY    1
#define O_RDWR      2

typedef struct _fops{
    int (*open)(int drvnum, int mode);
    int (*read)(int drvnum, void *buf, int size);
    int (*write)(int drvnum, void *buf, int size);
    int (*close)(int drvnum);
} fops;

typedef struct _navil_free_drv {
    fops *navil_fops;
    int usecount;
    const char *drvname;
} Navil_free_drv;

typedef struct _navil_drv_mng {
    Navil_free_drv free_drv_pool[DRVLIMIT];

    void (*init)(void);
    int (*register_drv)(int, const char*, fops*);
} Navil_drv_mng;

void drv_init(void);
int drv_register_drv(int, const char*, fops*);


// 사용자가 정의한, 디바이스 드라이버를 초기화 하는 함수
#define MYDRV 0
int mydrv_init(void);

#endif
```

마찬가지로 제일 아래 줄에서 앞으로 mydrv를 구분하게 될 이름인 MYDRV를 정의하고 mydrv의 초기화 함수에 대한 프로토타입을 선언했다. 추가되는 디바이스 드라이버가 있다면 이 아래에 구분할 이름을 정의하고 초기화 함수에 대한 프로토타입을 계속 추가해 나가면 될 것이다.

16.4.10 사용자 디바이스 드라이버를 테스트

디바이스 드라이버를 작성해서 커널에 포함시키는 것까지 끝냈으므로 사용자 영역에서 이를 사용해 보는 일만 남았다. 전체적인 동작 방식은 다음과 같다. 사용자 태스크는 스위치 입력을 계속 기다리다 스위치 입력이 들어오면 LED를 하나 켠다. 그리고 다시 또 들어오면 앞서 켰던 LED를 끄고 다음 LED를 켠다. 이런 식으로 스위치 입력이 들어올 때마다 LED가 순서대로 점멸하게 만든다. 물론 나빌눅스는 리얼타임 운영체제가 아니기 때문에 스위치 입력을 하고 나서 시간이 약간 흐른 후 LED에 반응이 올 수도 있다.

chap16/navilnux_user.c

```
void user_task_9(void)
{
    int a, b, c;
    int led[2] = {0};

    a = 0;
    b = 0;
    c = a + b;

    navilnux_open(MYDRV,O_RDWR);

    while(1){
        navilnux_read(MYDRV, &a, 4);
        printf("TASK9 - a:%p\tb:%p\tc:%p\n", &a, &b, &c);
        printf("Device Driver Returned %d\n", a);

        c = b - 1;
        if(b == 0) c = 3;
        led[0] = c;
        led[1] = LED_OFF;
        navilnux_write(MYDRV, led, 8);

        led[0] = b;
        led[1] = LED_ON;
        navilnux_write(MYDRV, led, 8);
        b++;
        if(b == 4) b = 0;

        navilnux_sleep(5);
    }
    navilnux_close(MYDRV);
}
```

앞 장까지 사용자 태스크가 여덟 개였는데 이번 디바이스 드라이버를 테스트하기 위해 사용자 태스크를 하나 더 추가해서 아홉 개가 되었다. TASK9는 무한루프에 들어가기 전에 navilnux_open( )으로 MYDRV를 연다. 그럼 이때 스위치 입력과 연결된 IRQ 핸들러가 커널에 등록된다. 그리고 무한루프에 진입하자마자 navilnux_read( ) 시스템 콜로 스위치 입력을 대기하게 된다. 디바이스 드라이버에서 읽어온 값은 a 변수에 저장한다. 계속 블로킹이 걸려 있다가 스위치 입력이 들어오면 TASK9 관련 출력을 하고 a 값을 출력한다. 이 값은 무조건 1이 되어야 한다. 1이 아니라면 무언가 잘못된 것이다. 그 아래로 LED를 제어하기 위한 코드가 들어간다. 변수 c를 이용하는 while( ) 문의 두 번째 단락은 이미 켜져 있던 LED를 끄기 위한 코드고, 변수 b를 이용하는 코드는 새로운 LED를 켜기 위한 코드다. 마지막으로는 LED가 적당한 시간 간격(여기서는 5초)마다 점멸하도록 navilnux_sleep( ) 함수를 사용하여 루프를 지연시켰다.

디바이스 드라이버 관련 파일이 추가되었으므로 Makefile을 수정한다.

chap16/Makefile
```
CC = arm-linux-gcc
LD = arm-linux-ld
OC = arm-linux-objcopy

CFLAGS   = -nostdinc -I. -I./include
CFLAGS  += -Wall -Wstrict-prototypes -Wno-trigraphs -O0
CFLAGS  += -fno-strict-aliasing -fno-common -pipe -mapcs-32
CFLAGS  += -mcpu=xscale -mshort-load-bytes -msoft-float -fno-builtin

LDFLAGS  = -static -nostdlib -nostartfiles -nodefaultlibs -p -X -T ./main-ld-script

OCFLAGS = -O binary -R .note -R .comment -S

CFILES = entry.S navilnux.c navilnux_memory.c navilnux_task.c navilnux_user.c
navilnux_lib.S navilnux_sys.c navilnux_msg.c navilnux_drv.c my_drv.c
HFILES = include/navilnux.h include/navilnux_memory.h include/navilnux_task.h
include/navilnux_user.h include/navilnux_lib.h include/navilnux_sys.h
include/syscalltbl.h include/navilnux_msg.h include/navilnux_drv.h

all: $(CFILES) $(HFILES)
    $(CC) -c $(CFLAGS) -o entry.o entry.S
    $(CC) -c $(CFLAGS) -o gpio.o gpio.c
    $(CC) -c $(CFLAGS) -o time.o time.c
    $(CC) -c $(CFLAGS) -o vsprintf.o vsprintf.c
    $(CC) -c $(CFLAGS) -o printf.o printf.c
    $(CC) -c $(CFLAGS) -o string.o string.c
    $(CC) -c $(CFLAGS) -o serial.o serial.c
    $(CC) -c $(CFLAGS) -o lib1funcs.o lib1funcs.S
    $(CC) -c $(CFLAGS) -o navilnux.o navilnux.c
```

```
        $(CC) -c $(CFLAGS) -o navilnux_memory.o navilnux_memory.c
        $(CC) -c $(CFLAGS) -o navilnux_task.o navilnux_task.c
        $(CC) -c $(CFLAGS) -o navilnux_user.o navilnux_user.c
        $(CC) -c $(CFLAGS) -o navilnux_lib.o navilnux_lib.S
        $(CC) -c $(CFLAGS) -o navilnux_clib.o navilnux_clib.c
        $(CC) -c $(CFLAGS) -o navilnux_sys.o navilnux_sys.c
        $(CC) -c $(CFLAGS) -o navilnux_msg.o navilnux_msg.c
        $(CC) -c $(CFLAGS) -o navilnux_drv.o navilnux_drv.c
        $(CC) -c $(CFLAGS) -o drvs.o my_drv.c
        $(LD) $(LDFLAGS) -o navilnux_elf entry.o gpio.o time.o vsprintf.o
printf.o navilnux_msg.o navilnux_sys.o navilnux_lib.o navilnux_clib.o
navilnux_user.o navilnux_drv.o drvs.o
        $(OC) $(OCFLAGS) navilnux_elf navilnux_img
        $(CC) -c $(CFLAGS) -o serial.o serial.c -D IN_GUMSTIX
        $(LD) $(LDFLAGS) -o navilnux_gum_elf entry.o gpio.o time.o vsprintf.o
printf.o string.o serial.o lib1funcs.o navilnux.o navilnux_memory.o
navilnux_task.o   navilnux_msg.o   navilnux_sys.o   navilnux_lib.o
navilnux_clib.o navilnux_user.o navilnux_drv.o drvs.o
        $(OC) $(OCFLAGS) navilnux_gum_elf navilnux_gum_img


clean:
    rm *.o
    rm navilnux_elf
    rm navilnux_img
    rm navilnux_gum_elf
    rm navilnux_gum_img
```

make를 실행하여 커널 이미지 파일을 생성하자. 이번 장에서 실습한 내용은 LED와 스위치가 있어야 하므로 에뮬레이터에서는 테스트해 볼 수 없다. 이지보드에 커널 이미지 파일을 다운로드해서 부팅해보자. 그리고 스위치를 눌러보면 LED가 순서대로 켜지는 것을 볼 수 있을 것이다.

```
TASK1 - a:a04fffe8      b:a04fffe4      c:a04fffe0
TASK2 - a:a05fffe8      b:a05fffe4      c:a05fffe0
ITC Count is 2
Switch Push!! in Device Driver Layer
TASK9 - a:a0cfffe8      b:a0cfffe4      c:a0cfffe0
Device Driver Returned 1
TASK1 - a:a04fffe8      b:a04fffe4      c:a04fffe0
TASK2 - a:a05fffe8      b:a05fffe4      c:a05fffe0
ITC Count is 3
ITC send!!!
TASK3 - a:a06fffe8      b:a06fffe4      c:a06fffe0
ITC get!!!! ---> 342
TASK5 out critical section MUTEX
TASK6 enter critical section SEMAPHORE
TASK6 - a:a09fffe8      b:a09fffe4      c:a09fffe0
TASK7 enter critical section SEMAPHORE
```

```
TASK7 - a:a0afffe8      b:a0afffe4      c:a0afffe0
TASK1 - a:a04fffe8      b:a04fffe4      c:a04fffe0
TASK2 - a:a05fffe8      b:a05fffe4      c:a05fffe0
ITC Count is 2
TASK4 enter critical section MUTEX
TASK4 - a:a07fffe8      b:a07fffe4      c:a07fffe0
TASK6 out critical section SEMAPHORE
TASK7 out critical section SEMAPHORE
TASK8 enter critical section SEMAPHORE
TASK8 - a:a0bfffe8      b:a0bfffe4      c:a0bfffe0
TASK1 - a:a04fffe8      b:a04fffe4      c:a04fffe0
TASK2 - a:a05fffe8      b:a05fffe4      c:a05fffe0
ITC Count is 3
ITC send!!!
TASK3 - a:a06fffe8      b:a06fffe4      c:a06fffe0
ITC get!!!! ---> 342
TASK1 - a:a04fffe8      b:a04fffe4      c:a04fffe0
TASK2 - a:a05fffe8      b:a05fffe4      c:a05fffe0
ITC Count is 2
Switch Push!! in Device Driver Layer
```

'Switch Push!! in Device Driver Layer' 메시지는 핸들러에서 뿌리는 메시지이고 약간 후에 나오는 'Device Driver Returned 1' 메시지는 사용자 태스크에서 출력하는 메시지다. 라운드로빈 스케줄링이기 때문에 핸들러가 동작하고 나서 이를 처리하는 사용자 태스크가 컨텍스트를 받기까지 시간이 걸린다. 중요한 것은 스위치 입력과 LED가 제대로 동작하는지를 확인하는 것이다.

16.5 정리

범용 운영체제든 임베디드 운영체제든 결국에는 사용자가 원하는 대로 주변장치를 제어할 수 있도록 지원해야 한다. 이와 같은 일을 해 주는 것이 운영체제 안에 존재하는 디바이스 드라이버다.

나빌눅스의 디바이스 드라이버 계층은 리눅스의 캐릭터 디바이스 드라이버 계층의 동작 방식을 참조하여 최대한 간결하게 설계, 구현하였다. 디바이스 드라이버에 대한 제어는 리눅스와 마찬가지로 open( ), read( ), write( ), close( ) 시스템 콜을 통해 이뤄지며 이와 같은 함수들은 12장에서 구현한 시스템 콜 계층에서 구현된다.

디바이스 드라이버 계층과 시스템 콜이 모두 구현된 다음에는 3장에서 다뤘던 LED와 11장에서 다뤘던 스위치를 제어하는 디바이스 드라이버를 구현하였다. 그리고 이를 사용자 태스크에서 동작시켜 제대로 동작하는 것을 확인해 보았다.
이렇게 해서 이 책에서 구현하려고 했던 나빌눅스의 기능을 모두 구현했다.

17장

Learning Embedded OS

마치며

17.1 프로젝트 종료

16장까지 나빌눅스를 구현해 보았다. 맨 처음에는 아무것도 없는 상태에서 이지부트의 소스코드를 가져다가 'hello world'를 화면에 출력하는 것으로 시작해, 마지막에 디바이스 드라이버를 추가하는 데까지 한 단계씩 거치며 임베디드 운영체제를 개발해 보았다.

이 책에서 구현한 임베디드 운영체제를 그대로 가져다가 실무에 사용할 수는 없을 것이다. 하지만 나빌눅스는 임베디드 운영체제에서 필요한 거의 모든 요소를 다룬다. 대학교 전산학과 학부 과정에서 이론으로만 배우는 여러 가지 운영체제 이론을 되도록 많이 구현하고자 노력하였기 때문이다. 이 책을 끝까지 따라온 독자들은 지금쯤, 기본적인 개념만 이해하고 있다면 운영체제 만들기가 그렇게 어려운 일이 아님을 느꼈을 것이다.

운영체제를 만들 때는 프로그래밍 실력보다 운영체제를 구동하려는 플랫폼과 아키텍처를 이해하는 것이 더 중요하다. 그래서 이 책에서는 나빌눅스의 기본 아키텍처로 정한 ARM을 설명했다. 특히 ARM 프로세서의 특징적인 부분이나 예외 처리 방식, 메모리 주소 접근 방식 등을 자세히 설명했다. 또한 플랫폼으로 삼은 이지보드와 PXA255 칩에 대해서도 설명했다. 사실, OS 타이머나 GPIO를 다룰 때는 PXA255를 더 많이 다루기도 했다.

아키텍처나 플랫폼을 이해하려면 어떤 환경을 선택하든지 데이터시트를 유심히 읽어 보는 것이 중요하다. 임베디드 개발을 진행하는 개발자에게 필요한 정보는 데이터시트 안에 대부분 들어있다. 이 책에서도 6장에서 OS 타이머를 구현할 때와 11장에서 GPIO 핸들러를 구현할 때 PXA255 칩의 데이터시트를 많이 참고하였다.

데이터시트 등을 통해서 플랫폼과 아키텍처를 이해했다면 비로소 운영체제가 어떻게 구성되었는지를 설명하는 이론이 필요하다. 컨텍스트 스위칭의 원리나 각종 벡터 테이블, 메모리 맵의 구성, 태스크 관리, 메모리 관리, 장치 관리 등 자료구조를 구성하고 알고리즘을 작성하는 부분에 대한 내용은 컴퓨터 전공자라면 학부 시절에 학교에서 배웠을 것이다. 아직 배우지 않았거나 비전공자라도 운영체제 이론에 관련된 책을 한 권 정도만 읽어보면 어느 정도 알 수 있는 지식이다. 이런 내용들을 이 책에서 가장 간단한 형태로 정리해 보았다.

마지막으로 운영체제를 구성하는 각 구성 요소가 어떻게 동작하고 어떻게 상호 작용해야 하는지를 결정해야 한다. 그래야 운영체제가 일관된 규칙 아래에서 동작하고, 제3의 개발자가 투입되더라도 혼동 없이 우리가 만든 운영체제를 이용하거나 수정할 수 있다. 여러 명의 개발자가 운영체제에서 서로 다른 작업을 수행하더라도, 운영체제에서 일관된 정책을 제공한다면 개발자들은 동일한 절차에 의해 운영체제에 기능을 추가할 수 있기 때문이다. 나빌눅스 역시 이런 점을 염두에 두고 구현하였다.

17.2 나빌눅스의 파일 구성

완성된 나빌눅스는 서른 개도 안 되는 파일로 구성되어 있다. 헤더 파일을 제외한 파일의 목록을 보자.

```
navilnux_lib.S        navilnux_task.c        navilnux_drv.c
navilnux_user.c       vsprintf.c             entry.S
my_drv.c              navilnux_memory.c      printf.c
gpio.c                navilnux.c             navilnux_msg.c
serial.c              navilnux_clib.c        time.c
navilnux_sys.c        string.c               lib1funcs.S
```

Makefile과 링커 스크립트 파일을 제외하고 순수한 소스코드는 열여덟 개다. 이 중 이지부트에서 가져온 소스코드를 제외하면,

```
navilnux_lib.S        navilnux_user.c       entry.S
my_drv.c              navilnux.c            navilnux_msg.c
navilnux_clib.c       navilnux_sys.c        navilnux_drv.c
navilnux_task.c       navilnux_memory.c
```

위와 같이 열한 개다. 단 열한 개의 파일로 운영체제를 만든 것이다. 마찬가지로 이 책에서 작성한 헤더 파일은 아래처럼 아홉 개다.

```
navilnux_lib.h        navilnux_task.h       navilnux_memory.h
navilnux_user.h       navilnux.h            navilnux_msg.h
navilnux_drv.h        navilnux_sys.h        syscalltbl.h
```

우리가 직접 타이핑해서 만든 파일은 스무 개뿐이다. 운영체제라는 것이 늘 크고 복잡할 필요는 없다. 이렇게 작고 간단하고 단순하게 만들 수도 있다.

17.2.1 entry.S, navilnux.c, navilnux.h

navilnux.c 파일과 navilnux.h 파일에는 나빌눅스 커널 메인 함수가 있고, 커널의 핵심적인 기능인 커널 초기화와 IRQ 핸들러 함수 등이 작성되어 있다. entry.S 파일에는 나빌눅스 커널의 초기 구동에 필요한 여러 어셈블리 구현체들이 작성되어 있다.

2장부터 7장까지는 거의 이 파일들을 수정하면서 exception과 인터럽트를 관리하고 기본적인 메모리 관리에 필요한 코드들을 작성하였다. 또 navilnux.c 파일을 수정하면서 GPIO 초기화 코드를 추가했었다.

17.2.2 navilnux_memory.c, navilnux_memory.h

메모리 관리자가 구현된 파일이다. 태스크가 생성될 때 태스크에 스택 영역을 할당해 주는 스택 할당자와 동적 메모리를 사용하게 해주는 동적 메모리 관리자가 구현되어 있다.

8장에서 메모리 관리자를 구현하고 15장의 동적 메모리 할당, 해제 기능을 추가하는 작업에서 이 파일들을 수정했다.

17.2.3 navilnux_task.c, navilnux_task.h

태스크 관리자가 구현된 파일이다. 사용자 태스크를 커널에 등록하는 태스크 등록자와 태스크 컨트롤 블록이 구현되어 있다.

9장에서 태스크 관리자와 태스크 컨트롤 블록을 구현하면서 이 파일들을 생성했다. 또 14장에서 커널 카운터를 추가할 때 이 파일들을 수정했다.

17.2.4 navilnux_user.c, navilnux_user.h

사용자 태스크 함수가 구현되어 있는 파일이다. 10장 이후로 나빌눅스에 기능이 추가될 때마다 추가한 기능을 테스트하기 위해 사용자 태스크 함수를 계속 수정하면서 이 파일들을 다루었다.

17.2.5 navilnux_sys.c, navilnux_sys.h, syscalltbl.h navilnux_lib.S, navilnux_clib.c, navilnux_lib.h

나빌눅스의 시스템 콜 계층이 구현된 파일들이다. navilnux_sys.c 파일과 navilnux_sys.h 파일에는 커널 수준의 시스템 콜 관련 함수와 자료 구조가 구현되어 있다. navilnux_lib.S 파일과 navilnux_clib.c 파일, navilnux_lib.h 파일에는 시스템 콜 래퍼 함수, 즉 사용자 태스크 수준에서 시스템 콜을 사용하도록 중계해 주는 함수들이 구현되어 있다.

12장에서 시스템 콜 계층을 구현하고 이후 16장까지 추가되는 기능은 모두 시스템 콜을 통해서 사용자 태스크에 전달된다.

17.2.6 navilnux_msg.c, navilnux_msg.h

메시지 관리자가 구현된 파일이다. 나빌눅스의 메시지 관리자는 크게 ITC(Inter-Task Communication)와 동기화(세마포어, 뮤텍스)로 구분할 수 있다. 모두 동일한 자유 메시지 블록 자료 구조를 사용한다.

13장에서 ITC를 구현하고 14장에서 세마포어와 뮤텍스를 구현하면서 이 파일들을 다루었다.

17.2.7 navilnux_drv.c, navilnux_drv.h, mydrv.c

나빌눅스의 디바이스 드라이버 계층과 실제 디바이스 드라이버가 구현된 파일이다.

mydrv.c 파일에는 디바이스 드라이버 계층을 테스트하기 위해 3장에서 다루었던 LED 제어와 11장에서 다루었던 스위치 제어에 대한 코드가 작성되어 있다. 16장에서 디바이스 드라이버 관리자를 구현하면서 navilnux_drv.c 파일과 navilnux_drv.h 파일을 다루었다.

17.3 나빌눅스의 계층

나빌눅스는 각 모듈 간 호출 관계에 따라 계층을 나누어 볼 수 있다. 또 메모리 관리자나 태스크 관리자 같은 개별 관리자는 두 개 이상의 모듈로 나누어 볼 수도 있다.

일단 가장 최상위 계층은 사용자 태스크 계층이다. 사용자 태스크는 모두 navilnux_user.h 파일과 navilnux_user.c 파일에 정의되고 구현되어 있고, 사용자 태스크에서 커널에 요청하는 모든 기능은 시스템 콜로 구현되어 있다. 나빌눅스에서 시스템 콜은 navilnux_로 시작하는 이름을 가지는 함수다. 나빌눅스의 상위 계층은 그림 17-1과 같다.

그림 17-1 나빌눅스의 최상위 계층

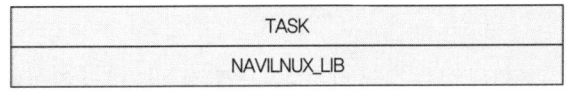

나빌눅스 래퍼 함수는 필요에 의해 두 개로 구분하여 구현하였다. 블로킹이 필요한 시스템 콜과 바로 반환해야 하는 시스템 콜이다. 블로킹이 필요한 시스템 콜은 사용자 영역에서 반환 값으로 구분한다. 그래서 따로 navilnux_clib.c 파일 안에서 반환 값이 -2일 경우에 블로킹 하도록 구현하였다. navilnux_clib.c 파일에 구현된 함수들도 navilnux_lib.S 파일에 있는 함수를 통해서 시스템 콜에 진입한다. 따라서 위 그림은 그림 17-2와 같이 바뀐다.

그림 17-2 나빌눅스의 라이브러리 계층까지

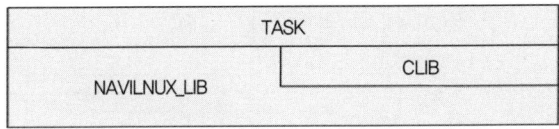

나빌눅스에서 태스크의 동작에 관여하는 계층이 시스템 콜만 있는 것은 아니

다. 가장 먼저 떠오르는 것이 entry.S 파일에 구현되어 있는 컨텍스트 스위칭과 navilnux.c 파일에 구현되어 있는 스케줄러다. 컨텍스트 스위칭과 스케줄러가 있어야 멀티태스킹이 된다. 또 navilnux_task.h 파일에 정의되고 navilnux_task.c 파일에 구현했던 태스크 자체를 생성하는 태스크 생성자도 태스크의 동작에 관여한다. 그러면 나빌눅스의 사용자 태스크 바로 아래 계층은 그림 17-3과 같이 정리된다.

그림 17-3 나빌눅스의 태스크 아래 계층

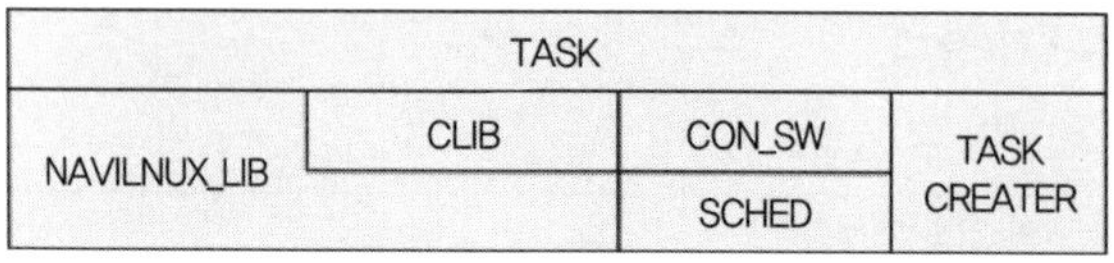

TASK			
NAVILNUX_LIB	CLIB	CON_SW	TASK CREATER
		SCHED	

navilnux_lib.S 파일에 있는 래퍼 함수들은 공통적으로 미리 정의된 시스템 콜 번호를 커널에 전달하기만 한다. 그러므로 NAVILNUX_LIB 계층 아래 단은 SWI 명령으로 호출되는 시스템 콜 계층이어야 한다. 컨텍스트 스위칭은 OS 타이머에 의해 스케줄러가 호출되는 방식으로 구현되므로, 컨텍스트 스위칭과 스케줄러는 하드웨어 단으로 내려가면 IRQ 계층과 만나게 된다. Software Interrupt와 IRQ 계층을 포함해서 그림을 수정하면 그림 17-4와 같다.

그림 17-4 나빌눅스의 시스템 콜 계층까지

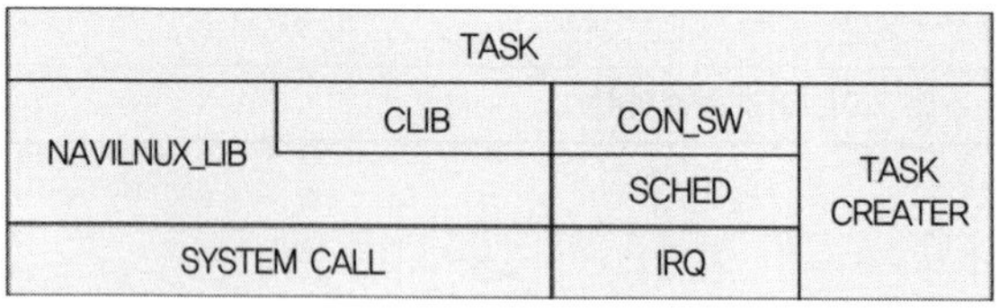

TASK			
NAVILNUX_LIB	CLIB	CON_SW	TASK CREATER
		SCHED	
SYSTEM CALL		IRQ	

시스템 콜 계층을 구현한 이후 나빌눅스에 ITC(Inter Task Communication)와 뮤텍스, 세마포어, 메모리 동적 할당, 디바이스 드라이버 계층을 추가하였다. 이들은 모두 사용자 태스크에서 시스템 콜을 이용하여 사용해야 한다. 그 중 디바이스 드

라이버 계층은 IRQ 핸들러 벡터 테이블을 이용해서 외부 장치로부터의 입력을 처리하게 작성하였다. 즉, 디바이스 드라이버 계층은 시스템 콜 계층을 통해서 호출되고 내부에서는 IRQ 계층과 연결된다. 또한 태스크 생성자는 태스크를 생성할 때 메모리 관리자에게 정적 메모리를 할당받아 태스크 컨트롤 블록에 설정하므로, 그 아래 계층에는 메모리 할당자가 들어가야 한다. 구체적인 시스템 콜 모듈과 메모리 정적 할당자를 포함하면 나빌눅스 계층도는 그림 17-5와 같이 바뀐다.

그림 17-5 나빌눅스 하드웨어 계층까지

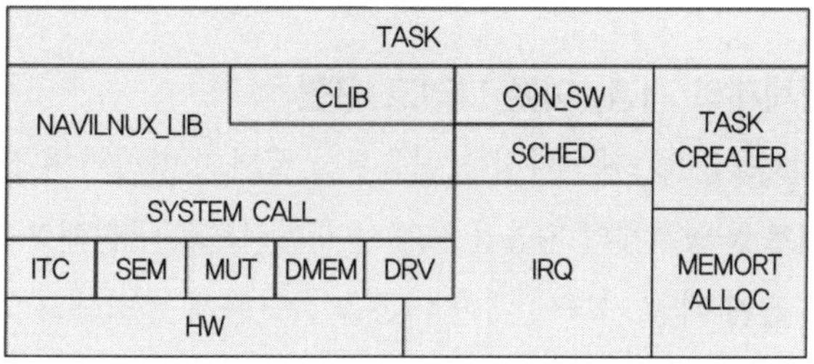

TASK						
NAVILNUX_LIB		CLIB		CON_SW		TASK CREATER
				SCHED		
SYSTEM CALL					IRQ	MEMORT ALLOC
ITC	SEM	MUT	DMEM	DRV		
HW						

가장 아래 단의 하드웨어 계층은 시스템 콜뿐만 아니라 IRQ, 메모리 관리자들도 직접 접근하는 영역이다. 그러므로 하드웨어 계층은 전체를 감싸면서 마무리 되어야 한다. 그래서 나빌눅스 계층도의 최종 완성판은 그림 17-6과 같다.

그림 17-6 나빌눅스 계층도

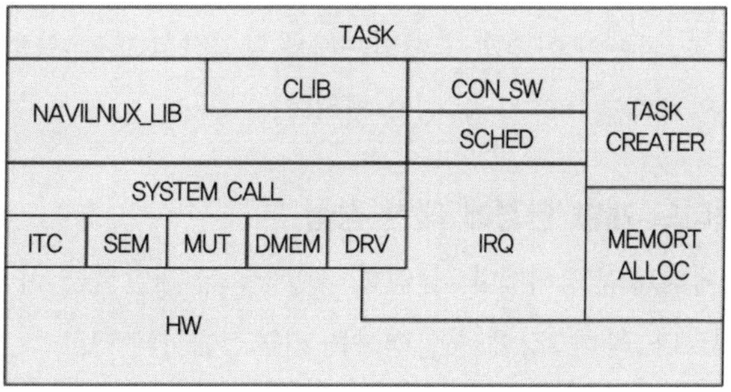

TASK						
NAVILNUX_LIB		CLIB		CON_SW		TASK CREATER
				SCHED		
SYSTEM CALL					IRQ	MEMORT ALLOC
ITC	SEM	MUT	DMEM	DRV		
HW						

이 책 전체를 통해 구현해 본 나빌눅스의 전체 모습이다. 꽤나 많은 내용을 다루

었다. 처음부터 학습용 운영체제를 표방했기에 각 기능이 훌륭한 성능을 내는 것은 아니지만 다룰 수 있는 한 최대한의 내용을 다루었다.

17.4 맺음말

서문에서는 독자들에게 이 책을 통해 최소한 세 가지를 얻을 수 있을 것이라고 장담했었다. 첫째는 운영체제에 대한 개념과 이론, 그 이론을 구현하는 테크닉, 둘째는 임베디드 개발 환경에 대한 경험, 셋째는 ARM 아키텍처에 대한 대략적인 지식이었다.

17.4.1 운영체제의 개념, 이론 그리고 구현

이 책은 운영체제를 개발하는 과정을 처음부터 끝까지 따라가며 설명한 책이다. 그리고 각 장별로 운영체제의 기능을 쪼개서 개별적으로 구현해 가고 있다. 각 기능을 구현하기 전에 해당 기능에 대한 이론을 간략하게 설명하고 있으며, 구현할 때도 틈틈이 설명하고 있다. 이 책을 통해서 운영체제의 기능이 어떤 식으로 구현되는지 이해한 후 다시 운영체제 이론서를 보면 꽤 도움이 될 것이다.

하지만 이 책에서 운영체제 이론을 구현할 때, 정석을 따르지는 않았다. 이론을 충실하게 구현하되 최대한 독자들이 이해하기 쉽도록 구현했기 때문이다. 그래도 그 원리는 리눅스나 윈도나 나빌눅스가 모두 같다. 원리에 충실하면 아무리 구현이 간단해도 정확하게 동작한다.

이 책으로 운영체제 이론을 모두 공부할 수는 없다. 다만 이 책을 통해서 운영체제에 대한 개념을 잡고 운영체제 이론을 공부하거나, 운영체제 이론을 공부하고 이 책을 통해서 그 이론이 어떻게 구현되는지를 확인하고 느낄 수 있다면, 정말 운영체제라는 것을 제대로 공부할 수 있을 것이다.

17.4.2 임베디드 개발 환경에 대한 경험

나빌눅스는 임베디드 운영체제다. 당연히 나빌눅스를 개발하는 전 과정은 임베디드 개발 프로젝트다. 특히 2장에서 설명하는 리눅스에서의 크로스 컴파일 개발 환경 설정이라든가 qemu를 이용한 에뮬레이터 환경에서의 테스트 환경 구성 같은 내용은 나빌눅스의 개발 환경 구성뿐만 아니라 비슷한 종류의 ARM 개발 환경을 구성할 때와 동일하다.

또한 6장과 11장에서처럼 직접 MCU의 데이터시트를 보고 레지스터 값을 세팅하면서 MCU가 제공하는 여러 주변 장치의 기능을 사용하는 개발 방법은 임베디드 프로젝트에서 펌웨어 등을 개발할 때의 일반적인 개발 방법이다.

따라서 임베디드 펌웨어를 개발하는 사람에게도 이 책이 많은 도움이 되리라 생각한다.

17.4.3 ARM 아키텍처에 대한 대략적 이해

나빌눅스는 ARM 아키텍처의 기반 위에서 개발되었다. 내부에서 사용한 어셈블리어도 ARM 인스트럭션에 맞는 어셈블리어다. 또한 내부 구조 역시 상당 부분 ARM의 특성에 맞추어 개발되었다. ARM 아키텍처는 그 자체만으로도 역시 책 한 권은 능히 쓰고도 남을 만한 분량이다. 따라서 이 책에서 모든 것을 다룰 수는 없다. 다만 개발에 필요한 내용은 최대한 설명하려고 노력했다는 점을 이해해주길 바란다.

운영체제를 개발할 때 기반 아키텍처를 이해하는 일은 매우 중요하다. 그렇다고 해서 ARM 아키텍처를 100퍼센트 이해한 뒤 나빌눅스를 개발하려면 개발을 시작하기도 전에 지쳐버리고 말 것이다. 그리고 사실 나빌눅스를 개발하기 위해서 ARM 아키텍처를 전부 알 필요도 없다. 그래서 일단 프로그램을 작성해서 돌려보고 조금씩 살을 붙여 가면서 필요한 부분만 ARM 아키텍처를 설명하는 방식을 취했다. 그래도 ARM 아키텍처에 대한 핵심적인 부분은 대부분 설명했다고 본다. 이 외의 부분을 독자 스스로 좀더 공부해 본다면 누구 못지않은 ARM 전문가가 될 수 있을 것이다.

17.4.4 마치며

이제 긴 글을 마칠 때가 되었다. 서문에 썼던 한 문장을 살짝 바꾸어 보겠다. 여기까지 독자에게 전해 주고 싶은 지식은 모두 글로 풀어내었다. 지금부터는 독자의 몫이다. 이 책이 널리 읽혀 뛰어난 임베디드 운영체제 개발자들이 많이 탄생하길 바란다. 이 책을 쓰는 동안 독자 분들을 생각하며 내내 즐겁게 글을 쓸 수 있었다. 독자 여러분도 이 책을 읽으며 즐겁게 공부하셨길 바란다.

이 책을 읽은 후 운영체제를 구현하는 방법에 약간이나마 가까이 다가갈 수 있었기를 바란다.

찾아보기

Learning **Embedded OS**

기호

.profile 파일 9, 11

ㄱ

공유 메모리 223

ㄴ

나빌눅스 시스템 콜 호출 순서 204
나빌눅스의 메모리 맵 117, 118, 293
내부 인터럽트 201

ㄷ

데이터 레지스터 79
동기화 249
동작 모드 58
동적 메모리 블록 294
디바이스 드라이버 3, 305

ㄹ

라운드 로빈 알고리즘 170
램 디스크 이미지 40
링커 스크립트 28
링크 레지스터(lr) 82

ㅁ

마스크 레지스터 105
멀티태스킹 159
메모리 관리자 130, 135
메모리 누수 291

메모리 단편화 292
메모리 동적 할당 291
메모리 풀 292
메시지 관리자 233
메시지 큐 222
목표 플랫폼 8
뮤텍스 249, 265

ㅂ

바이너리 세마포어 266
바이너리 이미지 26
범용 레지스터 82
복귀 주소 111, 115
부트로더 15
브렌치 명령 62
블로킹(Blocking) 224

ㅅ

사용자 스택 179
사용자 태스크 141
사용자 관리 3
상호배재 265
세마포어 250, 252
소프트웨어 플랫폼 5
스레드 129
스위치 연결 193
스케줄러 160, 169
스택 포인터(sp) 82, 110
스택 할당자 133
시그윈 10
시리얼포트 15
시스템 모드 119
시스템 콜 201

시스템 콜 래퍼 함수 207
시스템 콜 번호 206
시스템 콜 벡터 테이블 204
시스템 콜 함수 203-208, 211

ㅇ

역어셈블 70, 180
오실레이터 102
외부 인터럽트 183
운영체제 1
원자적 연산 249
이름있는 파이프 222
이지보드 15
이지보드의 LED 연결 53
이지부트 15, 21
이지부트 메모리 맵 28
인터럽트 57, 79
인터럽트 컨트롤러 94
임베디드 운영체제 5
임베디드 장비 4
임베디드 컴퓨팅 4

ㅈ

자유 디바이스 드라이버 블록 308
자유 메모리 블록 131
자유 메시지 블록 234
자유 태스크 블록 144
저장장치 관리 2
중앙 처리 장치(CPU) 8

ㅊ

채터링 320

ㅋ

캐릭터 디바이스 드라이버 305
커널 이미지 시작주소 28
커널 카운터 278
컨텍스트 80, 141
컨텍스트 백업 162
컨텍스트 복구 165
컨텍스트 스위칭(Context Switching) 80, 88, 160
크로스 컴파일 7
크리티컬 섹션(Critical Section) 249, 250
클록(clock) 93

ㅌ

태스크 129
태스크 관리자 145
태스크 소유권 270
태스크 컨트롤 블록 139
태스크 ID 146
특권 모드 119

ㅍ

파이프 221
파이프라인 110
파일 디스크립터 221
프로그램 카운터 23
프로세스 129
프로세스 간 통신 221
프로세스 관리 2
프리 프로세싱 36

ㅎ

힙(heap) 291

A

ABT 모드 59
ARM 8
ARM 레지스터 셋 140

ARM 리눅스 시스템 콜 호출 순서 203
arm-linux-objdump 명령 70, 85

C

Central Processing Unit 8
cpsr(Currect Program Status Register) 60, 62
CPU 8
cygwin 10

D

Data Abort 58
dd 명령 40
Decode 110
DEFAULT_RAM_KERNEL_START 30
drv_init() 함수 310
drv_register_drv() 함수 310
dummyTCB 171
Dy_mem_header 구조체 295

E

edge detect 186
entry.S 파일 121, 161, 227
exception 57, 58
exception handler 117
exception vector table 61, 63, 65, 74
Execute 110

F

Falling edge 186
Fetch 110
FFUART 34
FIFO 222
file_operations 구조체 305
FIQ 58, 61
FIQ 모드 59
fops 구조체 308
fork() 시스템 콜 202
FreeTimer() 함수 100

G

GAFR 188, 191
GAS 69
gcc 9
GEDR 188, 190
GFER 188, 189
GoKernel() 함수 29
GoKernelSignle() 함수 30
GPDR 187, 189
GPIO 관련 레지스터 188
GPIO(General Purpose Input Output) 47, 184
gpio.h 파일 52
GPIO_SetLED() 함수 51
gpio0_init() 함수 195
gpio0_irq_handler() 함수 319
GRER 188, 189
gumstix 19

H

heap_end 295
heap_start 295

I

ICCR 94, 96
ICFP 94, 97
ICIP 94, 97
ICLR 94, 96
ICMR 94, 95
ICPR 94, 98
IPC(Inter-Process Communication) 221
IRQ 58, 61
IRQ 모드 59
IRQ 핸들러 벡터 테이블 316
IRQ exception 93
irq_disable() 함수 106
irq_enable() 함수 106
irqHandler() 함수 68, 107, 195
ISR(Interrupt Service Routine) 79, 183
ITC(Inter-Task Communication) 224

ITCEND 253
ITCSTART 253

J

jiffies 278
JTAG 65

K

kernel_init 110

L

ldmfd 88
ldmia 166
LED 47
LedBlink() 함수 51
LIFO(Last In First Out) 87

M

main-ld-script 파일 30
make 10
max_task_id 146
MAXMSG 234
MAXTASKNUM 150
MCU 8
mem_alloc() 함수 136, 150
mem_free() 함수 295
mem_init() 함수 135, 296
mem_malloc() 함수 295
memmng 변수 135
Memory 110
Micro Controller Unit 8
Micro Processing Unit 8
minicom 15
mkfs.jffs2 40
mkimage 36
MPU 8
mrs 87
msg_init() 함수 234
msg_itc_get() 함수 235

msg_itc_send() 함수 235
msg_mutex_release() 함수 271
msg_mutex_wait() 함수 270
msg_sem_init() 함수 255
msg_sem_p() 함수 255
msg_sem_v() 함수 256
msleep() 함수 100
msr 87
mtd 10
mtd-tools 40
MUTEXEND 269
MUTEXSTART 269
my_drv.c 318
mydrv_close() 함수 320
mydrv_init() 함수 322
mydrv_open() 함수 320
mydrv_read() 함수 321
mydrv_write() 함수 321

N

Navil_free_drv 구조체 308
Navil_free_mem 구조체 131
Navil_free_msg 구조체 234
Navil_free_task 구조체 144
Navil_mem_mng 구조체 133
Navil_msg_mng 구조체 234
navilnux.c 파일 175, 196, 278
navilnux.h 파일 54
navilnux_clib.c 파일 242
navilnux_close() 함수 315
navilnux_current 171, 270
navilnux_current_index 171
navilnux_drv.c 파일 309
navilnux_drv.h 파일 307
navilnux_elf 파일 72, 180
navilnux_gum_img 파일 38
navilnux_img 파일 38
navilnux_init() 함수 154
navilnux_irq_vector 317
navilnux_itc_get() 함수 236
navilnux_itc_send() 함수 236
navilnux_lib.h 파일 208

navilnux_lib.S 파일 207
navilnux_memory.c 파일 134
navilnux_memory.h 파일 131, 294
navilnux_msg.c 파일 235, 254
navilnux_msg.h 파일 233
navilnux_mutex_release() 함수 274
navilnux_mutex_wait() 함수 274
navilnux_next 171
navilnux_open() 함수 315
navilnux_read() 함수 315
navilnux_sem_p() 함수 259
navilnux_sem_v() 함수 259
navilnux_sleep() 함수 283
navilnux_swiHandler 86, 209, 230
navilnux_sys.c 파일 204
navilnux_sys.h 파일 206
navilnux_syscallvec 205
navilnux_task.c 파일 147, 283
navilnux_task.h 파일 143, 282
navilnux_time_tick 282
navilnux_user() 함수 152
navilnux_user.c 파일 151, 175, 283
navilnux_user.h 파일 153
navinux_write() 함수 315

O

OIER 103
orr 112
OS 타이머 93, 98
os_timer_init() 함수 106
os_timer_start() 함수 106
OSCR 103
OSMR 102
OSSR 104

P

P() 함수 252
PCB(Process Control Block) 139
Pending Interrupt 106
Prefetch Abort 58
pxa255.h 파일 34, 53

Q

qemu 19
qemu-system-arm 파일 20

R

ReloadTimer() 함수 100
Reset 58
Rising edge 186

S

sched_init() 함수 172
segmentation fault 58
SEMEND 253
SEMSTART 253
serial.c 파일 33
sleep_end_tick 282
spsr(Saved Program Status Register) 61, 83
start.S 파일 64
start.sh 파일 42
STARTUSRCPSR 148
stmdb 181
stmfd 86
stmia 164
STUART 34
sub 112
SVC 모드 59, 60
SWI 58, 90
swiHandler() 함수 68, 73, 86
SYS 모드 59
sys_fork() 함수 202
sys_mysyscall() 함수 206
sys_scheduler 226
sys_semp() 함수 258
sys_semv() 함수 258
syscall_init() 함수 206
syscallnum 90
SYSCALLNUM 206
syscalltbl.h 파일 206
SYSTEM 모드 59, 119
System Call Vector Table 202

T

task_create() 함수 150
task_init() 함수 149
taskmng 148
TCB(Task Control Block) 139
TimerOverflow() 함수 100

U

U1 커넥터 192
UART 32
u-boot 20
u-boot.bin 파일 21
uImage 38
UND 모드 59
Undefined Instruction 58
USER 모드 59, 60, 119
USR 모드 59

V

V() 함수 252

W

WriteBack 110

약어표

L e a r n i n g **E m b e d d e d O S**

CPSR	Current Program Status Register	**ICLR**	Interrupt Controller Level Register
	프로그램 상태 레지스터		인터럽트를 IRQ로 받을지 FIQ로 받을지 선택하는 레지스터
CPU	Central Processing Unit	**ICMR**	Interrupt Controller Mask Register
	중앙 처리 장치		인터럽트 컨트롤러 마스킹 레지스터
FIFO	First In First Out	**ICPR**	Interrupt Controller Pending Register
	선입선출(先入先出)		인터럽트 컨트롤러 대기 레지스터
FILO	First In Last Out	**IPC**	Inter-Process Communication
	선입후출(先入後出)		프로세스 간 통신
GAFR	GPIO Alternate Function Register	**ISR**	Interrupt Service Routine
	핀 기능을 GPIO로 할지 특수목적으로 할지		인터럽트 서비스 루틴
	결정하는 레지스터	**ITC**	Inter-Task Communication
GEDR	GPIO Edge Detect Register		태스크 간 통신
	해당 핀에 Falling/Rising Edge가 생기면 표시되는 레지스터	**LR**	Link Register
GFER	GPIO Falling Edge Detect Enable Register		링크 레지스터
	Falling Edge 검출 허가 레지스터	**MCU**	Micro Controller Unit
GPCR	GPIO Pin Output Clear Register		마이크로 컨트롤러 유닛
	해당 핀에 0(zero/logic low)을 출력(clear)하는 레지스터	**MPU**	Micro Processing Unit
GPDR	GPIO Pin Direction Register		마이크로 프로세싱 유닛
	입출력 방향 설정 레지스터	**OIER**	OS Timer Interrupt Enable Register
GPIO	General Purpose Input Output		OS 타이머 인터럽트 허가 레지스터
	범용 입/출력 (핀)	**OSCR**	OS Timer Counter Register
GPLR	GPIO Pin Level Register		OS 타이머 카운터 레지스터
	입력 모드에서 해당 핀의 값을 가지고 있는 레지스터	**OSMR**	OS Timer Match Register
GPSR	GPIO Pin Output Set Register		OS 타이머 매치 레지스터
	해당 핀에 1(logic high)을 출력하는 레지스터	**OSSR**	OS Timer Status Register
GRER	GPIO Rising Edge Detect Enable Register		OS 타이머 상태 레지스터
	Rising Edge 검출 허가 레지스터	**PC**	Program Counter
ICCR	Interrupt Controller Control Register		프로그램 카운터
	인터럽트 컨트롤러 제어 레지스터	**SP**	Stack Pointer
ICFP	Interrupt Controller FIQ Pending register		스택 포인터
	인터럽트 컨트롤러 FIQ 대기 레지스터	**SPSR**	Saved Program Status Register
ICIP	Interrupt Controller IRQ Pending register		프로그램 상태 레지스터를 저장하고 있는 레지스터
	인터럽트 컨트롤러 IRQ 대기 레지스터